教育部人文社科研究青年基金项目(11YJC740004)

社会语言学视阈下的
网络语码转换现象研究

柴 磊 著

山东大学出版社

图书在版编目(CIP)数据

社会语言学视阈下的网络语码转换现象研究/柴磊著.
—济南:山东大学出版社,2016.9
ISBN 978-7-5607-5619-6

Ⅰ.①社… Ⅱ.①柴… Ⅲ.①互联网络—应用语言学
—研究 Ⅳ.①TP393.4

中国版本图书馆 CIP 数据核字(2016)第 229338 号

责任策划:王 潇
责任编辑:王 潇
封面设计:张 荔

出版发行:山东大学出版社
社 址 山东省济南市山大南路 20 号
邮 编 250100
电 话 市场部(0531)88364466
经 销:山东省新华书店
印 刷:济南华林彩印有限公司
规 格:720 毫米×1000 毫米 1/16
15.25 印张 280 千字
版 次:2016 年 9 月第 1 版
印 次:2016 年 9 月第 1 次印刷
定 价:32.00 元

前　言

2012 年，一首名为《江南 style》（朝鲜语：강남 스타일，英语：Gangnam Style）的歌曲成为了尽人皆知的神曲。歌名“江南 Style”来自韩国俚语，指韩国首都首尔一个象征着富裕与时尚的上流社会聚集的地区——江南区豪华奢靡的生活方式。歌曲虽然取材自韩国的本土文化，但在对其文化背景不熟识的西方国家亦越来越流行，并引起了国际媒体关注。该曲发布之后，YouTube 网站点阅率在公开 76 天后突破 3 亿人次大关，吉尼斯世界纪录表示《江南 style》在 YouTube 得到 460 万次网友点击“喜欢”，成为 YouTube 历史上获得最多网友“喜欢”的 MV 影片。在中国，《江南 style》也深得民心，网络上也遍布了各种“style”版本。最搞笑的是，这股风还刮到了体育界，喜欢搞怪的网球名将德约科维奇曾在某新闻发布会上说：“我会考虑在中网跳《江南 style》。如果能邀请到佩特科维奇一起跳当然就更好。”

2012 年 11 月 24 日，一个新造词“航母 style”横空出世。如果说《江南 style》彰显了韩国文化的软实力，那么“航母 style”充分体现了中国国人的自信。

这两个词语中的中西合璧，恰恰是一种语言现象，也契合了我们课题的主题——语码转换（code-switching）。按照社会语言学的定义，在双语（包括多语或多方言）社会，人们在交谈中有意识或无意识地从使用一种语言（或方言）转换到另一种语言（或方言）的现象被称为“语码转换”（李经伟，1999：8）。作为语言接触的一种常见现象，语码转换在近 40 年来成为双语研究中的热点问题，受到了国内外语言和社会研究领域的多方关注，呈现出多元化态势。虽然语言学、心理学、人类学、教育学等学科都对语码转换这一语言接触的普遍现象给予足够的学术关注，但究其学科归属而言，语码转换首先是一种语言现象。因此，在上述学科中，语言学对语码转换的研究最为成熟，系统化和科学化程度也最高。

美国著名演说家、作家克莱尔·戴姆肯·布朗和奥黛丽·尼尔森撰写的《语码转换：如何以男性愿意聆听的方式表达》于 2012 年 1 月 1 日在中国出版。这本书一上市，立刻吸引了笔者的眼球，不是因为该书曾得到CNN、NBC、CBS、ABC等全球各大电视节目及媒体重点推荐，曾经被《纽约时报》《路透社》《华尔街日报》《新闻周刊》《人物》《时代》《环球时报》等100多家媒体专题报道，而是因为书名中的“语码转换”四个字，正好和我们的研究课题相吻合。于是，想当然地认为，这是我们研究中不可或缺的文献资料，可是一经翻阅才真相大白，原来这本书是关于两性之间如何更好地沟通，借此帮助两性破译性别密码，以通用的语言进行谈话，从而提高工作效率、实现相互理解并且彼此尊重。虽然书的内容跟笔者的“断章取义”相去甚远，但是却拓宽了我们对语码转换这个概念的理解。原来，我们不必纠结或拘泥在非常抽象的理论定义上，其实任何一种交际符号系统都可以看作是一种语码，甚至连男性、女性各自独特的沟通方式也可看作是不同的语码，每个人都可能给自己的话加上密码——一种不同的语码，因而在实际的两性对话中才会经常出现不够契合的现象。

在交际中，一种语言或语码并非一经选定就得一用到底。事实上，语码转换，这个指代语言或语码交替使用情形的术语，是一种最为常见的现象，也是口语语篇中特别偏爱的一种策略（Verschueren，2003）。而作为语言接触的普遍现象和有效的交际策略，语码转换不仅仅发生在真实的语言情境中，也延伸到虚拟的网络世界里。自1994年中国正式加入互联网以来，网络在我国的发展速度之快令人惊叹。开放自由的网络给以年轻人为主的网民群体提供了创造发挥的空间，也为网络语言的产生和流行提供了必然和可能。我们稍加留意，就会发现诸如“爱你1314”“MM”“88”“明见”等这种语码混杂或语码转换的例子充斥网络。此外，由于互联网上90%的信息用英语发布，借助互联网的渗透，英语已迅速成为网上霸权语言，对网络语言、网络交际方式产生了重要的影响，网络中多元文化接触的影响和结果在网络语篇英汉语码转换现象中得以体现，像“你真是out了”“I服了U”“hold不住”等的例子在网络上屡见不鲜。这种语言现象引起了我们极大的兴趣和关注，网民们基于什么动机在不同的语码之间进行转换，转换结构有无显著特点和规律，转换实现了什么语用功能等，这些问题的确值得研究。因此，本书试图以国内外最新相关语言理论为指导，采用定性分析和定量研究相结合的方法，以Myers-Scotton的标记理论和Verschueren的顺应论为主要的理论框架，通过对网民进行问卷调查和数据分析，并对来源于真实的网络交际中的语料进行社会语言学分析，来探究其产生的社会和心理动因，提出网络语篇中语码转换的社会语言学模式和特点。

“标记”这一概念始自Jakobson，Myers-Scotton在语言变体的研究中采用了这个术语，提出了标记模式（the Markedness Model）。标记模式将语言形式的选择视为说话人有理性的语码选择，这一观点可追溯到Jakobson提出的“手段—目的”模式。作为一种认知模式，标记模式把语码转换分为有标记和无标记两类，并将标记—无标记的区分作为解释语码转换社会心理动机的理论依据。在进行语码选择时，不管出于何种原因，要做出理性的选择意味着我们做出的并不一定是自己最偏好的，而是最可行的即最优化的选择。Myers-Scotton 提出了一个由交际者执行和享有的权利义务集的新概念。进行语码转换，究其根本是交际者为了达到某个预期的效应而对权利义务进行协商的理性行为。

我们认为，标记模式可以用来解释网络交际中的语码转换现象。交际者选择某个变体是因为从这个选择中能预期获得益处，使成本最小化，即最优化。通过协商对自己有利的权利义务集，交际者做出有标记或无标记的语码转换。简言之，语码转换是人类作为行为主体所实施的、以最大程度减少成本来提高回报的理性行为。

同时，语码转换有一定的目的。在不同的情况下，使用者希望通过语码转换来达到一定的目的，比如显示自己幽默，或者为了避讳、强调等。因此，本书将以 Verschueren 的顺应论为另一主要的理论框架，对人们在使用语码转换的时候都在干什么这一问题，做一个极其琐细的答案，以此验证语言顺应论的理论有效性，也为语言顺应论用于语码转换这一研究领域提供参考。

本研究凝结了课题组所有成员的努力和心血。在此，我要尤其感谢程伟、许朝阳、刘建立、笪玉霞几位同仁，感谢他们为本书的创作所作出的特别贡献！

作 者

2016 年 5 月

目　录

绪 论

第一节 语码转换及网络交际

2012年12月20日，由国家语言资源监测与研究有声媒体中心发布的“2012年度中国媒体十大网络用语”中，“江南style”和“中国好声音”“元芳你怎么看”“高富帅”“白富美”“你幸福吗”“躺着也中枪”等共同入选。这些网络用语，展现的是一段时事、一个热点话题、一种生活方式，更重要的是从中可以读出民众对社会百态的认知和态度，充分展现出媒体视野下中国与世界的图景。

相比其他网络流行语，“江南style”以及由此衍生的“航母style”“丽媛style”等更引起了我们的关注，这些词语中的中西合璧，恰恰是一种语言现象，也是自20世纪70年代以来普遍受到语言学家的重视，并且成为社会语言学领域一个重要的研究课题——语码转换(code-switching)。分析社会因素的影响，考察语言变化的理据，这是社会语言学研究的一个主要内容。

语码(code)是一个相对宽泛的中性术语，指代人们在交际过程中使用的任何符号系统，一种语言、方言，甚至语体或语域均属于语码的范畴。换言之，语码包括语言或语言的各种变体(包括地域变体、时代变体和社会变体)。人们日常的言语交际行为，无一不是建立在语码基础之上的。随着科学技术和经济全球化的不断发展，大众传媒工具日趋发达，国家、地区之间的交往日益频繁，语言接触现象也日益增多，在多语和多元文化环境中成长起来的人也越来越多。据统计，“世界上有三分之一的人口在日常工作、生活和娱乐中使用两种或两种以上的语言”(Li,2000:5)。Wardhaugh(1986)也提出大多数人都具备使用某一种语言的多种变体的能力，只掌握一种语言变体的情况极为罕见。一般来说，在一个语言共同体内部不存在只掌握一种语码的人，除了很小的孩子、语言的初学者或某种生理缺陷的人以外，每个人在说话时都面临选择一种合适的语码的问题，而且在有些情况下还可能需要从一种语码转换到另一种语码，或使用两种语码的混合码。在具体的交际行为中，不同的交际场合、参与者、话题、目的等参数决定了交际双方的语言选择，讲话人在多种因素的影响下选择一种最为得体的语码，或从一种语码转换到另一种语码，甚至混合使用两种语码。按照社会语言学的定义，“在双语（包括多语或多方言）社会，人们在交谈中有意识或无意识地从使用一种语言（或方言）转换到另一种语言（或方言）的现象被称为语码转换”（李经伟，1999：8）。

作为语言接触的普遍现象和有效的交际策略，语码转换（code-switching）不仅仅发生在真实的语言情境中，也延伸到虚拟的网络世界里。自 1994 年中国正式加入互联网以来，网络在我国的发展速度之快令人惊叹。网民人数从无到有，而根据中国互联网信息中心（CNNIC）在 2016 年 1 月 22 日发布的第 37 次《中国互联网络发展状况统计报告》显示，截至 2015 年 12 月，我国网民规模达 6.88 亿，全年共计新增网民 3951 万人，互联网普及率为 50.3%。2015 年新增加的网民群体中，低龄群体（19 岁以下）、学生群体的占比分别为 46.1%、46.4%，这部分人群对互联网的使用目的主要是娱乐、沟通，便携易用的智能手机较好地满足了他们的需求。我国互联网在整体环境、互联网应用普及和热点行业发展方面取得长足进步。毫无疑问，中国已成为世界上网民数量最多的网络大国。

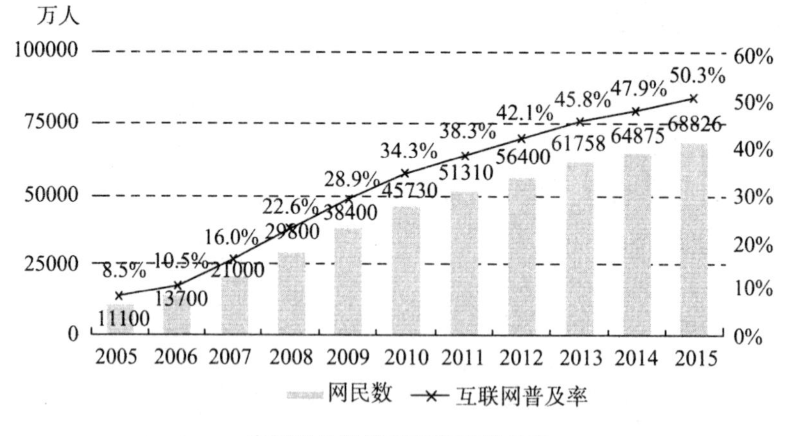

中国网民规模和互联网普及率

近年来，中国网民规模迅速增长主要源于以下四个方面因素：第一，中国政府在信息化领域制定了一系列政策方针并持续加强基础网络设施建设，为互联网接入提供较好的网络基础条件；第二，运营商和各大厂商积极推动互联网应用发展，加快网络应用对社会生活的渗透，如打车、支付等应用与线下结合紧密，吸引更多人使用互联网;第三,传统媒体和新媒体的联动加强,提升整体社会对互联网的认知,促使更多人使用互联网;第四,网络应用的社交性和即时沟通的便捷性,在增加网民使用黏性的同时加大了网民对非网民同伴的连带影响,促进非网民向网民转化。这一系列因素共同推动互联网用户规模的增长,尤其推动了手机网民规模的持续增加。截至 2015 年 12 月,我国手机网民规模达 6.20 亿,较 2014 年底增加 6303 万人。网民中使用手机上网人群的占比由 2014 年 85.8%提升至 90.1% ,手机依然是拉动网民规模增长的首要设备。仅通过手机上网的网民达到 1.27 亿,占整体网民规模的 18.5%,这意味着手机依然是中国网民增长的主要驱动力,手机作为第一大上网终端设备的地位更加巩固。

对非网民未来上网意愿进行分析显示:互联网的普及难度加大,随着易转化人群规模的逐渐减少,我国非网民的转化速度逐步减慢。调查结果显示,非网民中,有 11.8%的人表示未来肯定上网或可能上网,72.9%的人表示未来肯定不上网或可能不上网,未来非网民的转化难度较大。非网民不上网的原因主要是不懂电脑/网络,比例为 60.0%,其次为年龄太大/太小,占比为 30.8%,没有电脑等上网设备的比例为 9.4%。

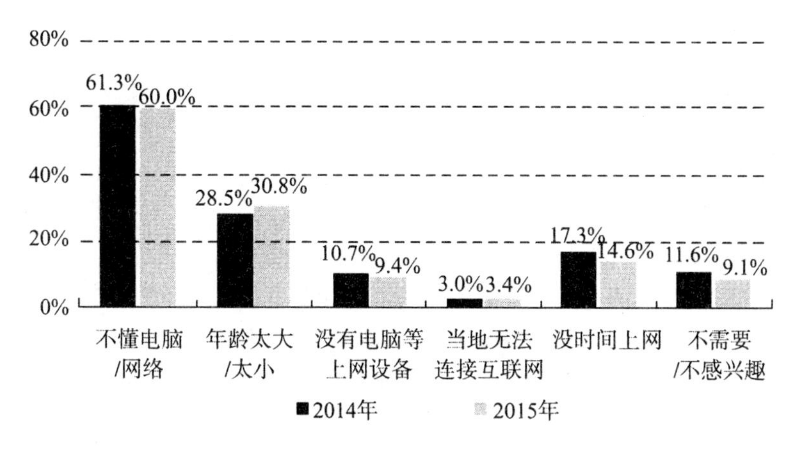

非网民不使用互联网的原因

此外,报告显示,互联网的发展重心也从“广泛”转向“深入”,网络应用对大众生活的改变从点到面,互联网对网民生活全方位渗透程度进一步增加。

随着互联网普及率的逐渐饱和,中国互联网的发展主题已经从“普及率提升”转换到“使用程度加深”。目前,中国互联网已全面进入 Web 2.0 时代,越来越多的网民参与网络内容的生产和文化氛围的创造。其中,以 18~24 岁的年轻人最多,远远高于其他年龄段的网民,占据绝对优势。年轻人思想活跃,文化程度较高，喜欢新鲜事物，追求个性，崇尚创新。开放自由的网络给以年轻人为主的网民群体提供了创造发挥的空间，也为网络语言的产生和流行提供了必然和可能。互联网上90%的信息用英语发布，计算机和互联网的专业术语均为英语。据称，互联网的英语网页多达214亿页，占所有页面的68%，中文仅占5%。借助互联网的渗透，英语已迅速成为网上霸权语言，对网络语言、网络交际方式产生了重要的影响。此外，中国网民多为大学生、商业人士、知识分子等有良好教育背景的群体，英语水平较高，且英文字母输入便捷，这些情况都促进了网络语言的英语化倾向。网络中多元文化接触的影响和结果在网络语篇英汉语码转换现象中得以体现。其实，语码转换既包括不同语言之间的转换，也包括不同语言变体之间的转换，而前者所占的比例远高于后者。在不同语言之间进行的语码转换中，汉语和英语之间进行的语码转换占绝大多数，这是由目前英语在世界语言生态中的强势地位所决定的。

第二节　本研究的理论和实际应用价值

一、理论价值

语码转换是指在一个句段或语篇中使用两种或两种以上的语言变体。针对这一普遍存在但又复杂的语言接触现象，近四十年来，国内外研究者们根据自己的研究兴趣和方向，基于不同的语料，使用不同的研究方法从社会语言学、语法学、语篇分析和心理语言学等领域探讨了语码转换。

如今，随着科技和经济的快速发展，计算机和网络已经成为人们日常生活的必需品，网络交际也成为人们生活中的一部分，更多的人意识到了网络语言的重要性。于是，对网络会话的研究也随之成为吸引很多学者的一个领域。由于改革开放的深入、全球化进程的加快，英语在中国的影响越来越大，我们也意识到英汉语码转换在网络交际中的普遍性和重大意义。网络是信息交流的重要平台，网络语篇中频频出现双语或者多语语码转换现象。本书试图对网络语篇中的真实语料加以分析，运用定性和定量相结合的研究方法，从社会语言学角度研究网络语篇中语码转换现象。本书旨在探索语码转换的动机及其所体现的语用功能，描述计算机辅助交流背景下语码转换在该类语篇中的独特特征，对网络语篇中语码转换的顺应性、商讨性和变异性进行详细的研究。本书研究成果将有助于进一步揭示语码转换的本质，加强人们对网络虚拟环境下语言交际进程的理解，并提供一个窥探电子语篇中的意义生成、传播和循环过程的角度。

二、实际应用价值

在计算机辅助环境下，语码转换现象被赋予了新的特征，丰富了人们的表达手段。但同时，在语言学界，不同的学者针对网络世界里的语言混用现象提出了不同的看法。有人认为汉英语码转换有其直接性、简洁性和情趣性等语用价值，它不会对汉语表达和交际带来危害。而有些专家则认为这是外来语种对汉语的侵蚀，直接威胁到我们母语的纯洁性和规范化，势必会对几千年的中华文化造成损害，应该坚决抵制。因此，如何适时、适度、适当地对网络交际中的汉英语码转换加以引导和规范已是当务之急。在这种情境下，对网络交际中语码转换现象进行系统的研究将有助于我们对语言变化的考察，也是网络语言健康发展的迫切需要。

第三节　语码转换研究的跨学科性

一、研究现状

语言中的语码转换是社会语言学研究的一部分，是不同文化交流中语言接触的一种常见的现象，它与我们的生活息息相关，几乎可以出现在任何书面、口头的语篇中。对语码转换的研究始于 19 世纪 50 年代社会语言学家 Ferguson 对双语制(diglossia)的研究。他提出在双语制情景下一定存在两种截然不同的语码，被用于不同的场合，执行不同的功能。从此以后，语码转换受到语言学家们的极大关注。

在过去的几十年中，语言学家们试图从语法、社会语言学、心理语言学、语用学和会话分析等角度，对语码转换的结构和类型、社会和心理动机以及语码转换的社会功能等方面展开研究。例如，在语码转换的结构研究上，影响较大的有 Poplack 等人提出的自由语素限制和对等限制，DiSciullo 等人提出的管辖限制以及 Myers-Scotton 的基础语框架模型等。在语码转换的类型上，各派学者也提出了不同的分类，如 Poplack 根据他的结构限制理论区分了三种类型的语码转换：句间语码转换、句内语码转换和附加语码转换；Gumperz 从社会语言学角度将会话中的语码转换两分为情景中的和喻意中的语码转换等。在语码转换的社会和心理动机研究上，Myers-Scotton 的“标记理论模式”影响最大，她的理论模式涵盖几个方面的子理论，分别用于阐释语码转换的社会和心理动机、语码转换中谈话双方所享有的“权利和义务”、语码转换中的理性行为和语码转换的评估机制等。此外，Clyne 的引发理论和省力原则、Giles 等人的调适理论也试图解释语码转换的心理动机。近些年来,也有学者如 Auer,用会话分析方法对语码转换进行动态性研究,通过语码转换在会话构建中的作用总结出语码转换的动机,这可以说是一个大胆的尝试,因为这种研究方法把语言行为的动态性引入了语码转换。

上述理论和研究基本上都以双语或多语者的口语交流为主要对象,当然后来也有个别学者将上述理论运用到分析书面语中的语码转换现象。但在国外,口语交流中的语码转换现象仍是该领域研究的主流。

在我国,语码转换研究主要集中在两个方面:一方面引进和介绍西方的语码转换理论;另一方面也用我国的实例来进一步证明和完善国外的语码转换理论。国内有关语码转换的研究起步较晚,以介绍和验证国外研究理论居多,重复性和雷同性较高,缺少独立探索性或应用性研究,理论上的创新则更少。其次,尽管语码转换提供了很多的研究课题,涉及多个领域,但是针对网络交际中语码转换的研究还是较为少见。

二、研究趋势

语码转换作为语言接触的结果之一,受到了众多研究领域的重视,比如人类学、社会学、心理学、教育学等。这充分说明了语码转换的复杂性和对该现象进行研究的困难之所在。研究者们对于语码转换有不同的理解,而且他们使用了不同的研究方法,从各自的研究角度探讨了语码转换,最终对语码转换研究在某个或某些方面做出了一定的贡献。但是还没有任何一种方法能够全面、充分地解释语码转换的机制和功能等方面的问题。因此,本书的研究趋势是寻求一种更好的研究方法,寻求一种能够兼容语码转换中的语言、社会、文化、心理和认知等因素在内的、在更高层次上具有解释力的研究视角和模式。

第四节　研究目标、研究内容、拟实破的重点和难点

一、研究目标

网络语言作为介于口语和书面语之间的一种新语体,是通过网络来传播、进行信息交流和处理的交际符号。除了具有简洁、形象、生动活泼的特点外,网络语言还具备双(多)语化的特征。以往对网络语言的研究,多集中于对网络语言的形式、特色以及风格所做的分析。例如:Christal(2001)对邮件、聊天室等网络语的语言特点做了深层次的讨论。董启明等(2001)从语体角度分析万维网键谈的文体特征。刘绍忠(2002)从语用角度分析电子邮件写作。秦秀白(2003)指出

网络语言是一种功能变体。金志茹(2004)从社会语言学的合作原则、礼貌原则、话语转化等角度分析了网络语言的特点。还有学者(如金志茹,2007)从语言规范角度进行分析。目前国内外学者也开始从多方面对网络语言中的语码转换现象做相关探讨研究,涉及社会语言学、结构语言学、心理语言学、语用学等路向。人际交流中的语码转换其实含有非常丰富的社会用途,虽然早期的研究者一直都把语码转换看作边缘性的、过渡性的现象,但现在的研究表明,语码转换在交际中具有相当重要的作用。

在网络交际过程中,语码转换的现象十分普遍,我们可以注意到网络言语交流中存在大量的中英文夹杂、中文文字与拼音、字母、数字夹杂等情况。这种语码转换是人们在网络会话中运用的一种交际策略,用以满足他们的交际目的,并且使交流能够顺利进行。网络交际的英汉语码混用既有自然语篇中语码混用的生成特点,又存在电子语篇随意、新颖的特征。这就给我们提供了一个研究的思路:网络虚拟环境中的这种语码转换与现实环境中有何不同,它们是否能反映出网络受众独特的交流的机理。我们将通过分析一定的网络语言语料数据,来探索网络语码转换的规律和功能,并揭示网络交流中的人际心理以及网络语言的社会意涵。

二、研究内容

"人活在语言中,人不得不活在语言中,人活在程式性的语言行为中。"(钱冠连,2005:275)语言不是"反映思想的镜子",而是一种"行为方式"。语言负载着人类的精神生活和世界观,负载着多姿多彩的人类文化,包孕着无限丰富的人文精神(王建峰,2005:50)。语言是人们主观能动的产物,不同的语言或变体的使用是人们社会心理的一种反映。从语码的转换也能看出人们对习惯使用不同语码的人所持的态度。

网络虚拟环境中的人际交流是一个十分庞大的、多学科交叉、并具有重要现实意义的研究领域,在社会语言学视域下研究网络交际的语码转换现象还是一个年轻的课题,特别是基于网络语言语料来分析语码转换的语言结构、功能、心理特点等方面的研究相对较少,值得进一步探索。用社会语言学的理论和方法来研究语码转换,问题主要集中在"发话人为什么要转换语码",即研究的重点在于语码转换的社会意义和动机上。

在全球化进程不断扩大的今天,语码转换在网络交际领域已成为一种普遍的语言现象。而网络语言作为一个新生的符号系统,它的开放性、包容性和时新性将会使更多的语码转换进入其中并发挥必要的功能。无论哪种类型的语码转换,都具有一定的社会及语用功能。网络言语交流中的语码转换的目的和功能是多种多样的，可能是一种表现心理，也可能是一种从众、跟风，或者是为了起到一种强调的作用。功能的不同由语境和人的心理因素所决定，网民使用语码转换的背后存在着各种各样的使用动因，网络交际者双方不同的背景和心理因素将导致语码转换发生不同的功能。本书将基于对网民们的问卷调查、数据分析、语料提取和理论探讨，揭示网络交流中语码转换的本质，探索网络语篇语码转换的动机及其所体现的语用功能。

三、拟突破的重点和难点

语码转换的社会语言学研究成功地将社会因素引入了语码转换研究的视野，试图从宏观层面上揭示语码转换与社会诸因素的内在关系。语码转换能反映语言和社会发展的密切关系，是因为语言能反映并解释现实社会的结构和经历。从社会语言学角度看，语码转换是一种社会行为，不可能脱离社会因素和社会规约的制约，各种形式的语码转换都具有一定的社会交际及语用功能。本书将从社会功能角度出发，解释和分析网络语言语码转换的形式所体现的功能特点及其使用条件和意义，揭示网络交流中的人际心理以及网络语言的社会意涵。这是我们研究的重点。

由于网络语言中双语现象比较复杂，我们首先应遵循一定的标准对搜集的网络语言语料进行语码转换和非语码转换的区分。在此基础上，研究网络虚拟环境中语码转换的语言结构，探讨网络中的语码混用较之于自然语言中的语码混用的新特点，描述计算机辅助交流背景下语码转换在该类语篇中的独特特征，对网络语篇中汉英语码转换的顺应性、商讨性和变异性进行详细的研究。这是本研究的难点。

第五节　研究思路

Huang 与 Milroy(1995)在对现实环境下的语码转换进行语言学分析时指出，从语言结构角度看，语码转换有轮换式和插入式之分。插入式转换属于分句内转换，而轮换式转换则是分句间转换。其中插入式转换现象又可区分为“语篇性插入”“分句性插入”“词组性或单词性插入”几种。而关于现实环境中语码转换的社会意义和语用意义，在相关文献中已有比较详尽的讨论。概括起来说，语码转换可以表示所指功能、表达功能、感叹功能、修饰功能、指定功能等，无论哪种类型的语码转换，都具有一定的社会和语用功能。但是，这种针对真实社会环境里的语码转换现象的研究是否能够充分地解释发生在虚拟世界中的交际的语言特征，这就给我们提供了一个研究的思路，网络虚拟环境中的这种语码转换与现实环境中有何异同,它们是否能反映出网络受众独特的交流的机理。因此,我们通过研究网络虚拟环境中语码转换的语言结构,分析网络语言语码转换的形式所体现的功能特点及其使用意义。

第六节 研究方法

本书试图以国内外最新相关语言理论为指导,采用定性分析和定量研究相结合的方法,以 Myers-Scotton 的标记理论和 Verschueren 的顺应论为主要的理论框架,并通过对网民进行问卷调查,观察、分析网民在网络交流时语码转换的真实语料,来探究其产生的社会和心理动因,提出网络语篇中语码转换的社会语言学模式和特点。具体说来,首先拟订调查计划和方案,然后设计目的明确而切中要害的问卷内容,再利用社会关系尽可能抽取合理的、有代表性的样组来配合调查。同时,将监控多个较活跃的 QQ 群、聊天室、博客,保留聊天记录,对这些语料进行分析。希望通过在社会语言学的理论框架下,用语码转换的思想对网络语言做深度分析,从而更深入地揭示出网络交流中的人际心理以及网络语言的社会意涵。

第七节 本书结构

本书共分绪论和六章。绪论主要介绍本研究的目的、意义、内容、方法和结构。第一章对网络语言特点进行了多维度解读,分析了网络交际中网民的构成及其虚拟性、多样性和交叉性特征,厘清了网络语言作为一种社会方言和语言的功能变体,有其自身的变异性特征,为接下来对语码转换的分析奠定了基础。第二章是对国内外语码转换研究成果的多方位回顾和述评。第三章和第四章是本书的主体部分,分别使用定量和定性的方法,通过问卷调查和个人访谈,有针对性地对网络交际中语码转换者的语言态度、语码转换意识、语言能力等方面展开研究,较全面地观察和梳理了语码转换现象。第五章对网络交流中语码转换现象进行展望,讨论其与语言规范化的关系。第六章是结语,对本书的主要发现进行总结和讨论,同时指出本研究的不足之处和未来的研究方向。

第一章　网络交际的多层面分析

Myers-Scotton(1986)提出,在对个体交际行为进行分析前,首先需要分析这些个体所生活的社团的交际规范。具体到网络语篇中语码转换现象的研究,我们首先需要了解网民这些交际个体所形成的社团的语言使用基本准则和特点。因此,本章旨在多层面分析网络交际中语言的使用情况,描述网民这一网络社会群体的虚拟角色,讨论并分析网络语言的性质和特点。

第一节　“网络社会群体”——网民

美国PowerSoft公司总裁米歇尔·科兹曼说过:19世纪是铁路的时代,20世纪是高速公路系统的时代,21世纪则是宽带网络的时代。学者刘吉、金吾伦在《千年警醒:信息化与知识经济》一书中分析道:在电脑网络空间中,任何计算机都可以和其他的计算机通信,无论它位于哪里。没有人比其他人拥有更多的特权。在这里,每个人都可能成为中心,因而人与人之间也趋于平等,不再受等级制度的控制。

网络的超时空性和互动性极大地延伸了人们交往行为的空间。在网络交际行为过程中,人们借助于大量的信息不但可以足不出户就能了解外面的世界,而且在大容量、高速度的信息网络的支撑下,人与人之间的互动可以不再需要时间和空间的支持来面对面地进行了。

关于“网民”的定义,目前说法众多。一般认为,最早提出这一概念的是Michael Hauben(郭玉锦、王欢,2005)。他认为网民是指非以地理区域为依据所形成的,具有社区意识的,相互发生行为联系的一群网络使用者。

中国互联网网络信息中心(CNNIC)调查报告将“网民”定义为:过去半年内使用过互联网的6周岁及以上的中国居民。该中心2016年1月发布的第37次中国互联网络发展状况统计报告显示,截至2015年12月,中国网民数量达到

6.88亿，互联网普及率50.3%，超过半数的中国人接入了互联网；报告还显示，网民的上网设备正在向手机端集中，手机网民规模达6.20亿，占总上网人数的90.1%，继续保持第一大上网终端的地位，因此可以说中国互联网已进入移动互联网时代。对于这个庞大的网络群体，电脑、网络以及手机和平板等移动上网设备对其人生观、价值观及思维模式的塑造产生了不可估量的影响。作为一个言论相对自由的平台，随时随地的网络链接和应用，使得互联网已然成为青年网民亚文化的策源地，其中最突出的表现就是独特的网络话语体系。因此，互联网对整体社会的影响进入了全新阶段。根据惯例，本次报告仍然对中国网民的性别、年龄、学历、职业和收入结构进行了统计，具体情况如下：

性别结构：截至2015年12月，中国网民男女比例为53.6∶46.4，网民性别结构趋向均衡，而2014年男性网民比女性网民多13%。

年龄结构：截至2015年12月，我国20～29岁年龄段网民的比例为29.9%，在整体网民中占比最大，和2014年底网民结构基本一致。可见，网络是一个以受过中等教育的青年人为主的世界。同时，低龄和高龄网民略有提升，这意味着互联网的普及继续深入。

学历结构：高中及以上学历人群中互联网普及率已经到较高水平，未来进一步增长空间有限。2015年，小学及以下学历人群的占比为13.7%，相比2014年有所上升，保持增长趋势，中国网民继续向低学历人群扩散。

职业结构：学生是中国网民中最大的群体，占比25.2%，互联网普及率在该群体中已经处于高位。个体户/自由职业者构成网民第二大群体，占比22.1%。企业/公司管理人员和一般职员占比为15.2%。

收入结构：月收入为2001～3000元和3001～5000元的上网群体规模最大，在总体网民中占比分别为18.4%和23.4%。500元以下及无收入人群占比为20.6%。

从这份报告可以看出，随着的网络的发展和普及，网民的构成群体发生了巨大的变化。最初主要是年轻的白领精英、知识分子等，后来这个群体逐渐扩大，下至刚入学的儿童上至七八十岁的老人，都已经可以容易地接触到互联网，可以上网浏览新闻、查询信息、玩网络游戏等各种活动，他们在网上也会有交流的需要。以往年轻人所使用的语言已不能全面反映网络语言的特色。因此，网络语言从形式到内容都随之发生改变，体现出时代特色、群体特色。

第二节　网络社会群体的虚拟角色

网络被看作一个虚拟的社会。在这个虚拟空间中，进行交际的人群不需要使用自己的真实身份，只需要一个网名或一个代号。这样的一种现实使得网络中进行交际的网民，即交际主体，具有了以下几个重要特征：虚拟性、多样性和交叉性。

在了解这些特征之前，我们有必要先了解一下网络的发展历程和随之而来对网民的影响。因为只有了解了网民所处的环境及其发展特征，才能更好地理解网民的特征是如何形成及发展变化的。

第一代网络可以称为“互联网 1.0 版”。这一时期的网络信息是单向传播，即网站发布信息，网民只能浏览这些信息，是一个被动接受的过程。其特点就是静止、单向、被动。国内最初的互联网门户网站，如新浪、搜狐、网易等，他们发布什么新闻、信息，网民只能浏览，无法与网站进行互动。这一代网络满足的是网民少部分精神需求——新闻阅读、资料获取等。其缺点是用户不能参与，缺乏归属感。

第二代网络可以称为“互联网 2.0 版”。这一时期的网络进一步发展，可以实现双向的互动。包括网民和网站之间、网民和网民之间、网站和网站之间的信息都可以交互。这种情况下，用户就有了更多的主动权和话语权，可以直接参与制作和发布内容。有了博客，用户可以把自己的原创文章发到网上供人阅读与分享；有了播客，个人则可以把录制的视频分享到网上。上传和分享不再是单向，而是双向的活动，不过这种双向仍然只是局限在提供服务的网站内。这一时期的网络满足了网民更多的精神需求——他们可以是信息的接受者，也可以是信息的发布者。网民获得了更大成就感和归属感，在网上有了属于自己的领地（如博客），也与他人发生了虚拟的联系，有了网友和读者。一些博主因为博文的内容精彩，吸引了一大批粉丝，变为知名博主，他们的号召力和影响力日益增长。同时，这一代互联网诞生了两大搜索引擎——谷歌和百度。

第三代网络可以称为“互联网 3.0 版”。这一代网络可以进行全方位互动。网民和网络之间在衣食住行等各个层面全方位紧密结合。简单的理解就是以个人终端（手机）为中心点出发，进而与整个网络世界之间产生信息互动。这一时期的网络功能更加强大。网站内的信息可以直接和其他网站的相关信息进行交互，可以通过第三方信息平台同时整合多家网站的信息。用户可以在网上拥有自己的数据。当前拥有最多用户的百度、腾讯和阿里巴巴等互联网公司就是在此时代迅速做大做强，真正实现了手机“一机在手，走遍天下”的功能。而博客也继续发展，演化出了微博，每条微博的内容不超过 140 字，从而更能适应当代的快节奏生活，也让手机一族更容易发表感想。微信也在这一阶段兴起。借助于腾讯 QQ 的广大用户基础，微信快速发展。2014 年的微信红包功能的开发，使得中国进入全民微信时代。

第四代网络被称为“互联网 4.0 版”，即移动互联网时代。得益于手机和平板电脑等移动终端的爆发式增长，移动互联网迅速普及。人们的生活已经被便捷的网络所彻底改变：出行会有互联网公司滴滴和优步的随叫随到，去哪儿网、携程网提供旅行线路规划、车票和酒店预订等；吃饭会有百度、大众点评等提供附近餐厅、评价、团购优惠等服务；教育会有各个远程学习平台、网站给各种类型的用户提供所需要的任何教育服务。总之，这一代的互联网和任何产业结合，都会形成所谓的“互联网＋”。因此，一台随时随地上网的智能手机成了人们工作和生活必不可少的设备。由于移动即时通信是基于社交关系，增加了信息分享、交流沟通、支付、金融等应用，因此极大限度地提高了用户黏性，也成了各个互联网公司全力争夺的人口。

通过以上分析，我们对互联网的发展历程有了较为明晰的了解。正是因为通信技术的不断升级，网络的普及和移动终端的迅猛增长，才使得最初只有少数白领、精英和受过高等教育的用户为主体的网民逐渐发展到当前“人手一部智能手机，人人都是网民”的阶段。这样一个群体的扩大化，使其自身特征也发生了变化。

虚拟性是最重要的特征，过去是，现在是，将来也是。网民在网上可以采用虚拟身份、虚拟名字，以昵称或代号示人。最初刚上网时可以匿名发帖和聊天给网民带来的是兴奋、新奇，现在网民以匿名来保护自己的隐私，则更多是因为个人信息容易被泄露。正如上文所言，到了第三代、第四代互联网阶段，个人已经可以在网上进行金融、支付等活动，这些都是涉及个人安全的重要功能，所以网民在聊天或上网时多以匿名形式出现，从而构建起自身安全的第一道防火墙。此外，匿名用户可以说出一些真实生活中不敢说、不能说和不好意思说的话，不论是评论、批评、讽刺、开玩笑还是骂人、诅咒等等。

多样性主要是指网民的构成群体涵盖面多样化。只要具备了最基本的识读能力和拼写/打字能力，任何人都可以成为网络交际的发起者和参与者。数以亿计的网民，涵盖了各个社会阶层的人员，上至百岁老人，下至五六岁的儿童。既可能是所谓的人生导师、业界领袖，也可能是网络大 V，一呼百应，影响力巨大。这些网络时代的使用者和支持者，在网络上他们是网民，在网络之下他们是学生、工人、白领以及各行各业的从业人士；网络另一端与你交谈的可能是刚学会上网打字的青少年，也可能是手慢眼花的耄耋老人；你读的一篇网文可能是来自网络大 V，也可能是出自你的身边人之手。总之，他们各自在感兴趣的论坛、贴吧抑或是在自己的微博、博客上发表看法，留下评论，他们拥有着不同的身份和年龄，但同时也具备信息时代许多共同的心理特征。正是有了这样的多样性特征，网民尤其是青少年，充分发挥了想象力、创造力，不断创造新的词汇、句子甚至是单个文字或标点符号,丰富了网络语言的形式和内涵。

交叉性是指网民的身份不是唯一的。个体在网络空间中,既可以扮演与自己真实身份相适应的角色,也可以是远离自己身份,甚至完全相反的角色。例如,一个真实身份为大学生的网民,在同学圈里是真实的自己,在网络游戏中又可以是战队一哥;在各个以兴趣为主题划分的贴吧里,他可以是专家,从宇宙大爆炸开始讲到现在地球的演变;而在其他论坛、组织中,他可以是潜水者,只听别人发言。一个你所熟悉的人,在日常生活中可能是狂放不羁,在网络上也可能是温柔体贴。网民就是一个矛盾的集合体,表现出各种不同的身份形象,交叉出现在不同网络次空间中。

第三节　网络对网民的心理影响

美国著名的社会学家和社会心理学家查尔斯·霍顿·库利(1989:60)曾说过:"没有表达,思想就不能存在。"交流的需要是人类原始的、基本的人性特点。表达是作为主体的人对自身的情感、态度和思想的外在展示和呈现。在历史发展的各个阶段,表达的行为和内容都会在众多层面上基于新的社会样态,借助新的媒介载体,构成新的传播形态,生发出新的传播方式。今天,在各种符号通过互联网传递与流通的基础上,互联网已经超出了信息传播的媒介与平台这样的性质,延展并重新构筑了一个新的生存空间。

网民在虚拟网络中表达着自身的情感、态度和思想,而网络对网民的心理也会产生一定的影响,主要从以下两方面来看:一方面,网络的使用能促进网民积极正向情绪的发展;另一方面,网络也会使网民产生消极负面情绪。从正向情绪来看,网络提供了许多正能量人物和事例,增加了人与人之间的交流机会。虽然作为网民,其身份是虚拟的,但也是社会群体的一部分。每当有重大灾难发生,总会有人在网络上号召第一时间去献血、去当志愿者救人。从负面情绪来看,网民成了卫道士,网络维权、人肉搜索层出不穷,所有人都认为自己站在道德的高地,似乎要对一切社会现象进行批判。例如,2015 年 9 月发生的安徽淮南女大学生撞倒老人事件,最初新闻报道是说女大学生撞人了,可女生发微博说自己是被冤枉的,于是事件发生了翻转,舆论开始转向批评老人是在讹诈,因而在全社会引起了一场"老人摔倒到底该扶不该扶"的大讨论。在经历了此类事件之后,可能许多人在采取行动之前都会打个问号,这与传统的中华文化美德是相背离的,但确是事实。这一事件反映了公众对社会道德缺失、诚信危机的担忧,所以此后只要发生类似事件,公众的第一反应是老人在讹诈年轻人。

从上面的事例可以看出,当今社会,随着网络的快速发展,人们的心理已经发生深刻变化。过去那些被压抑、缺乏表达途径的意见、看法、怨言都找到了出口——互联网。因此，受到网络的影响，现在的社会上多了一些戾气，少了一些和气；多了些责备，少了些谦让。

除了上述正面和负面的情绪、心理之外，网络对公众的心理影响还包括下面几个方面：无聊、从众、求新求异等。网络上有越来越多的人感到无聊，他们把上网当作打发时间的主要方式，玩网络游戏，闲聊，无所事事。前几年比较有名的网络事件“贾君鹏，你妈妈喊你回家吃饭”吸引了无数人的关注、转发、回应。无聊的心理状态展现无遗，甚至有好事者根据此事件杜撰出更多类似网贴。从众心理也是网络时代一个重要特征。许多网民对社会事件缺乏自己的认知和判断，一味地人云亦云。社会流行什么，他们就会跟风，一哄而上。这就导致现代的年轻人失去了创新意识和创新能力，也失去了批判性思维能力，最终导致整个社会发展步伐缓慢，缺乏活力。

第四节　网络语言的性质

网络的出现不仅改变了人们的信息接收方式，同时也影响着人们沟通交流的语言环境。说起网络语言不得不提起 IBM 公司的研究员斯科特·法尔曼，1982 年 9 月 20 日斯科特在 BBS 上留言时灵机一动，在文尾附上了一个“：)”，从此电脑不再是冷冰冰的，而是被赋予了人的喜怒哀乐。网络语言也就由此诞生了。网络语言一开始只是为网民们服务的。网民们利用这些各异的“语言”来传达自己的情感。要是有人在网络上使用正规语言文字就会被别人视为“老土”。青少年习惯于使用这些语言，渐渐地也能在生活中听到了，尤其是在青少年人的聊天里。而且，移动互联网在近一两年的飞速发展，手机以及其他移动终端的迅速普及，使得人们的交流方式发生了翻天覆地的变化。当今最流行的网络用语中有一句“世界上最遥远的距离，是你坐在我面前，我们却在各自低头玩手机……”，这正是当前人际交往的生动写照。

自从 1994 年中国接入互联网开始，到现在已有 20 多年的发展历程。计算机越来越普及，移动上网设备层出不穷，网络用户从无到有，一切都是日新月异。网络语言也在此过程中不断产生、变化，以至于网络语言已成为现在日常生活中必不可少的一部分。人们言必谈网络，工作、生活中没有网络语言已经不能充分表达自己的意图。那么，网络语言到底是一种什么语言？与日常语言相比，有何不同呢？本节将就此展开讨论。

一、一种特定的社会方言

目前，学界对网络语言的定义仍有分歧，但一般认为要从广义和狭义上来界定。广义上说，网络语言是指与网络有关的一切语言，主要包括以下三种情况：一是与网络、计算机有关的专业术语，如网页、软件、防火墙等；二是与网络文化现象有关的特殊用语，如网民、黑客、电子商务、移动互联网等；三是网民在网络交际中使用的特殊语言和网络文学用语，如斑竹、美眉、菜鸟、酱紫等。第三类是狭义的网络语言，也是学界普遍关注的对象。

网络语言是一种社会方言。我们首先要了解什么是社会方言？它有什么特征？Hudson(2000)认为，方言是语言的变体，依据不同标准，可以分为地域方言和社会方言。前者是以所在的地理位置为标准；后者则以使用者的年龄、性别、职业、政治信仰、受教育程度、社会地位等因素为标准。社会方言两个重要特点是使用者的社会特征和特定的交际场合。社会特征主要是指参与者的社会要素，如身份、地位、年龄、职业等。一个教师在课堂上的语言会体现教学话语，一个政治家在竞选等场合会使用具有鼓动性、激情四射的语言，一个未受过教育的人所用的话语会有非正式、粗俗的语言。

最初人们称网络语言为“黑话”或“网络流行语”，还有人称之为“网络方言”，主要是针对网络语言对人们日常语文生活的冲击而提出的说法。对于网络语言来说，其产生的环境是网络，即交际的场合；其使用者是背景丰富多样的广大网络用户，他们的社会特征是多种多样的。一个现实社会中的人会因为自己的身份、地位、名声等而注意自己的说话和行为方式，努力做到言行一致。在网络这样一个虚拟社会中，交际者的身份是虚拟的，名称是不真实的。我们所知道的信息无非是对方的一个网名，不知道年龄，也不知道职业，甚至连男女都无法分辨。这样的虚拟性就会让参与者无所顾忌，说一些平时不敢说的话，做一些平时不敢做的事，不去管是否符合社会规范、道德伦理，甚至违法犯罪也不怕。

各色人等自由交流，使用的语言也就相应地变化多端。专业技术人员可以用网络语言来交流各自学科知识和信息，例如著名的科普网站果壳网、知乎网等。青少年也可以用网络语言聊自己的兴趣爱好。总之，不论你年龄大小、爱好什么，在网络上都会找到各自想要的信息、能参加的讨论、所属的社区等。只要你上网，用不了多久你就会了解各类语言特色及含义。

网络语言作为一种新的社会方言，是网络文化的出现所引起的传统语言变异的结果，是一种语言的变体，其本身不必是一个完整的系统，但必须有共同的社会分布，也就是说，共同具有某种社会特征的人、共同的语境、共同的社会关系。理解网络语言的出发点就是看语言项目是由谁、在什么情况下、为了什么目的、对什么人说的。

二、一种特定的功能语体

语言的一个分类是从说话人对语言使用的特点来分，主要有口语变体、书面语变体、非正式语言变体、诗歌语言变体、戏剧语言变体等。这一类语言变体又称为语言的“功能变体”。

功能变体也叫“场合变体”“语体风格”或“语域”。人际交往会受到时间、地点及语境的制约，在不同场合的不同说话方式构成了语言的功能变体，也可以理解为是什么人在什么场合、时机对谁说了什么样的话。

就网络语言来说，我们可以说它是介于书面语和口语之间的一种特殊语体。虽然是以书面形式表达出来，但从语体风格来看，网络语言还是更接近口语语体，类似于把电话或面谈中的话语用键盘表达出来。网络语言的基本功能是交流沟通。使用者可以互相见不到容貌，听不到彼此的声音，甚至可以远隔万里，只要在网络上，他们的交流就可以不受时空限制，使用的语言也可以五花八门，自由随意。

众所周知，我们用键盘聊天时交流的速度远远慢于口头交谈。受打字速度的限制，一个人写出一句话后，可能会等待较长时间才能得到对方的回应，一旦对方受到其他事情的干扰，回应的速度就更慢。所以，网络聊天时话轮的转换并不是你一言我一语，而是有可能你一句或两句话后，对方仍在回答你的上一句问话。时间就是金钱。网络交际的便捷性决定了交际者要快速作答，因此需要快捷而简单的输入方式。网络使用者创造出了诸多语言形式，用标点符号、数字、字母缩写等来表达意思就非常普遍，而同音字、方言等也层出不穷。这就是网络语言的变异，也是我们下一部分要重点讨论的内容。

三、网络时代的语言变异

人们在交际时总要遵循一定的语言“常规”(norm)，即人们所公认的语言交际标准。然而，在特定的场合或语言环境中，语言使用者故意偏离常规，创造性地使用语言，造成语言的变化及其表达上的突兀感，实现最精妙而干练的语义表达。这种偏离语言常规的形式就是语言变异(language deviation)。语言学家陈原在《社会语言学》中提出：变异是普遍存在的一种社会现象。凡是活的语言，应该说，无时无刻不在变异中。没有变异就没有语言的发展(陈原，2000)。语言变异的形式多种多样，英国著名语言学家 Geoffrey Leech(1969)将其归纳为常用的 8 种，即语音变异(phonological deviation)、词汇变异(lexical deviation)、语法变异(grammatical deviation)、语义变异(semantic deviation)、语符变异或书写变异（graphological deviation）、语域变异（deviation of register）、方言变异（dialectical deviation）和历史时代变异（deviation of historical period）。当然，语言变异并非仅限于此，它还包括一些其他的变异形式。

语言变异现象的出现有诸多原因。首先，语言是相对稳定的，这种相对稳定使人们有了一套相对稳定的语码系统，即语言常规。凭借这一常规，人们可以顺利地进行话语活动。同时语言又在不断变化和发展，无声无息地进行着新陈代谢，当一个新的词汇、一个新的词义或新的表达法被人们普遍接受之后，它便进入了语言的"自动化"（automation）程序，也就是说，它成了语言常规的一部分。然而，长期的使用使它失去了其刚出现时所具有的新鲜感或美学潜力。因此，它不断地偏离常规，出现变异。其次，语言变异现象是由于语言本身与其表达对象的复杂性所决定的。客观世界和人的主观世界是相对复杂与微妙的，对这两个世界的语言表述也是十分复杂和微妙的。在表达语义的变化及细微的差别时，仅使用语言常规是远远不够的，人们往往借助于语言变异，创造性地使用语言。第三，语言变异现象是由交际者的语用目的所决定的。由于生活在一个复杂的世界里，人们需要面对各种不同的交际场景。为了达到某些特殊的语用目的，人们必须创造性地使用语言，往往偏离语言常规，故意扭曲语法、句法、词汇等语言成分，造成语言变异。此外，语言变异现象还可能是由特殊的文体风格所决定的。有时，作者为了凸显自己的独特风格，除创造性地运用语言常规以外，还必须借助于语言变异。文体学的一个基本观点就是，"风格是对常规的变异"（Style is deviation of the norm）（秦秀白，1991：96）。语言变异正是通过创造出与常规不同的语言形式，给人们留下深刻的印象，从而有助于形成作者与众不同的文体风格。

与印刷媒介中规范的语言符号相比，网络交际中出现了大量偏离语言常规的现象。这种现象是语言在网络这个虚拟社区里的变异，而不是语言变化。因为后者是语言的发展和变迁，是一个更为缓慢、渐进的过程，而网络语言中的变异是突发转换和活跃的。其实网络语言也是以通用语作为基础的，语法、语义等都能达到一般语言交流的效果，但是与传统媒体语言、日常生活用语等相比，又具有不同的特殊性，这些带有特殊性的网络语言对现代汉语通用语具有冲击性，或语法改变或语义翻新或旧词新解，总之给传统语言的使用者以新奇与震撼。

语言的基本要素是语音、语法和词汇，所以语言在网络上的变异主要体现在语音、词汇和语法这三个层面。下面，我们将分别对网络语言变异类型进行归类和举例。

(一)网络语言的变异形式

1. 语音变异

网络语言中的语音变异主要包括三种谐音：数字谐音，例如，5201314＝我爱你一生一世；英语音译谐音，例如，“瘟酒吧”是“Win98”的意思，“稻糠亩”是“. com/dot com”的谐称；汉字谐音，例如，酱紫＝这样子，你造吗＝你知道吗。汉字谐音的两个例子都是受到港台地区发音方式的影响，随其音乐和娱乐节目等传入大陆，青少年是最初的接触者和传播者。第三种是“数字＋字母”谐音，一个典型的例子是3ks，代表英文单词“thanks”，表示感谢。因其发音与汉语中的3接近，这个英文单词被简化为3＋ks。虽然英文中的th发音是舌齿音[θ]，与汉语中的[s]不同，但非英语专业的人还是容易把这两个音混淆。因此，网络交际中使用者也就将错就错，直接用汉语“3”的发音。同样的例子是4U，代表英语中的for you，其中数字4的英文单词是four，与for发音接近，因此出现了这种代替。其他的常见例子还有B4代表before，cu代表see you，不一而足。

2. 词汇变异

词汇是音形义的结合体，词汇在网络的变异也主要体现在“形”和“义”上。概括说来，词形变异现象有以下几种：

(1)大量使用英文首字母词，如WWW(World Wide Web：万维网)，DL(download：下载)，LOL(laugh out loudly：大笑)，BAK(back at the keyboard：回到键盘旁)。

(2)使用英文字母仿英文常用语之谐音，如IC(I see：我明白了)；ICQ(I seek you，ICQ是最早的网络寻呼软件)，C-YA(See you again：再会)。

(3)使用英文词首字母和阿拉伯数字混合成词，如B2B(Business to Business：商家)，F2F(face to face：面对面)，I H8U(I hate you：我恨你)。

(4)使用汉语拼音的首字母缩写词，如DD(弟弟)、MM(妹妹)、GG(哥哥)、JJ(姐姐)、GM(哥们)、QSN(气死你)。

(5)在连贯话语中使用数字谐音替代英语单词或汉字，如“What can I do 4(for)you?”“乐4(死)我了”“别肉麻了，我都快2(吐)了”。

(6)标准词语“谐称化”，即新造谐音词。其中有些是因为计算机词库里没有某个词语，为节省打字时间而生造的谐音词。由于这些词语带有浓厚的谐趣意味或戏谑色彩，很快便在“赛柏世界”(Cyber world)流传开来。如，“斑竹”是“版主”之谐称；“稻糠亩”是“. com/dot com”的谐称。

(7)使用符号词，如“：-)”(微笑)，“：-D”(开口大笑)，“：-＜”(苦笑)，“：-(”(悲伤或生气)，“：-＞”(嘲讽)等。

同传统的书面语言相比较，网络语言由于减少了外来的束缚，发挥了作者的自主性，往往在构思上更为巧妙，语出惊人，从而最大限度地反映出每个人在语言上的创造力。这种创造力在上述的词形变异现象中可见一斑。此外，词汇在语义上也会发生变异。例如，日常生活中的词语"灌水"原指向容器中注水，在网络上则表示发表篇幅长而又内容空洞、"水分"含量高的文章；"恐龙"原指外形奇特的史前动物，网络语言中则指相貌丑陋的女性网民；"猫"不再特指某种动物，而是调制解调器 modem 的汉译缩略语。这些词语都是对已有词语的变异使用。

3. 语法变异

网络语言是虚拟世界的语言。特殊的交际语境造成的语法变异现象屡见不鲜，主要表现为网络语言在使用上具有不受传统语法制约的随意性。网络的开放性为大众提供了无比广阔的虚拟空间，人们在网上可以自由地发表观点进行交际，在一定程度上摆脱了传统书面语的规范，只要不妨碍交流，各种材料信手拈来，为我所用，任意组合，标新立异，表现出很大的随意性。例如"下载"被简化为"当"或"荡"，是取 download（下载）前一半的英语发音。由于英语在网络中的优势，汉英混用在网络交际中越来越频繁。如"有事给我发 Email"，甚至干脆说成"有事 E 我"；用"幸福 ing"表示"正幸福着呢"；"衣服很 in"意思是"衣服很时尚"；等等。另一方面，不少英语词汇，包括缩略词，已经成为网上的习惯用语，如"R U there?"（你在那里吗？），"ur a/s/l?"（你的年龄、性别、住址？），"JAM"（等一会儿）之类。这些都完全取决于网民个人的习惯，不受语法的制约，带有很大的随意性。

此外，这种随意性还体现在网络语言中出现了违反常规语法的构形形态，即重叠（reduplication）现象。这里是指单词的某个音节或字母的重复，一般用来表示强调，类似于口语中的音高（voice pitch）或拖音。在面对面交际中，人们也使用重复的手段，如可能拖长某个音节或扩大音域以示强调，但网络聊天中的重复不考虑音节制约因素和发音的可行性，纯粹把它作为一种表示强调的标志来运用。请看下面摘自聊天室的一段对话：

A：call meeeeeee

B：yep well no one cares

C：hhehee

B：see ya

D：18/f with blonde hair. Click here to see my pictures！ ：-)

A：callllllll me （WFC SayHi chatroom，2005. 01. 16）

这段对话中，A 连用了"call meeeeeee "和"callllllll me"两个重叠结构，将其急切希望与其他网友联系的心情表露无遗。同样，在汉语聊天室中，网民们也发明了汉字的重叠结构用来表示强调。例如，"想一下下"是"想一下"的强调重读形式，不仅增加了网络语言的音乐感和形象性，而且转写了口语中的亲昵、俏皮、调侃等语气，因而备受网民的青睐。

(二)网络语言变异的理据

网络传播中的语言变异可谓千奇百怪、五花八门。由于网络语言根植于传统语言的母体，因此前文中提到的语言变异的共性原因也适用于网络语言。然而，网络交际的特殊性决定了网络语言的变异又有自身的特点。

1. 网络是一个平民化的交际舞台，它为每个网民的自我表现都提供了广阔的空间

网上的交流方式是建立在匿名基础之上的，参与者是以自己在网上的绰号而存在，并且通过打在屏幕上的文字符号与他人交流，因此现实世界里的社会地位和社会资源在网络上毫无意义，每一个网络参与者都是平等的，扮演的角色也是随意的，摆脱了真实生活中地位、身份、职业等的约束。这种平等的网络交往有利于使人们的主体能动性和潜能得以提升，创新精神得以发挥(鲍宗豪，2003)。因此，在虚拟的网络世界里，网民们可以无拘无束地展现自我，极力使用独特、新奇的语言抒发情感、发泄不满，从取名用字到遣词造句，处处表现出漠视传统和规范的言语风格。

2. 网络交际的高效快捷促成了用词达意的随意性

网络信息交流是以光速的方式快速进行的，一封电子邮件可在瞬间到达大洋彼岸，这一方面极大地提高了人们的工作效率和交流范围，另一方面也要求人们在使用语言文字时要适应这种高速度的挑战。由于目前输入技术的限制，每个人在使自己成为网络时代的合格公民时，必须具备的基本技能就是键盘打字。对中国网民来说，因为汉字是表意的方块文字，不是拼音化的字母文字，所以尽管已有先人花大力气开发出各种汉字输入法，但用起来终究不如字母文字那样快。为了提高输入的速度，只得将文字随意地进行简化。网民中用得最多的输入法是重码率非常高的拼音输入法，如“我”变成“偶”，“你”变成“泥”等。互联网是宽容的，选词时出现的这些错字，只要不影响特定语境中的传情达意，人们并不十分介意。至于其他类型的缩写，多数网民可以心领神会，所以网络上的缩略词语比比皆是。

3. 与传统媒体相比，网络传播更注重视听互动性和依存性

书籍、报刊、杂志等强调的是通过读者的视觉来感悟世界，电话、广播类强调的是听觉功能，电影、电视则可通过人们的视觉和听觉传递或接受信息。在这些传统媒体中，视觉和听觉无法形成互为依存的互动关系，而网络传播中的交流体现了视觉和听觉的依存性和互动性。在发布、接受信息的过程中，由于传播信息速度的要求，仅凭视觉有时对交流信息是无法顺利传递和解读的，必须依赖于听

觉的辅助进行解码。如网络上流行的用语“F2F”“CU”“5460”等，在解读的过程中，信息接受者必须先读出声音，借助听觉加以辨析，从而加速视觉的认知过程。

4. 网民的个性张扬带来个性化的言语风格

网络传播除了突出个人隐秘、轻松自由和虚拟空间的特征，还突显了个性张扬的风格。为了与众不同以便引起他人的注意，同时为了追求面对面的交流体验和交流速度，网民往往对语言符号进行删减、篡改、替代、变通等，使语言符号更直观地进入到人们的视觉经验，促成认知活动的快捷与敏锐。例如，“电子邮件”“主页”本是国家明文统一规定的名称，但大家偏偏爱用个性化的“伊妹儿”“烘焙鸡”；“GG”(哥哥)、“MM”(妹妹)等符号根本不能称为严格意义上的词语，但自有其不拘一格的随意洒脱；“：-＞”(嘲讽)、“_^”(挤眉弄眼)等表情符虽然还很难说就是词语，但是它们契合了年轻网民们不囿陈规、爱标新立异的心理，所以在网上大为风行，其应用和广泛传播增添了网上交流的情景性、可视性和趣味性，强化了信息的传递过程和效果。但是，网民一味追求个性化的言语风格也给网络语言带来很大的负面影响。有些网民的言词粗鲁庸俗，有些网民为“惜时如金”而随意改造汉字和英语词语，导致错字、别字时有出现。过分的个性化不足为训。

网络语言变异的产生与其说是为了迎合时代的需求，不如说是语言发展的必然。网络文化需要新的语言载体，即使一时找不到合适的、能够永存的新词语，也需要临时用语(nonce words)，并在语言使用过程中予以规范，或是接纳，或是弃置。因此，对于网络上出现的某些“离奇”“怪异”的语言变异现象，我们不必惊慌，而应以容忍的态度予以观察和跟踪。“物竞天择，适者生存”的论断其实也适用于人类社会的语言现象。从古至今，旧词不断被淘汰，新词不断产生，倘若变异后的网络语言能够经得起时间的考验，就会进入语言的“自动化”系统，登上大雅之堂，成为语言的规范部分生存下去。因为语言本身的发展，就是既有变异又有规范的过程。

第五节　网络语言的特点

网络语言作为网络时代的产物，既是一种在传统语言基础上变异而来的另类语言，也代表了一种文化模式、一种生存状态。网络语言的构成有自己的语音、词汇和语法特点。贵州民族学院的贺又宁教授说：“网络文化的包容开放，表现为三个层面的联结。语境层面、思维层面和语言层面。网络习语在这三个层面的联结下，大肆突破语音、词汇、语法的规约，以全新的形态指谓网络世界。在语音方面，它们不求音节的完整，一个字母可以指称一个对象；在构词上，抛开语素和语素复合、派生的原则，随意自由杂合着各种符号；在语法中，汉语重视意合的特性得到极大的张扬，只要是能想到的，无论谐音、转写、缩写、简写、杂糅、数字、绘图等多种手段都敢大胆运用。”(2006:215)这段话精辟地阐明了网络语言的构成特点。

在网络聊天活动中，使用者通过各种软件和工具，利用键盘和显示器、手机或移动终端屏幕进行交流，这完全不同于面对面的聊天。从文体角度看，它是以书面语体的形式被人使用，但又充满了口语语体的特征。本节将从文体学、符号学和语用学视角对网络语言的特点进行全面解读。

一、网络语言的文体特征

我们将从两个角度对网聊语言进行文体分析：语言描述和语境因素分析。在语言描述中，我们采用文体标记系统给语言特征分类。Enkvist 和 Spenser (1964)认为文体标记就是突出的文体特征。在某一语境中具有文体意义的语言项目都可被认为是文体标记，这与功能文体学的“突出”概念一致。系统功能语言学的创始人韩礼德认为突出是语言显耀的统称，是语篇的某些语言特征以某种形式凸露出来。进而，他又把突出特征分为两类：一类是违反常规的突出，是否定性的；另一类是符合常规的突出，是肯定的(张德禄，1998)。在文体学中，一般把语言特征分为四个层面：音系、字位、词汇、句法/语法。在网络聊天中，可视的文字或标点符号是传递信息的唯一载体，所以音系文体标记不具有文体意义。我们只分析字位、词汇、句法/语法文体标记。同时，我们还要从功能的角度对网络聊天进行语境因素分析。这是因为语境因素是文体的重要决定因素。对语言单元或语篇的理解在很大程度上依赖于它们出现的语境。除更广意义上的文化语境外，语境可分为两类：语言语境(linguistic context)和情景语境(extralinguistic context 或 context of situation)。语言语境指在语篇中某一具体语言单元之前或之后的语言单元，情景语境指语篇出现的情景中的相关特征，如讲话内容、参与者、讲话媒介和渠道等。因此讨论网聊语言文体特征时，我们将以情景语境的三个组成部分——语场(field)、语旨(tenor)和语式(mode)为框架，分析和讨论网络语言的语境因素。

(一)网络语言的词汇特征

对网络语言词汇特征的分析主要侧重于那些对其特征形成有重要意义的词汇。通过对网络交际活动的观察，我们总结出以下几个典型的词汇文体标记。

1. 缩略词使用频率高

为了节约时间和空间，及时交换信息，网络交际中使用大量的缩略词。这些缩略词已逐渐被人们接受，形成了独特的网络新俚语或“网话”(cyberspeak)，包括使用公认的缩略词汇、创造首字母词、使用字母与常用语的谐音、数字谐音代替英语或汉语词等。具体例子可以参见上一节网络语言的变异部分。

2. 使用副语言符号表示语调和情感

网络不能传递非语言线索(nonverbal clues),而它们在实时交流中却很必要。在以计算机为媒介的交流活动中,缺少这些非语言线索不仅会使对方对文意的理解出现问题,而且纯文字也不能把交际者的行动、情感完全表达清楚。因此,在网际交流中,微笑、皱眉、怒吼、生气等生动的人类情感活动在纯文字实时信息传递中消失了。为了弥补网际交流的这种缺陷,网上聊天者利用键盘上各种符号的组合,发明了一套脸谱或表情符(emoticon)来传递感情,如“O-<”表示“fishy”(值得怀疑)、“:-(”表示“悲哀”等。这些符号已成为虚拟社会最独特的流行语,类似一种新生的象形文字(ideograph),脱离了所有文字的本体,超越一切语言界限的障碍而广泛流行。

3. 使用语言来描述网络交际者的动作、情感和体态

除了使用脸谱生动地呈现交际者的动作、情感外,为弥补交流中非语言符号的不足,网络上还盛行另一种做法,即用语言描述一些非语言行为。例如,键入“hehehe”,表示“我在笑”。在网络交际中,文字分为两类:一类用于纯文字交流;另一类是描述键谈者非语言特征的文字。为了区别这两类文字,描述键谈者行为和反应的文字常常用一定的符号圈住,表示这是动作,最常用的是前后加星号。例如:

g (the speaker) grins

lol laughing out loud

4. 为使语言既简洁明快又生动活泼,交际过程中还频繁使用感叹词

该类词的使用能极大地提高语言的音响效果,如 aha,gosh,WOW,dear,mmm,ha-ha 等。

(二)网络语言的语法特征

从语法角度分析,网络语言的特征主要体现在以下方面:

1. 网络语言常用省略句式,不遵守语法规则

由于网上交流是将文字打在键盘上,再呈现在电脑屏幕上由接受者来读,具有说和写的双重特点。因此,在电子语篇(electronic discourse)中,为节省各自占用的时间、突出重点,网民大都倾向于使用不完全句子、省略句子和不规则句子。如下面聊天室的一段对话:

Netizen A:hi, I am John. Student. Live in ca. what ur name.

Netizen B:me 2. In ny Like to make friend with U.

在上述对话中,不难发现交际双方在键入词语时都是能简则简,如 hi,me,

what 该大写时却用小写；ca 应为 CA（California），ny 应为 NY（New York）；Like to make friend with u 应为 I'd like to make friends with you. 这表现出网上交际明显的语言特点：不守规则，不注重语法和词法，随意性强，大量使用省略句式，具有很明显的口语化特色。值得注意的是，有些省略句式只有在特定的语境中才具有交际价值，省略的句子成分要靠上下文的联系和自身经验的判断来补全。

2. 网上交际所用的句子一般以单句、短句居多，很少出现复句、长句

例如：

Netizen A1：you are also 3 bottle man, how much could you drink?

Netizen B1：Beer, 5 bottles.

Netizen A2：Sea quantity!

Netizen B2：So-so, dear. I never drink too much. I fear of sudden death without being known by anyone.

Netizen A3：Just finished another essay about our work unit, very funny, want to read it?

Netizen B3：Of course. My pleasure.

以上交谈多由中、短句构成，表现出简洁、明快的特点。据统计，各类英语文体的平均单句包含 17.8 个词，而网上键谈聊天的句子比英语句子的平均长度短。这种现象产生的原因主要在于网络聊天以休闲话题为主，有时候甚至比较无聊，因此字数较少、结构简单的句子已经可以满足网民的交际需要；相反，一些复杂的长句输入时间过长，又不便于理解。此外，由于在网络聊天中话题转换非常快，对每一个话题的讨论都不深入，不需要长句传达复杂的意思和表达复杂的逻辑关系。

3. 网络交际中频繁使用问号、感叹号、省略号等标点符号

如在催促对方回答问题时，“网虫”们大多喜欢连用几个甚至一大串问号，在表示赞同或欣赏对方的观点时也常连用几个感叹号。尤其值得研究的是，为了制造“此处无声胜有声”的美妙意境，有些高手常创造性地使用省略号。如女士在回答“do you miss me?”时，常巧妙地打出这样的字幕：“I……”

（三）网络语言文体特征的成因分析

对任何语篇意义的理解都依赖于语篇出现的环境。在进行文体分析时，对语境的分析非常必要。因此，我们采用功能文体学的语境因素分析框架，从语场、语旨和语式三个方面阐释网络交际中出现上述文体特征的根源。

1. 语场

语场指发生了什么事、所发生的社会活动的性质、参与者从事的活动等。也

就是说，语场描述话语的内容范围。在不同的语场中，为实现语言的不同功能，语言在词汇、语法和形式等方面都会呈现独有的特征。就网络交际而言，语言用来传递信息、阐明事理的功能成为语言的第一功能。为了提高信息传递的速度和效率，必然要求语言符号形式上的简化，如在输入时用英文字母代替汉字、以缩略语代替单词等。总之，速度是第一要务，只要不妨碍沟通就尽可能地简化在键盘上的操作，力争一击到位，这就是为什么连数字和标点符号都被赋予特定内涵的原因。正如陈原先生所说，"现代社会生活的某种特殊情境，不能使用或不满足于使用语言（有声语言和书写语言）作为交际工具，常常求助于能直接打动（刺激）人的感觉器官的各种各样的符号，以代替语言，以便更直接，更有效，并能更迅速的做出反应"（2000：157）。这是网络中各种符号产生和流行的主要原因。

此外，网络交际的语场很难被规定在某一范围之内，交流的主题经常变化。每一位网络新成员的加入，每一个新问题的提出都会导致话题的转变，而且经常是几个主题同时并存。从功能上讲，人们加入网络聊天这种交互性实时交流的目的一般是交换对某一问题、事件或人物的观点和看法，然而具体到每一个人，其目的都不尽相同。对网络键谈参与者来讲，互联网是一个开放的交流场所，这个场所倡导言论自由，且范围可延伸至世界各地。因此，网络键谈的主题和功能都具有不确定性。

2. 语旨

语旨指谁是参与者、参与者的特点、社会地位和角色关系，即描述参与者个人的情况和参与者之间的角色关系。互联网是个开放的系统，上网的人只要遵守一定的网络礼仪，便可在网上获取信息、交流思想，它对参与者个人的社会地位、年龄、性别、文化程度等都不作限制。此外，多数网上键谈者选择使用匿名进行交谈，有些甚至在注册时填入假信息以掩盖自己的真实身份。现实世界里的社会地位和社会资源在网络上毫无意义，每一个网络参与者都是平等的，扮演的角色也是随意的。这种开放、平等的网络交往氛围有利于使人们的主体能动性和潜能得以提升，创新精神得以发挥。在虚拟的网络世界里，网民们可以无拘无束地展现自我，极力使用独特、新奇的语言抒发情感、发泄不满，从取名用字到遣词造句，处处表现出漠视传统和规范的语言风格，甚至可以违背某些语言规则。因此，在网络交际中，常会出现拼写错误、缩略形式、不规范标点、不符合语法的句子，以及用以调节气氛、表达情感的符号等。这都是不正规语言才具有的特点，所以网络语言文体的正规程度比较低。

3. 语式

语式指语言在情景中所起的作用，语篇的符号组织及其在情景中的地位和功能。我们将从语言在情景中的作用、媒介、渠道、语言自发性和交互性五个方面分析网络语言的话语语式。

(1)语言在情景中的作用

张德禄把语言在情景中的作用分为两类：构成型(constitutive)和辅助型(ancillary)。构成型语言组成整个交流事件，而辅助型语言只对社会活动起辅助作用(张德禄，1998)。

(2)交流媒介

交流媒介指用于传递信息的图形符号(视觉媒介)或声波(听觉媒介)。媒介的不同，使语言产生了口语和书面语的变体。在网络中，信息的传递通过键盘键入和从屏幕上阅读文字实现，所以它使用视频媒介，具有书面语的特征。但是，作为一种实时交流形式，信息接收和发送的同步性使交流者能及时收到反馈信息，调节谈话内容。这决定了它同时具有口语交流的一些特征。所以有人称它为"读起来像对话的书面语"，即介于口语和书面语的特殊语言状态。因此，网络语言带有很大程度的随意性。

(3)交流渠道

交流渠道指信息传递的语式。交流渠道的限制是指信息的传递只限于一个渠道——视觉的或听觉的。与传统媒体相比，网络传播更注重视听互动性和依存性。网络传播中的交流体现了视觉和听觉的依存性和互动性。首先，网络键谈中的信息主要通过视觉媒介传递，具有交流渠道的限制。这种交流会借助符号、标点等字位文体标记来实现意义表达的准确和清晰。其次，在发布、接受信息的过程中，由于传播信息速度的要求，仅凭视觉有时对交流信息是无法顺利传递和解读的，必须依赖于听觉辅助进行解码。如网络上流行的用语"F2F""CU""5460"等，在解读的过程中，信息接受者必须先读出声音，借助听觉加以辨析，从而加速视觉的认知过程。

(4)自发性

在网络交际中，参与者需要及时对他人的信息进行反馈，所以没有时间去设计、修改语言错误，常会出现不必要的重复、停顿、甚至错句和拼写错误等。同时，交际者通常会选用最常用的日常词汇来表达意思。因此，网络键谈具有自发性，这也是它接近口语交谈的地方。

(5)交互性

在网络交际中，虽然交流的对象不在眼前，但他们却是真实存在的。因此，网络聊天者之间需要相互合作。键谈双方要根据对方的反馈信息及时调整自己的谈话内容和谈话策略。同时，键谈者会借助大写、标点和副语言符号等文体特征吸引其他键谈者的注意，提高谈话的交互性，保障交流的成功。

二、网络语言的符号学解读

索绪尔在《普通语言学教程》中指出，语言是一个符号系统，是符号学的“总模型”。他认为语言是由能指(signifier)和所指(signified)构成的两面的心理实体，二者不可分离。能指是音响形象，是符号的物质方面；而所指是概念，是符号的内容方面(胡明扬，1999)。索绪尔认为，语言符号具有任意性，能指与所指之间并不存在内在的固有联系(索绪尔，1996)。例如汉语中“狗”这一概念，其能指既可以是英语中的 dog，也可以是法语中的 chien(ien)。学界从符号学角度对网络语言进行了多种解读。其中，何洪峰(2003)基于文字的可读与否以及是否是文字系统把网络语言分为两类：可读符号和非可读符号。其中可读符号是有语音形式的语言文字符号系统，而非可读符号则不具备语音形式，属于非文字系统的符号。与之相类似，王顺玲(2008)对网络语言的分类包括语言交际符号和非语言交际符号。前者来自于汉语的字、拼音、阿拉伯数字、英语字母、单词等，如酱紫(这样子)，伊妹儿(Email)，3ku(thank you)，886(拜拜喽)。她还进一步提出了语言交际符号的五个特点，即网络语言符号是任意性和强制性的对立统一体；单调性和多样性共存于网络语言符号中；趋简性和复杂性的统一；动态性和规律性增强了网络语言符号的生命力；网络语言符号是形式单一性和表义混合性的统一体。后者则主要包括表情符号和实物图像等，如：)(笑脸)，@_@(表示高度近视)，(表示偷笑)。其主要特点是辅助性——补充语言交际的需要；通用性——超越各种文字限制，被各国网民所接受；即时性——以输入的速度见长，能即时表达使用者的意思；趣味性——生动有趣的符号、图像能使网民的表达更形象直观，营造幽默氛围。

三、网络语言的语用学解读

上面提到，网络语言出现了许多缩略词、委婉语、语码转换现象，甚至标点符号、图形符号也可以表达一定的含义。从语用学视角出发，我们可以更好地理解、阐释这类语言的发生理据。本节将从语用学中的合作原则、礼貌原则、经济原则、顺应论等方面探讨网络语言。由于缩略语的大量使用，我们将用更多篇幅来讨论经济原则和网络语言的关系。

(一)经济原则与网络语言

语言是人类最主要的交际工具，它服务于社会，并随社会的发展而发展。当代科技以迅猛的速度向前发展，人们的生活节奏也日益加快，为了适应这种情况，语言表达方式的简化即“缩约”，就成为当代语言发展的一个显著趋势。语言中的“缩约”现象首先受到语言的“经济原则”的制约。

语言的经济原则又称作“语言的经济性”。狭义的“语言的经济原则”(the principle of economy)是法国著名语言学家Martinet(1962)为探讨语音变化原因而提出的一种假说。这种假说认为人们在保证语言完成交际功能的前提下，总是自觉或不自觉地对言语活动中力量的消耗做出合乎经济要求的安排，要尽可能地“节省力量的消耗”，使用比较少的、省力的、已经熟悉了的或比较习惯的、或具有较大普遍性的语言单位。从语言运用这一更为广泛的视角来说，人类使用语言进行交际，总是力求用最小的努力去达到最大的交际效果。

传统言语交际遵循“经济原则”的语用理据主要有以下几个方面：

(1)从信息传递的角度看，简约、缩略的语言表达无疑要比繁杂、累赘的表达更能迅捷地传递人们的思想、情感。信息传递不仅要求准确，而且应该在最大程度上既快速又节省。简约的语言表达可以满足这种需要。更为重要的是，省略使得未知信息成为接受者注意的焦点，从而更有助于加强信息传递的效果。

(2)言语活动遵循经济原则是逻辑思维的必然结果。编码是指用语言形式将说话者的意念或动机表达出来，这个过程也是说话者思维的过程。语言与思维之间不是简单的对应关系，思维是多维的、不完整的、瞬时的、非连续的、简略的、模糊的，而语言是一维的、完整的、连续的、缓慢的。语言表达应该力求在最大程度上捕捉思维内容，即说话人头脑中模糊的、大致的、笼统的、简略的意念和动机，因此不可避免地采取简约、缩略的表达形式。

(3)经济性可以溯源于人类的惰性。一方面，人们在交际中要努力满足自己与外界交际的需要；另一方面，交际需要又受到人的自然惰性的潜在制约。这种制约在言语活动中表现为尽量少地使用语言单位，或使用那些省力的、概括性强的语言单位。

(4)言语的经济性是修辞的需要。Leech(1983)从语用学的角度，在Halliday(1978)的“篇章功能”(textual function)的基础上提出了“篇章修辞”(textual rhetoric)的概念。篇章修辞对言语表达实施“输出制约”，即影响言语的表达方式，它体现在“可处理”“明晰”“经济”和“表达”四个原则上。其中的经济原则要求说话者力戒言语的重复，使用简明、缩略的表达形式。节约用词是一条重要的修辞原则，行文中采用缩略的表达方式会取得较好的修辞效果。

由于网络语言根植于传统语言的母体，因此上述的四条语用理据也适用于网络交际。此外，由于网上交际的特殊性，网络语言遵循“经济原则”还表现出自身的一些特点。首先，网络信息社会高效快速的特点要求网络语言必须遵循“经济原则”，最大程度地对已知信息进行缩简。在高速运转的信息化社会，时间就是一切，交流变得简约化。在这种情况下，语言用来传递信息、阐明事理的功能成为语言的第一功能。网络交流中，人们注重的是信息传递的效率，突出有效信息，略去不必要的多余信息，是这类交际的特点。为了提高信息传递的速度和效率，必然要求语言符号形式上的简化。例如，在输入中用英文字母代替汉字，缩略语代替单词等。总之，只要不妨碍沟通就尽可能地简化在键盘上的操作。正如陈原先生所说："由于现代社会生活的节奏很快，语言接触引起的一个新问题，就是缩略语问题。节奏快，以至于在某些场合要采取符号（非语言的符号）来显示信息。缩略语就是把必要信息压缩（浓缩）到在接触的一瞬间就能立刻了解的程度。把必要信息转化为图形（非语言符号），是适应高速度和其他现代社会条件的需要而产生的。"（转引自刘乃仲、马连鹏，2003：89）现在很流行的一个说法是，我们已经进入了一个读图时代，其实就是一种更为简明快捷的沟通方式。

其次，网络语言是用手敲出来的，从这个意义上讲它是书面语言。但同时，网民们在线交流时是脑子里想到什么就马上打什么，加上追求输入速度，表达时基本上是一种没有经过很好整理的口语。这种情况也形成了网语的最大特征，即介于口语和书面语的特殊语言状态。因此，网络语言带有很大程度的随意性。此外，由于网上交际大多既听不见声音也看不到表情，网民们就特别需要利用键盘符号的象形性来表达交际人在言谈时的神态表情，于是便出现了情感符这种新奇的交际符号系统。情感符的流通符合语言的经济原则——"构成越简单、越接近原始图像的情感符，采用的比率就越高"（卢谕伟，2002）。现时网上流行的情感符，大都具有这种特点。

第三，尽管多媒体技术的发展使得在线语音聊天成为可能，但是就目前来讲，网上交流大多数还是采用打字这种方式。对很多网民而言，打字毕竟没有说话和写字那么得心应手，而且当前的上网也需要付费。因此，从经济角度出发，也为了使网络交际更富有人情味和形象性，网民们就创造出许多网外人不好理解的新词。另一方面，"网虫"们多有网瘾，一旦登录互联网，马上精神亢奋、思想活跃，而不熟练的打字技能直接影响着思想感情的表达和交流。因此，在线交流中他们就有意无意之中"创造"了大量的谐音、缩略型的网络词语，起到了简洁、形象、幽默的效果。

(5)网络语言中不仅有大量的缩略型词语，还创造出大量独特的缩略句。语句压缩是一种较为规范的缩略编码形式，它遵循一定的规则，主要有拼音压缩、英文压缩（赵玉英，2003）。如以"PLMM"表示"漂亮妹妹"的拼音压缩，其特点是先将中文以拼音拼出，然后取每字拼音的首字母相组合。英文压缩如 BRB（be right back：我要走了）、BTW（By the way：顺便问一下）、JAM（Just a moment：等一会儿），等等。

(二)合作原则和网络语言

合作原则(cooperative principle，CP)是由 Grice 于 1967 年提出，指的是交

际中，人们要遵循合作原则才能达到沟通顺畅，否则就是各说各话。合作原则的四个准则分别是：数量准则（maxim of quantity）、质量准则（maxim of quality）、关系准则（maxim of relation）和方式准则（maxim of manner）。同样，这个原则也适用于网络交际。虽然交际者互不相见，但是值得注意的是，日常交际中人们往往会通过刻意违反某项准则来达到相应的交际目的。究其原因，不外乎以下几个方面。第一，转移话题。例如，别人问起你不愿回答的事情时，你就可以故意转移话题来避免尴尬。第二，刻意曲解对方意思可以达到幽默的表达效果。第三，无意识的违反。这种情况在中外文化差异的背景下尤为明显。例如，外国人可能会夸奖中国人“Your English is very good”，而中国人一般会受传统文化的影响，谦虚地表示：“No, my English is very poor.”这种对合作原则的违反就是因为文化差异造成的，而说话者一方甚至没有意识到。

网络交际有其自身特点，如虚拟性等，因此网络交际者违反合作原则的情况会更普遍。通过刻意违反合作原则，取得了幽默、讽刺等交际效果。网络交际中的红人“静静”就是典型例子。例如，

A：太倒霉了，今天试了几个方案都不行，老板把我批了一顿。我想静静。

B：静静是谁？

在这个对话中，A 因为心情不好，说到“想静静”，其实意思是“想安静一下，别打扰我”。B 故意装作不明白，把静静当作人名，问道静静是谁？这里通过谐音或同音异义刻意违反关系准则的方式营造出来了幽默的语言氛围，实际交际中也可以达到使听话者放轻松、不要压力太大的效果。

再看下面这个例子，是发生在一个网络社区的对话：

A：有人在吗？

B：你好，没有的。

A：谢谢！

B：不客气。

在这个对话中，A 想问有人在吗，能否聊会天，B 回答说没有人。但我们知道，真正没有人的情况是根本没人回答 A 的问话。因此，可以看出，B 这种故意违反原则的回答创造出一种表面正经、礼貌但实际滑稽、无聊的氛围，而 A 也配合着 B 继续完成他们的对话。

（三）礼貌原则和网络语言

Leech 认为，我们只有通过礼貌原则才能更合理地解释诸如话语暗示和间接话语行为等语言现象（Leech，1983）。礼貌原则包括六个准则，分别是得体准则、慷慨准则、赞誉准则、谦逊准则、一致准则和同情准则。日常交际中，交际者

总是遵循着礼貌原则才能保持交流的顺畅。而在网络交际中,人们之间的关系与现实社会有巨大差异,因而礼貌原则经常被违反。造成这种情况的主要原因有三个方面:第一,交际环境的虚拟性;第二,交际者身份的不确定性;第三,交际者自身素质的差异性。

当个体处于陌生的空间或是可以隐匿身份的环境中时,总是易于表现出不一样的自我。根据弗洛伊德的理论,人格分为本我(id)、自我(ego)和超我(super-ego)三个层面。其中本我是与生俱来的,亦为人格结构的基础,自我及超我即是以本我为基础而发展。本我只遵循一个原则——享乐原则(pleasure principle),意为追求个体的生物性需求的满足,以及避免痛苦。因此,平时个人的自我意识被压抑,当处于一个没有约束的空间时,本我就会突出表现出来。在网络这个虚拟空间中,隐匿的身份使得网络聊天的参与者无所顾忌、肆无忌惮。任何非礼貌的话语都可能被使用,从而导致语言暴力充斥网络空间。

2015年百度新闻实验室发布了输入热度最高的各类网络用词。其中最多的语气词是“嗯嗯”。在分析了人们最常用的“粗词”后发现,男生是使用的主力军。年轻人的创造力强,尤其是00后的一代,他们个性鲜明,自我意识强烈,被认为“酷到没朋友”,所有人都想显得与众不同。他们敢说敢做,不论是好话、坏话甚至脏话,都能脱口而出。但在使用时又不能显得太直白或不加选择,因此一些发音类似的字词就被选用。

不少网络语言也具有它自身的意义,有它存在的价值,比如“菜鸟”“恐龙”之类。如果直截了当地说“你真是个差劲的新手”或“这个女孩真丑”,就显得过于直白,容易伤人,也失去了应有的味道,就算换了其他词也可能表达不出“菜鸟”“恐龙”的这种感觉。

此外,语用学的视角可以很好地解释网络交际中的另一常见现象——语码转换现象,我们将在本书后面几章着重讨论。

在这一章里,我们通过梳理互联网的发展历程,更好地了解了网络的使用者——网民的构成及其虚拟性、多样性和交叉性特征,探讨了网络的发展和使用对网民的心理产生的影响,厘清了网络语言作为一种社会方言和语言的功能变体,有其自身的变异性特征,并从文体学、符号学、语用学视角对网络语言特点进行了多维度解读,为接下来对网络交际中语码转换的分析奠定了基础。

第二章　语码转换的多维思考

现在人们一般认为，语码转换兴起于20世纪70年代，是当今国内外语言学界许多人关注的课题，也是社会语言学里的一个新兴学科，发展十分迅速。它拓宽了社会语言学研究的视野，具有跨学科的性质，已成为语言哲学、社会语言学、人类学语言学、语用学、心理语言学等众多学科的研究对象。各种研究途径都力图从一个侧面加以研究，至今尚未形成一个被人们普遍接受的理论框架。因此，我们应采用逐个评述不同研究途径的理论、方法和成果的方式介绍语码转换。

第一节　语码与语码转换的定义

“语码(code)”是个广义概念，指语言或语言的任何一种变体(variety)，包括语言(language)、语言内的不同风格(style)、方言(dialect)等，它是一个中性术语，不像方言(dialect)、语言(language)、洋泾浜语(pidgin)、克里奥尔语(creole)、标准语(standard language)等术语都带有不同程度的某种感情色彩。“语码在社会语言学的研究中指代两人或更多人之间借以进行交际的任何语言系统。”(张正举、李淑芬，1990:1)因此，我们把语码看作用于交际的语言系统中的任何一种变体。

Verschueren也认为语码是一广义的概念。他把语码定义为“一种语言的任何一种可以区分出来的变体，它涉及:选择的系统性集合，而不管该变体是和某一具体的地理区域、某一社会阶层及某一功能任务相联系，还是和某一具体的使用语境相关联。流行于一个相当大的社区的某一既定语言的语码范围事实上是无限的:常见的是标准方言、地区性方言、社会方言(有些方言代表了可以用于多种语境中的‘复杂’语码，其他方言则代表了一种更为局限的语码，它的用途局限于小圈圈内的面对面交际)，甚至还有个人方言(个人特有的说法)；有时也会有一些专为某一群体所有的语言，这种语言或为少数人独创；有些是领域特有或活动特有的行话或语域；最后，还有一些是某一语言适应于某些特有语境的产物”(Verschueren,2003:138)。

语码的定义可以如此之广，而人们的语言交流都是通过语码来实现的。一般来说，在一个言语共同体内每个人，除了婴幼儿和有语言缺陷的人以外，都掌握了不止一种语码。一个人一开口讲话，他就得选用某一特定语码，在交流时也会因情景、话题、参与者等多种因素影响谈话者对语码的选择。从一种语码转换到另一种语码，或使用两种语码的混合码，这种转换被称为“语码转换”。语码转换是一种最为常见的现象，可以实施多种不同的功能。作为属于社会团体的个人，在社会语言集团中所使用的语言是不会仅局限于一种语码的，即不会是静止、毫无变化的，个人总要随着社会环境的变化及交际场景的转变而不断地进行语码转换，以达到具体交际的需要。

关于语码转换这个术语，研究者们往往根据自己的研究目的、研究方法和对该现象的认识进行定义，至今依然没有一个统一的对于语码转换的定义。美国语言学家 Carol Myers-Scotton 认为，语码转换指“从话语(discourse) 到小句(clause)层面包括两种或两种以上语言变体的语言运用”，是指“在同一次对话或交谈中使用两种甚至更多的语言变体。语码转换不拘数量，可以仅仅是一个词或几分钟的谈话；转换的语码，可以是没有谱系关系的另一种语言或同一语言的两种语体”(许朝阳，1999:55)。Poplack(1980)将语码转换定义为在单篇话语、单个句子或单一句段里的两种语言的轮换使用。Gumperz 把语码转换定义为在同一语言片段，把属于两种不同语法体系的语言放在一起的语言行为(赵一农，2012:49－50)。Trudgill(1983) 认为语码转换就是指当情景需要时，说话者从一种语言变体到另一种语言变体的转换。Auer(1998) 则认为在同一话轮或连续的话轮中使用来自两种或两种以上语言、方言或语体的词和句子；或指说话者从一种语言转用到另一种语言的现象就是语码转换(宋琦，2011)。

何自然、于国栋(2001)将有关语码转换的定义大致分成三类：(1)认为语码转换(code switching)与语码混用(code mixing)之间存在区别；(2)认为语码转换与语码混用没有什么区别；(3)对于二者之间是否存在区别不置可否。那些认为语码转换与语码混用之间存在区别的研究者的认知基础在于他们对被转换的语码的语言单位(linguistic units)或者说语言结构(linguistic structure)的理解。通常这些研究者(Auer 1998，Hammers & Blanc 1989，Kachru 1983，Sridhar & Sridhar 1980 等)用语码转换来指称句间的转换(inter-sentential switching)，用语码混用来指称句内的转换(intra-sentential switching)。因此，语码转换发生在句子分界处(clause boundary)，而语码混用发生在句子内部。

也有一些学者(Clyne 1987，Grosjean 1982，Gumperz 1982，McCormick

2001, Muysken 2000, Myers-Scotton 1998, Romaine 1995, Verschueren 1999等)放弃了句间语码转换和句内语码混用的区别。这些学者也可以分成两类:其中一类用语码转换来概括句间语码转换和句内语码混用,大多数学者都属于这一类。例如 Verschueren(1999:119)认为语码转换表示语言或语码变化,是一个非常普通和受人青睐的策略。另一类用语码混用来囊括句间语码转换和句内语码混用,例如 Grosjean (1995)。

上述这些学者对句间语码转换和句内语码混用不加区别,原因有二:首先,他们认为没有必要做这样的区分,以免引起术语方面的混乱;其次,这种区别在研究这种语言现象的功能时就更不必要了。例如 Myers-Scotton(1998:107)就不区分语码转换和语码混用,因为语码混用这个术语本身会引起迷惑,而且也没有必要再引入一个新的术语。

另外,还有一些学者对于语码转换和语码混用之间的区别不置可否,他们似乎一方面承认句间语码转换和句内语码混用在理论上的区别,另一方面又认为它们之间没有明确的界限。

何自然、于国栋(2001)认为将句间语码转换和句内语码混用区分开来的确有利于研究语法限制,但是在研究句间语码转换和句内语码混用的交际功能时就没有必要了。所以,他们认为是否要做出区分取决于具体研究者的研究目的和研究方法。本书研究的是网络交际中的语码转换,主要分析在网络交际中不同语码之间相互转换的功能及其影响,因此本书中不区分语码转换与语码混用,统一用语码转换来指同一次交际过程中使用两种甚至更多的语言或语言变体的现象。因此,不同语言之间,同一语言的不同方言、不同变体、不同风格之间,或语言与方言之间等做转换的言语行为都属于语码转换的范畴。

第二节 语码转换分类

语码转换的分类也没有统一的模式,不同学者从语码转换的结构、功能等因素对其进行分类。

根据语码转换的结构特点加以分类,Poplack 和 Muysken 的研究具有较大的影响力。Poplack(1980)描述了自己研究的语料中出现的三种语码转换类型:句间语码转换(inter-sentential switching)、句内语码转换(intrasentential switching)和附加语码转换(tag-switching)。句间语码转换是以一个句子为单位的转换,发生在两个句子或分句的分界处,通常出现在讲话者轮流交谈之中,而且每个句子或分句都分别属于不同的语言,并符合两种语言的语法规则,例如"这事没什么大不了的。I don't care."句内语码转换局限于句子或分句内部的转换，并且混杂着词汇的转换，例如“今天谁要去 shopping 啊?” 附加语码转换指的是在单一语言表达的句子或分句中插入另一种语言表述的附加成分(tag)，附加语码转换不一定出现在小句末尾，它可以出现在句子的任何位置，例如“今天天不好，就别出去了，all right?”

Muysken(2000)也将语码转换分为三种类型：插入型(insertion)、交替型(alternation)和词汇等同型(congruent lexicalization)。插入型语码转换，表示在一种语言表达的语言结构中嵌入由另一语言表达的成分，这个成分可能是一个词或一个多词的组合，通常以 ABA 的结构出现，A 和 B 分别代表不同的语言。例如，Y：“你当时就应该写，要不到后来就都忘了。”X：“这是我这个学期最大的悲哀，应该 touch and go!”交替型语码转换是两种语言的结构轮换。交替型转换是由一种语言向另一种语言的真正的转换，其中涉及语法和词汇，它可以发生在话轮之间或话轮之内。在交替型转换里，两种语言的界线相对来说是分明的。例如：Y：“你还有几篇作业没写完呢?”X：“唉! Uncountable nouns!” 词汇等同型语码转换是指两种语言共享一个语法结构，从而这个结构里的词汇可以是两种语言里的任何一种语言中的词汇。比较这三种形式，插入型和轮换型对于汉语读者来说相对比较熟悉，而词汇等同型则在汉语中比较少见。何自然和于国栋认为，“Muysken 的这种分类方法同时考虑了结构因素(考虑到分类的语言结构)、心理因素(考虑两种语言的激活程度)和社会因素(考虑双语者的语言策略)，是更为成熟全面的分类”(何自然、于国栋，2001：88)。

基于功能意义，语码转换也有几种不同的分类，包括情景型语码转换和喻意型语码转换、语言靠拢型语码转换和语言偏离型语码转换、有标记的语码转换和无标记的语码转换等。

1. 情景型语码转换和喻意型语码转换

美国语言学家 Fishman(1965)提出的语域理论(domain theory)打破了“语言能力缺陷说”，为语码转换研究提供了广阔的空间和明晰的思路。Fishman 认为多语情景中的语言选择受家庭域、朋友域、宗教域、教育域和工作域这五个领域的制约。所谓“语域”是指活动场所、活动参与者及话题等要素构成的规约化的语境。虽然该理论是迄今最有影响的理论之一，但由于语码转换具有交际的独特性和即时性等特点，而且随着社会分工的明细化和经济发展的全球化，社会域的划分也越来越多元化，宏观社会语境对语码的选择和转换更具影响力。

此外，在现代多语社会中，语言活动与语言语体间的选择并非总是一一对应。因此，Fishman 的语域说未必能涵盖当前社会语境下的语码转换活动。

由于宏观语境和微观语境共同作用于语码的选择，语码转换具有强烈的时代特点和会话参与者的主观意识。因此，Blom 和 Gumperz (1972)从成因着手，将语码转换分为两类：因情景改变而转换的情景型语码转换（situational code-switching）和因话题改变而转换的喻意型语码转换（metaphorical code-switching）（赵一农，2012：50）。情景型转换是指由于改变话题、参与者等情景因素而引起的语码转换。社会集团对某一语言变体所适用的话题、场所、人物及目的等综合体都有一定的统一看法。“只有一种语言或语言变体适合在某个特定的情景中使用，讲话人需要改变自己的语言选择来适应情景因素的改变，从而最终维持讲话的合适性。”（Auer，1998：156）情景型转换依赖于这一统一的看法。因此，每次情景型语码转换就标志着一个综合体的改变。例如，老师在课上和课下与学生交流时往往采用不同的语码。喻意型语码转换指为了改变说话的语气、重点或角色关系而采取的语码转换。在喻意型语码转换过程中，一种在正常情况下仅用于一种情景的变体被用于另外一种不同的情景，可以创造出另一种气氛，改变说话的语气、重点或角色关系，达到引起注意或强调的目的。这种转换虽然也依赖于社会集团对各种语体使用所持的看法，但其效应却出于转换对于统一规范的偏离（许朝阳，1999）。张正举、李淑芬（1990）指出：“喻意型转换含有感情功能，语码改变是对情景的重新改造——改正规场合为随便场合，改公事关系为私人关系，改严肃气氛为幽默气氛，改彬彬有礼为同等亲近关系。……说话人……使用特定语码表达词语外的信息，以重新改造社会场景。谈话人使用某一语言表达他们之间的‘我们关系’，而使用另一语言表达他们之间的‘非我们关系’，从而区分出前一语言适合于某集团圈内人的非正式活动，后一语言适合于与圈外人之间较正式的活动。”例如，两个陌生人在车上交谈时使用普通话，但后来发现他们都是一个地方的人，随即改用当地方言进行交流，使两人的关系更加密切，拉近了两人的距离。Gumperz（1982）认为语码转换是说话者用来影响或改变人际关系的一种策略；后来他的研究更加精密化，他把语码转换看成是一种语境化提示（contextualization cue），一种能显示及解释说话者意图或传递语用意义的手段。

2. 语言靠拢型语码转换和语言偏离型语码转换

Giles（1980）提出了“言语顺应理论”（Speech Accommodation Theory），他认为语码转换分为两类：一种是语言靠拢或聚合（convergence），指说话人为取悦对方，对自己的语言或语体做出调整，使之与对方的语言或语体趋于一致。Giles，Taylor 和 Bourhis（1973）在加拿大蒙特利尔市的双语环境里发现，如果人们感觉到一个说话人做出更多的靠拢的努力，例如，说英语的加拿大人向说法语的加拿大人多说些法语，那个人给别人的印象就会很好，听话人也会相应地做出靠拢的努力。另一种为语言偏离或分散（divergence），即说话人调整自己的语言或语体，用来强调自己和别人之间在言语和非言语方面的差异。赵一农（2012）

援引 Bourhis 和 Giles 做的一个调查实验，调查对象是一些非常重视自己民族感情和自己语言并正在学习威尔士语的威尔士人。有一次，威尔士人被要求做一个关于二语学习技巧的调查，调查里的问题是由一个说话非常英语腔的人用英语向那些学员提出的，这个人在提问的过程中用非常傲慢的口气质疑那些人学一种前途灰暗的、濒临死亡的语言的理由。这样一个问题被认为是伤害民族感情的问题，那些受试者马上在他们的回答中强化了他们的威尔士口音，与先前回答那些感情中立的问题时的口音形成了鲜明的对照。此外，他们还在回答中加进了威尔士语的单词和词组。这个例子表明语码转换可以用来疏远与其他谈话人的心理距离。在这个例子中，那些学威尔士语的学员对那位英国人非常反感，所以故意用威尔士语来疏远他，使他难堪。

3. 有标记的语码转换和无标记的语码转换

Myers-Scotton(1986)运用标记模式(a model of markedness)将语码转换分为两类：无标记的语码选择(unmarked choice)和有标记的语码选择(marked choice)，把语码选择看成是社会因素和个人自身相互作用、动态考虑的结果。其中，无标记语码选择是指在特定情景中交际双方保持所预期的、现有的权利和义务，使用符合规范的语码，表示说话人愿意维持现有的身份，或者是在非正式场合下操双语的朋友或熟人之间，从一无标记的语码到另一无标记的语码的选择和转换。有标记语码选择意味着说话人试图偏离和改变交谈双方所预期的、现有的权利和义务关系，改变双方的社会距离。在做这样的选择时，说话的目的是要为当前的谈话建立一套新的权利和义务。当说话人向代表同属于某集团的有标记的语码转换时，能表明双方的同等关系；当向代表权势和地位的语码转换时，能拉大双方的距离。

4. 与语篇相关的转换和与交际者相关的转换

Auer(1990)提出了两种类型的语码转换：与语篇相关的转换(discourse-related alternation)和与交际者相关的转换(participant-related alternation)。Auer 认为与语篇相关的转换是以说话人为中心，它可以用来在言谈应对中完成不同的交际行为；而与交际者相关的转换则是以听话人为中心的，它考虑的是听话人的语言喜好和语言能力。何自然、于国栋(2001)认为 Auer 的语码转换类型的两分法基本上是从功能角度出发的，这与 Poplack 基于结构特点的语码转换分类有着本质的不同。

通过上述介绍，我们不难发现不同学者对语码转换的分类标准各有侧重。

第三节 语码转换的国内研究现状

国内有关语码转换的研究起步较晚,以介绍和验证国外研究理论居多,重复性和雷同性较高,独立探索性或应用性研究较少,理论上的创新则更少。我们可以用一组数据对上述观点加以证明。

作为目前国内相关资源最完备、高质量、连续动态更新的中国优秀硕士学位论文全文数据库,从1999年到2012年12月底,共收录了1509553篇优秀硕士论文。我们以"语码转换"作为检索词,查到129篇论文,最早涉足语码转换研究的硕士论文是2001年西北工业大学翟燕宁撰写的《文学作品中语码转换的分析与研究》,作者从语用学的角度研究了语码转换在文学作品中的社会功能。我们再以"网络"为检索词对129篇论文进行再度检索,发现只有6篇是针对网络交流中语码转换现象的研究。

中国博士学位论文全文数据库是目前国内相关资源最完备、连续动态更新的博士学位论文全文数据库,从1999年到2012年12月底,共收录193301篇博士论文。我们同样以语码转换为检索词,检索到4篇相关论文。其中,《中文小说和散文中/英语码转换的前景化特征》(王璐,2009)是以韩礼德的前景化理论为基础,从功能文体学的角度对书面语码转换进行探讨。《汉—英双语儿童语码转换研究》(夏雪融,2011)聚焦在3个在美国生活、持汉语—英语双语的4岁～4岁半左右儿童的语码转换现象,并概括了3个持汉语—英语儿童语码转换的16种功能。对这些功能的细化分析显示,儿童本阶段的语码转换并非像一些前期研究者指出的是第一语言流失,而是代表了他们的双语沟通能力。《中英双语者语码转换的认知神经机制研究》(王慧莉,2008)旨在研究双语者语码转换过程中的认知神经机制。《三语环境下外语教师课堂语码转换研究》(刘全国,2007)分析了三语环境下外语教师课堂语码转换现象(转引自柴磊、刘建立,2013)。

中国重要会议论文全文数据库收录了我国2000年以来国家二级以上学会、协会、高等院校、科研院所、学术机构等单位的论文集。截至2012年年底,共累积会议论文全文文献184万多篇。我们以语码转换为篇名检索词,查到了7篇相关论文。其中最早的一篇是黄东花在福建省外国语文学会2002年年会上提交的论文《语码转换与外语教学刍议》,其余还有4篇分别是在第十届(2005)、第十四届(2011)全国心理学学术大会上发表的论文,均从心理学的角度探析了语码转换现象。

中国期刊全文数据库是目前世界上最大的、连续动态更新的中国期刊全文数据库,收录国内9100多种重要期刊,内容覆盖自然科学、工程技术、农业、哲学、医学、人文社会科学等各个领域，收录年限为 1994 年至今(部分刊物回溯至创刊)，从 1994 年至 2012 年 12 月底全文文献总量达 4334 多万篇。以“语码转换”为检索词，共搜索到篇名中带有“语码转换”的文章 680 篇，其中王得杏发表在《外语教学与研究》1987 年第 2 期的论文《语码转换述评》可以说是国内最早涉足这个研究领域的了。我们以 5 年为划分标准，对 1980 年至今的论文进行检索，发现如下特点：

1. 进入 20 世纪 90 年代以后，国内学者对语码转换的研究兴趣逐渐浓厚，从历年发表的有关语码转换的论文数量中可见一斑。1990 年之前只有一篇相关论文。1990～1995 年为 9 篇，其中有 5 篇发表在语言类核心期刊上。1996～2000 年增加为 18 篇，共有 8 篇发表在语言类核心期刊。2001～2005 年，论文数量攀升到 85 篇，发表在语言类核心期刊上的达到 17 篇。2006～2010 年激增到 348 篇，但是只有 11 篇论文发表在语言类核心期刊上。可以预想在以后的几年里，这方面的论文数量会出现井喷，因为我们对 2011～2012 年论文进行了检测，发现短短的两年时间，有关语码转换的论文已多达 225 篇。虽然这些文献中不乏重复性研究和抄袭现象，但也充分表明国内对语码转换的研究在不断升温。

2. 尽管有越来越多的研究者涉足语码转换这个领域，并从各自的视角进行分析，但是数量庞大的论文中真正有深度、独立探索性的成果乏善可陈。一个典型的例证，在上文中提到 2011～2012 年发表了 225 篇相关论文，数量可谓惊人，但只有屈指可数的 5 篇出现在核心期刊中。这足以说明很多人的论文水准差强人意，没有什么理论和实际价值。由于国内的研究起步较晚，目前来看还停留在以介绍国外研究成果为主，未能有许多探索性、突破性的发现，理论上的创新更无从谈起了。而且，有些论文还在着重探讨语码转换的定义，以及和语码混杂等概念的区分，这也从侧面说明语码转换是重要的，但又是较为新鲜的概念。

3. 从研究视角来看，国内的语码转换研究几乎触及西方语码转换研究的各个方面，包括社会语言学、心理语言学、会话分析、句法学、语用学、外语教学等，但各学科对语码转换的研究出现不平衡态势。从发表的论文来看，以社会语言学方向的研究成果为最多。其实，语码转换提供了很多的研究课题，涉及多个领域，值得语言研究人员去探索和挖掘。

4. 研究的内容呈现出细化的发展趋势。1990～1995 年发表的 9 篇论文，全部是对语码转换的综合述评。到了 1996 年，就有研究者针对某部文学作品，如《围城》《查特莱夫人的情人》中的语码转换现象进行剖析，或者专注在言语社区中不同方言之间的语码转换，如研究维汉双语人的语码使用情况或澳门言语社会在语际交流中的语码转换等。而在 2001～2005 年间，出现了两篇专门研究网络交际中语码转换的文章。在 2006～2010 年间，探究网络中语码使用的文章达到12篇。而且在这个时期研究更加细化。例如,不再泛泛阐述英语课堂中的语码转换,而是聚焦词汇教学中的语码转换现象。此外,也有学者就广告、科技等某种语体中语码转换的语用策略进行分析。以上研究成果涉及了日常生活、不同场景的诸多领域,这表明语码转换是语言交际中不可缺少的内容,应该有更多的学者来加以研究。

5. 定性研究居多,在概念层次上做抽象议论的多,从实践中得来的第一手数据少。现代社会科学领域必不可少的手段是定量研究,通过量化、统计进行微观层面的精细分析,从而弥补定性研究的缺陷和不足。但是,目前国内的语码转换研究使用定量法的还为数不多。根据陈立平的统计,在核心期刊上发表的52篇以语码转换为主题的论文中,定性分析的有33篇,占总数的63.5%,而定量分析型的文章只有5篇,占总量的9.6%,这与国际惯例的定量法研究有很大的差距(陈立平,2009)。

第四节 语码转换的功能

存在两种或多种语言或方言的语言接触中基本上都会发生语码转换的现象。人们会选择使用不同的语码,而且很多人能在不同的语码之间有意识或无意识地进行转化,传达交际者某些信息、沟通相互间的感情,“是说话人为了实现一定的交际目的而进行的选择,是一种社会文化、认知、心理等多种因素作用的行为,也是一种积极运用语言进行表达的交际策略”(沈海波,2007:216)。

Gumperz(1982)在分别对德语—斯洛文尼亚语、印度语—英语和西班牙语—英语三种不同语言情境中的语码转换表现出的会话功能进行分析后,将语码转换的会话功能概括为六种:

1. 引述功能(quotation)。说话者直接或间接引用别人的话。例如,英语课堂上,老师说:“Be quiet!”一个学生问另一个学生:“老师刚才说什么?”另一个学生回答:“他说 Be quiet!”

2. 明确受话人功能(addressee specification)。通过语码转换将话语明确地指向几个可能是受话人中的一个。例如,两个中国人和一个美国人一起用英语交谈,这时其中一个中国人对另一个人用汉语说了一句:“我觉得用英语说话真费劲。”他所进行的语码转换明确指向了另一个中国人,不想让美国人知道他说话的意思。

3. 感叹功能(interjection)。通过转换语言来表达感情,或作句子中的填塞语(filler)。常见的有汉语中经常夹杂的 well,OK,you know,anyway,Oh my God,I mean 等英语常用语。

4. 重复功能(reiteration)。一段话用一种语言说过之后紧接着用另一种语言再说一遍，或者逐字逐句复述或者稍有变更，其目的有时是为了把话解释得更清楚，有时是为了强调所说的话，以增强表达效果。

5. 话语限定功能(message qualification)。被限定的语法成分有句子、动词的宾语或者接在系动词后面的表语，对之前表达的内容再次确认。例如，"The oldest one, la grande la de once años."(The oldest one who is eleven years old. "最大的那个，那个十一岁的高个的那个。"英语—西班牙语转换，斜体部分为西班牙语)，la grande la de once años 进一步确定前面的 The oldest one 是指哪一个。

6. 个人化功能与客观化功能(personalization vs. objectivization)。Gumperz 认为很难用术语描述这类语码转换，好像是与下列事情有联系：关于行动的谈论和谈话本身作为行动的区别、讲话人对有关语信的卷入程度或与语信的距离、说话内容是否反映了个人的意见或知识、语音的内容是特别的情况还是具有权威性的一般情况或常识(赵一农，2012)，以表现说话者的态度、判断、意见和结论等。

赵一农(2012)总结了 Appel 和 Muysken(1987)提出的语码转换的六种功能。

1. 指称功能(referential function)。一种语言缺乏表达某种物体或概念所需要的词汇时，操这种语言的人就会很自然地从另外一种语言借用词汇。借用词汇的另一个原因可能是说话人觉得外来语所表达的意思更加贴切得体。

2. 指引功能(directive function)。一群人一起谈话时，有时候双语者会有目的地想要让某个人听懂或不让某个人听懂谈话内容，他们就会做语码转换。例如，属于不同圈子的人交际时，其中如果一个人说行话，就具有明确的指向性。

3. 表达功能(expressive function)。说话人可以通过在一段话语里使用两种语言来表达一种混合身份。例如，英国政治家在官场打官腔，去球场看比赛与普通球迷讲些"粗话"，目的是为了获得选民的认同，抬高自己的人气。

4. 情感交流功能(phatic function)。语码转换能表明会话的语气或语调的改变，从而重点突出某些谈话内容。

5. 元语言功能(metalinguistic function)。谈话者通过转换语言形式对当前使用的一种语言直接或间接地加以解释或评论。例如，在书中提到一个术语时，同时给出其对应的英语术语，就是属于元语言功能。

6. 诗义功能(poetic function)。当一些双关语、幽默、谚语等发生在另一种语言里，谈话者觉得比当前语言更能精妙地表达主旨时会转换成另一种语言，使用原汁原味的语言具有丰富和美化的作用。

Gumperz 与 Appel 和 Muysken 对语码转换的功能解释分类有些是重合和类似的，但都有一些不全面的地方。Gumperz 对语码转换的功能分类中，某些类别受到很多学者的质疑，例如感叹功能中，感叹词的添加并没有表达出特定的语篇功能。Appel 和 Muysken 的分类也不能涵盖语码转换的某些功能。例如，许多人做语码转换并非出于上述几种功能，他们在汉语中夹杂英语单词只是一种时尚表现。

本节将从语码转换的社会功能、语用功能和交际功能三个方面进行分析，第五章的部分内容将重点探讨网络交际中语码转换的功能。

一、语码转换的社会功能

语码转换是言语交际的有效策略。随着各民族、各国家之间的经济、文化、科技交流日益广泛，以及互联网等传播技术的普及，来自不同文化和操不同语言的人员之间的交流也随之增加。能够在不同的社会场景下进行语码转换，恰当地选择不同的语码交际，交流相互之间的各种信息，沟通彼此之间的感情，成为越来越普遍的现象，可以体现出身份地位、人际关系等社会功能。

许朝阳(1999)讨论了 Myers-Scotton 研究语码转换的社会功能。Myers-Scotton 提出说话人转换语码有两个目的，或重新明确一种更适合交谈性质的不同社会场景，或不断更换语码，以避免明确交谈的社会性质。她提出的社会场景相当于一组规范。每一种社会场景都对应一种特定的规范，代表人们对不同性质的交谈的理解。语言使用者根据社会场景的需要选择相应的语码，并根据场景的转变而进行调整，从而达到预期的交际效果。语码转换是一种能动的策略，每次语码转换总是对先前的那一种姿态或社会场景的某种程度的否认，是态度转变和新的社会场景建立的一种标志。语码转换实际上是说话者为自己正在进行的语言交往中选择一个适当的角色。

Myers-Scotton 认为语码转换出现的社会场景可以分为三类：对等场景、权势场景和事务场景。对等场景下的交际取决于交谈者之间在某种程度上的同一性，交谈者至少应具备一个共同的特征，如职业或年龄，可将其视为一个集团的成员。家庭成员之间或同学之间的许多交谈都属于这一范畴。权势场景中谈话者之间是一种不平等的关系，如果有某个或几个谈话者引起谈话参与者之间的权势差异，并对交谈的结果有明显的影响，如老师和同学之间、经理和职员之间，这样的谈话便属于权势场景中的交谈。事务场景中，交谈者之间既没有明显的相似之处，也没有相对的权势悬殊，如买者与卖者、车上陌生人之间的对话均属于这一类。

社会场景由几个因素决定：交谈者在谈话中所担任的角色、社会距离以及谈话的主题等。社会距离一般主要指交谈者之间由于地位不同而产生的间隔，但它更直接地决定所承担的角色，或者说，在交谈中说话人之间的动态关系，即怎样利用和解释某种地位。社会距离在权势场景中最大，在事务场景中则稍小，在对等场景中最小。但是，在每一类场景下，社会距离在每次交谈中则有所不同，情形依据交谈者、话题、场所、目的等而确定。一次交谈开始时，所选定的角色和用语表明预期中的社会场景。社会规范使有关者可能做出同样的理解。在交谈的任何时刻，任何一方都可以转换语码，改用与其他社会场景相称的一种语体。说话人一旦转换语体，便确立了另一种场景，交谈中的社会距离也随之发生变化。当说话人向代表同属于某言语团体的语码转换时，既能表明说话人之间的同等关系，也能建立对等场景；当向代表权势和地位的语码转换时，能拉大说话人和对方的距离，建立权势场景，这样的选择往往出于愤怒，或借以贬低对方的地位，或企图抬高自己的地位。

Myers-Scotton 最后得出结论，语码转换的总目的可以典型地解释为交谈的重新定性，通过语码转换，社会场景和交谈者的社会距离也随之改变，从而从旧的社会场景中脱离出来，建立一个新的社会场景，从一种交谈性质转变到另一种交谈性质进而达到谈话的目的（许朝阳，1999：56）。

语码具有反映社会地位、身份、社会关系等的标志功能。语言的相关标志或语言的变体依赖于职业和社会、经济地位，不同的社会方言代表了不同的社会地位，所以有些阶层的人认为自己所说的方言没有什么声望，希望换一种他认为有声望的语言交谈。英国上流社会曾经以会讲法语而感到自豪，因为会讲法语说明他受过良好的教育，属于上层社会，这就使得当时有些人不时在话语中夹杂一些法语词（李少虹，2009），借以显示自己高贵的身份和上层社会地位。再如，一些外国人来到中国之后也尝试学习汉语，将他们言语交流中的语码转换为汉语，以便得到中国人认可，展示自身地位。一些明星在接受采访时也会插入一些英语词汇，通过语码转换，表现自己的个性化、国际化的身份地位。

二、语码转换的语用功能

语码转换是言语主体为满足表达需要对语码加以选择的结果，是交际者为了适应语言结构、语境和心理现实所做出的动态性调整，是言语主体传递意图的一种交际策略（李宗利，2005）。语码转换具有一定的语用目的，以便达到更准确、更方便地传递信息、强调观点等目的。下面，从语言适应性、语言顺应性、礼貌原则、标记理论四个方面分析语码转换的语用功能。

(一)语码转换与语言的适应性

Giles 的语言适应理论(Speech Accommodation Theory)将语码转换分为言语聚合或趋同(convergence)和言语偏离或趋异(divergence),前者表示会话者赞同对方观点,为寻求一致性而在语言上靠近对方,拉近彼此之间情感距离;后者则相反,表示会话者反对对方观点而使自己在语言上疏远对方(宋琦,2011)。

赵一农(2012)认为,Giles,Coupland 和 Coupland(1991)提出的言语靠拢反映了说话人认同别人,向往与别人缩短心理距离。如果一个人变得与别人相似的话,别人喜欢他的可能性就会增大。因此,通过语言和非语言手段来达到靠拢是变得与别人更相似的一个策略,较少的语言行为差别就是这样一种交际策略。相似性能导致别人做出更友好的姿态,使人际关系更加稳定。言语是一个显眼的行为,说话人增加言语的相似性会使受话人觉得他可爱、聪明、注重人际感情。靠拢努力也可以看作是一个人渴望得到社会的认同,如果人们能意识到靠拢努力能带来正面的认知、情感和行为方面的结果,人们就有足够的理由相信,寻求认同的努力会使自己得到别人的认同。例如,在招工面试中,应聘者在言语行为上向面试官靠拢会使后者认为自己的社交技巧是可取的。一个人越想得到别人的社会认同,他就会越靠拢别人的行为。权力是靠拢的一个因素。在企业环境里,下级员工会趋同上级领导;在商店里,售货员会趋同顾客;在旅游景点,服务人员会趋同游客。售货员不自觉地使用顾客的语码时,其动机就是调节与顾客的心理距离,增强对顾客的吸引力和亲和力,让顾客购买自己的商品,达到自己的经济目的。因此,语言靠拢反映的是赞同或讨好谈话对象的心理。这种心理越强,语言向对方靠拢的倾向性就越强。马丁·路德金在一段有关黑人运动的描述中就使用了语码转换(李宗利,2005):

> The deep rumbling of discontent that we hear today is the thunder of disinherited masses, rising from dungeons of oppression to the bright hills of freedom. In one majestic chorus the rising masses are singing, in the words of our freedom song,"Ain't gonna let nobody turn us around." All over the world like a fever, freedom in spreading in the wildest liberation movement in history.

马丁·路德金优雅而富有文学色彩的标准英语,表明他受过良好的教育;而插入其中的黑人英语变体,则表明了演讲者的黑人种族背景,以及他对黑人英语的认同。这等于告诉他的黑人同胞,自己也是黑人群体的一员,是黑人种族及其利益的代表,向黑人群体靠拢,使其在领导黑人民权运动中更有凝聚力,更可信赖。

再如，张艳君(2005)举了美国前总统布什的例子。1992年布什为竞选美国总统，回到他的第二家乡得克萨斯州活动。他原是马萨诸塞州人，不过他的政治基地是得州，很熟悉得州话。但由于他是全国性要人，自然平时说的不是得州话，而是美国普通话。然而当他一到得州，就立刻改口不说普通话，而说得州话了。布什从普通话转码为得州话使乡亲们觉得更加亲切，也因此为他赢得了更多的选票。

语言偏离是指使自己的语言或语体变得与谈话对象的语言或语体不同，想疏远对方，表示自己具有权势或自己不愿向对方的权势靠拢，让对方尊重自己。祝婉瑾(1992:39)曾经引用过这样一个例子：

"What's your name, boy?" the policeman asked.

"Dr. Poussaint, I'm a physician..."

"What's your first name, boy? ..."

"Alvin."

("你这小子叫什么?"警察问道。

"普山特大夫：我是个医生……"

"你的教名呢，小子？……"

"艾尔文。")

医生对警察称呼他时使用了对下等人的称呼boy颇为不满，感到自己的社会地位被大大地降低了，故使用非常正式的语体报上自己的头衔，表明自己是个有身份的人，语言上产生"偏离"，希望对方转换语码，还自己应有的社会地位；但警察拒绝在语言上向他"靠拢"，没有按惯例称他为sir，依然使用蔑称boy；医生抗拒无力，自尊心大受伤害，无奈之下在语码上向警察"靠拢"，直接报出了自己的教名。对话中，警察的傲慢无礼与医生的无可奈何都反映出了社会中的种族歧视。

说话人选择靠拢或偏离往往具有一定的弦外之音，可看作思维的一致性和连贯性在语言行为上的反映。然而，说话人语码选择的弦外之音只不过是他的一种主观愿望，即希望别人按照他在选择语码时所产生的某种"愿望"来看待自己，这种"愿望"能否实现取决于听话人对说话人语码选择的"弦外之音"的理解。杜辉(2004)举例对此进行说明：

几年前，原华中理工大学校长杨叔子院士在武汉参加过一次国际学术会议，杨院士在会议休息期间与一位与会的中国人有这样一段对话：

杨叔子：你从哪儿来(你是哪儿人)?

与会中国人：I'm American.

这位与会者分明是听懂了杨叔子院士的问话，但是，他在回答时却没有采取一种合作的态度,而是有意突出自己与对方的差别,拉开距离,这是一种典型的语言偏离现象。产生这种现象的原因在于:他希望别人把他看成美国人而非中国人,他也许认为他的语码选择会使自己身价百倍,可是,他错误地理解了社会规则,不知道许多中国人对这种“洋味”嗤之以鼻,他的身价反而因此一落千丈。

(二)语码转换与语言的顺应性

顺应论是语用学家维索尔伦(Verschueren,1999)在《语用学新论》(*Understanding Pragmatics*)中提出来的。他提出了语言运用就是“选择—顺应”的理论。Verschueren 认为语言的使用过程是一个语言使用者基于语言内部和外部的原因而在不同的意识水平上不断地进行语言选择的过程,其中包括语言形式和语言策略的选择;人类之所以可以在语言使用过程中进行语言选择,是因为自然语言具有三个本质的特征:变异性、商讨性和顺应性。这三个特征是人类自然语言的基本属性,它们使得人类能够动态地使用语言。变异性是一种语言特征,指的是人类语言可供选择的种种可能,而且这些选项并不是一成不变的。商讨性讲的是人类做出的选择不是按机械的方式,也不是按照严格的形式和功能的关系做出的;相反,所有的选择都是在高度灵活的原则和策略的指导下做出的。顺应性指的是使人类能够从所有可能的选项中做出商讨性的语言选择,从而逼近交际需要达到的满意位点,即使交际接近或达到成功的语言特性(于国栋,2000:24—25)。这三个特征使人类能动态地使用语言,语言使用者为了最终实现自己的交际意图,他必定会使用一定的交际策略,语码转换就是其中的一种策略。

于国栋(2004)指出,所有的语言使用和语言理解都是一个交际者不断做出语言选择的过程。语言的选择除体现在语言结构的任何一个可能的层次上,包括音系、形态、句法、词汇和语义等,还体现在某种语言或语言变体的各个层次或之间的选择上。这些选择都可能传达深刻的语用意义。他认为,交际者之所以要进行语码转换是为了进行顺应,从而实现或接近某个或某些具体的交际目的。当交际者成功地在这个动态过程中完成了顺应之后,就会出现具体的语码转换的语篇,这些语篇所体现出的变异性来源于交际者的语库,而且也是他们语言能力的具体体现。

语码转换的顺应性表现在三个方面:

1. 语码转换是对语言现实的顺应,指那些由于纯粹的语言因素引起的交际者对于两种或两种以上的语言或语言变体的使用。发生语码转换的一个原因是完全出于语言内部的。如果某个思想或概念只存在于一种语言之中,而不存在于另外一种语言之中,那么当这两种语言互相接触时,就会出现语码转换或语言借用的现象,因为其中的一种语言弥补了另外一种语言在这个方面的一个空缺。语言使用者在语言运用的过程中，就要动态地顺应这样的语言事实，从而有效地进行语码转换，实现自己的交际目的（于国栋，2000）。另外，如果一种语言比另一种语言在意思表达上更为精确，语言使用者倾向于选择使用更为精确的语言。他在交际的过程中动态地顺应着语言事实，进行语言的选择，从而接近或实现自己的交际目的。

于国栋（2004）举例说明语码转换对语言现实的顺应：1999 年 12 月 8 日《羊城晚报》刊登了题为《莲归》的庆澳门回归的诗，其中有这样两句："CASINO 的轮盘滚动，任君去赢得开心输得高兴。"英文中的 casino 是"用作赌博和其他娱乐活动的场所"，汉语通常把它译成"赌场"，两者的内涵有所不同。汉语里的"赌场"总是使人联想到罪恶，作者为了避免 casino 和"赌场"由于语义差别而造成的误解，有意识地顺应了这样的语言现实，使用了英汉语码转换的交际策略。

2. 语码转换是对社会规约的顺应。这一现象是"交际者由于对某个特定社会的文化、习俗和规约等的考虑和尊重而出现的对两种或两种以上的语言或语言变体的使用"（于国栋，2004:82）。做语码转换时要尊重特定社会的文化、习俗和规约。说话人在进行语言交谈时，应该重视他所在社区的规约。当语言使用者需要明确或含糊地表达某个概念时，就会根据语用的需要，从两种或多种语言中选择一个较为合适的语言形式来完成交际。每个社会都有些禁忌，在许多语言里，有关排泄、生病、死亡、战争、宗教以及怀孕、生育等与性有关的词语被认为是粗俗和不雅的，属于禁忌语。因此，在交际中涉及这方面内容时，人们除了使用委婉语替代外，使用语码转换也是一种重要的语言策略。于国栋（2004）使用下面的例子说明这一点：

（G 在询问 E 有关硕士论文的事情）

E：其实，也应该多听一些讲座，听听别人的观点，有必要的话还可以讨论讨论。

G：对了，昨天上午那个讲座，关于 homosexuality 的讲座，我给误了。

E：你对这个题目很感兴趣吗？

G：不是。只是觉得好玩儿。

E：其实这个题目很有意义，只不过是谈到 homosexuality 的时候，人们总是羞于启齿，但是这的确是个现实，的确是个值得研究的内容。

在上面这段对话里，E 和 G 谈到了 homosexuality，即"同性恋"，而且有趣的是 G 选择了英语表达而不是汉语的对应表达进行交际。因为他明白在我们的文化中，这是一个非常有争议的话题，而且也是为绝大多数人所不齿的。为了顺应这样的社会规约，G 有意识地选择了语码转换进行交际。或许 G 不愿意因为使用了汉语表达而造成尴尬或者其他负面效果，唯恐躲避不及，因为在我们的文化中，性或与性相关的话题是不宜在公开场合谈及的，所以人们总是有意识地回避这样的话题。如果非要谈论不可的话，人们便会使用各种交际策略，比如使用语用含糊（人们用“那个”来指称“性器官”或“性行为”等）或者语码转换等。

3. 语码转换是对心理动机的顺应。对于心理动机的顺应指那些除了上述两种情况之外的所有语码转换，比如交际者可以利用语码转换实现趋吉避讳、创造幽默、标志身份、间接回答、缩短心理距离和排除其他交际者等种种心理动机。于国栋（2004）把为了顺应交际者的心理动机而出现的语码转换定义为主动顺应，因为这种语码转换是交际者为了实现自己特定的具体交际目的而采用的一种积极主动的交际策略。例如，交际者利用语码转换来削弱由于他的拒绝所可能造成的消极后果。

（三）语码转换与礼貌原则

英国社会心理学家戈夫曼（Goffman）于1955年提出了“面子”这一概念，认为面子是社会交往中个体意欲在公众面前呈现的个人形象，通过采取言语动作为自己赢得的正面的社会价值和自我体现。语用学家Brown和Levinson（1987）基于戈夫曼的面子行为理论提出了礼貌原则的语用学理论，他们区分了两种面子：积极面子和消极面子。积极面子指希望得到别人的赞同、喜爱；消极面子指不希望别人强加于人，自己的行为和话语不受别人的阻碍，即应该得到尊重。无论是积极面子还是消极面子，其最重要的特征是人们的面子需求都是通过对方的行为和话语来满足的。那么，礼貌行为或话语都是平衡交际双方的面子需求的一种努力。

刘正光（2000：31）指出，相对于操不同语言的两个外语学习者来说，他们都有一个讲自己母语的这样一个消极面子的需求，因为讲母语表达更流利，不像讲外语那样自我表达受到阻碍；同时他们也还有讲外语的积极面子的需求，因为讲外语能获得对方的赞同（彼此讲对方的母语本身能获得对方的赞同）。关于此种情况下的语码转换的语用效果，我们认为很难确定，因为对任何一方来说，哪一种面子需求当时更强烈，其实并不明显，也难以确定。语码转换本身具有二重性，在满足积极面子的同时会威胁到消极面子，在满足消极面子的同时必定威胁到积极面子。如果交际双方都是出于通过和对方交际以利于自己的外语学习，积极面子的需求比消极面子的需求也许更强烈，语码转换可能会获得积极的评价。如果交际双方只是为了交流思想或感情，表达需要是最重要的。语码转换势必会使其中的一方感觉到自己的消极面子（表达不受阻碍）没有得到满足。因此，语码转换的效果是含糊的。交际者对语码转换持何种态度取决于当时交际中的许多因素的相互作用。这在一定程度上说明Giles等人关于表示言语趋同的语码转换是为了获得赞同等的观点过于武断和理想化了，存在缺陷。

(四)语码转换与标记理论

社会语言学家 Myers-Scotton 用标记理论讨论了语码转换动机这个问题,许多学者用她的理论解释语码转换的语用功能。Myers-Scotton 把标记模式理论应用到语码转换研究中。在她的理论中,语码代表着一组组权利与义务(sets of rights and obligations:RO sets)。标记模式理论的出发点是所有的语码和变体在它们使用的语言社区都会产生社会和心理的联想意义。基于这些联想,再根据语言社会对某个语码在它特定的语言场景里所抱有的期望,该语码被判定为无标记或有标记。能被社会准则预测到的选择为无标记,社会准则所预测不到的选择是有标记。Myers-Scotton 提出,言外之意可以通过语码转换来表达。说话人和发话人可以通过有标记语码的选择来表达特定的言外之意。"有标记语码转换有许多功能:一、可用来表达多种感情,如愤怒、喜爱等;二、表达权威、亲近或疏远,有人喜欢用某种语码来表示自己高人一等,有人用语码转换表示与对话者关系密切,也有人用语码转换来排斥他人;三、加强语言的表现力,语码转换可用来开玩笑,复述他人的讲话。"(赵一农,2012:234－235)

标记理论主要是一种社会语言学理论,但刘正光(2000:32)认为 Myers-Scotton 从三个方面对语码转换进行了语用学分析。第一,尊重与精湛两准则。Myers-Scotton 这两个解释语码选择的准则是从语用的角度提出来的。尊重准则(the deference maxim)指当希望从对方得到什么时,语码选择中应表示尊重。精湛准则(the virtuosity maxim)指当说话人或受话人在惯例语境下选择无标记语码,当代表无标记权利与义务关系不适切时,则进行有标记选择。受话人可利用这两个准则对说话人的意图进行推理。例如,当说话人使用的是受话人的母语时,受话人可推出说话人是向自己表示尊重,否则,是说话人认为自己讲说话人的母语讲得不好。相反,如果一位操英语的说话人对一位操汉语的受话人讲英语,他是在向受话人传递这样的信息:他认为受话人的英语很好,但他却没有受话人者表示尊重的信息。也就是说,精湛准则实际上是照顾了受话人的积极面子,但同时存在着威胁消极面子的问题。由此可以看出,Myers-Scotton 的两准则与面子论具有异曲同工之妙。说话人选择有标记的语码是为了建立新的无标记权利与义务关系。第二,语码转换是为了获得互动交际权势。在会话中,对于交际双方来说存在着两种社会情景权势(socially-situated power):一种是地位权势(statusful power),另一种是互动交际权势(interactional power)。地位权势在交际权势的协商过程中总是显现出来,难以忽略。有标记选择能使说话人获得交际权势,原因在于:一是有标记选择意味着要求做出改变,来维护他自己倡议改变的权利,通过改变双方的地位权势而使说话人获得交际权势;二是不断的有标记选择语码转换能显现出说话人的多重身份而使说话人获得交际权势，因为每一转换的语码都是一个不同身份的无标记实现。第三，语码转换是交际能力的一部分。Myers-Scotton 提出培养某一互动交际的语言选择的相关标记理论的能力是自然的（即天生的）、是语言能力（具体说，交际能力）的一部分（Myers-Scotton，1986）。如前所述，语码转换是一种交际策略。交际策略是社会语言能力的一部分，而社会语言能力是语用能力的一部分。

三、语码转换的交际功能

语言的主要目的是交际。在语言交际中，语码转换能促进与他人更好地进行交流，并有助于语言交谈者之间的理解。作为社会语言工具，语码转换常被视作协商人际关系的策略，是为满足一定的交际需要所采取的一种交际方式。很多学者对语码转换的交际功能做了论述，其主要表现可以总结为以下方面。

1. 委婉表述，避讳掩饰

在公共场合的会话交际中，因受到某些社会规约的约束，有些话往往不适合直接说出或交际双方为了面子都羞于启齿，说话人有时会用语码转换来避免尴尬，以减轻因使用母语而造成的心理压力。例如，中国人常常对说"爱"这个字感到别扭，便常用 love 来取代。此外，为了照顾人们的尊严，避免使用一些忌讳语，人们有时改用外语表达，以替代那些粗俗、生硬、直露的说法。如两人在街上，走过去一个女人，其中一个说"Wow，这么 sexy 啊！"，而没有直接用"性感"这样的字眼。中国人一般不会公开谈论与"性"相关的事情，因此说话者选用了英语词 sexy 来避免过于直白而尴尬。

2. 缓和语气，礼貌含蓄

礼貌是说话人为了实现某一目的而采用的一种交际策略。语码转换能缓和交际者说话的态度，使其观点或意见易于被他人所接受与认可。在某些特定的语境下，尤其是当批评对方或有可能伤害到对方，引起对方的不快时要尽量避免直接的批评、指责，语码转换可以间接、委婉、含蓄地表达相同的意思，但可以舒缓语气，减轻由于使用某些母语而可能带来的负面效应，使对方比较容易接受，从而使听话人最大限度地接受自己的观点和态度。这样的语码转换既达到了交际者的交际目的，又为对方保留了面子，不至于因口气过于生硬而伤害彼此的感情，避免了交际者在社交上的尴尬。语码转换的使用可以避开明显的否定词，委婉表达己见。例如，"这样做的确效率会提高，but 也许会导致质量的不过关"的表达较好，因为在表达不同于他人的意见、观点，拒绝他人的要求或请求时，直白的否定往往会显得过于生硬，不易让人接受。再如，A："下午陪我去逛商店吧？"B："Sorry，but I really have something important to do."对话中 B 不能与 A 同去购物，又要顾及 A 的面子，出于这种心理动机，采用了语码转换的方式婉言谢绝。

3. 时尚流行,新潮炫耀

随着国际交流的日益广泛,经济的发展状况和科技水平的高低也直接影响到人们对于语码的选择和转换,并且在心理上造成对某些语码的偏见和对另一些语码的推崇。在很多人的心中,英语或者是经济发达地区的语言,代表着先进、时髦,觉得自己会讲这些语言是一种荣耀,在话语中加入些"洋词"能够表现出自己渊博的知识、身份地位或时尚新潮,这反映了一种"洋化"心理。尤其是英语,随着中国对外经济的发展和对外联系的增多,英语也越来越受到人们的重视。由于英语国家在世界上占主导地位,讲英语成为年轻人时髦的表达方式,是否能够用英语交流已成为影响人们择业和生活的重要方面。而在日常生活中能够夹杂着几个英语词也成为"时髦"的表现,在学生中常可听到类似这样的对话:

——今晚有个 party,你去不去?

——不行,明天上课还要 quiz,我得复习一下。

——干吗这么用功,relax 一下。

——那可不行,如果 pass 不了就麻烦了。

——那好吧,不打扰你了,Bye-bye.

——Bye.

人们通常在港台电影、电视剧或者访谈节目中听到剧中人物或者被访谈人在汉语语言中夹杂着英语等词汇,这无非是告诉人们他们受过良好的教育,摆一摆洋气,附庸风雅,说明自己和别人的不同等。除了英语以外,操上海话或广东方言也被认为是有钱、有地位的表现,而某些经济不发达地区的方言则被认为"难听"或"很土",在交际中有意使用上海话或广东话有时是一种炫耀的表现。

4. 表达清楚,简约方便

语码转换可以用来帮助信息的传递。对于懂得英语的人来说,在交际中用英语直接表达有时比翻译过来的东西更恰当、更简明,因为它避免了翻译的中转过程,也排除了因翻译可能造成的理解错误。当今世界处于高速发展时期,国外每天都有新的概念和产品产生,随之产生大量的新词。有些新外来语汉化的难度较大,如英语的 dink,它是将"double income,no kids"四个词的第一个字母缩合而成,如果将它译成"双份工资、没有孩子的家庭",就不是一个词了,而成了一个短语,失去原词的韵味。再如 CBA、NBA、WTO 等等这些英文缩略语在人们的大脑中有清晰的指向,如果使用其对应的汉语翻译,有时候会使人们觉得不知所指而一时反应不及。人们在日常交谈中常常会直接引用这些英语缩略语来简明、准确地表达话语内容。

5. 加强语气，强调解释

语码转换也可以用来强调或解释对话的某些内容。如果说话人使用两种不同的语言来陈述同一个信息，可以加深听者印象或者解释某一内容。在日常生活中，我们常常利用语码转换作为一种策略来达到期盼的效果，在试图向他人解释一些事物或相关定义时，或要强调我们所要表达的话语时，通过语码转换也能使我们的解释变得更加容易理解，使听者真正明白我们所强调的内容，这样语言交流者双方就能够完满地完成对话。例如，“What？你说什么？”表现出了惊讶和难以置信；再例如，在英语教学课堂上，老师往往先用英语解释一个新词汇，再用汉语进行讲解，确保信息准确传达，也加深了学生们的印象，突出了学习的重点。

6. 填补语意，避免歧义

言谈时常常会出现这种情况，由于文化差异，说话人要表达的内容在一种语言里不存在或者语意不相符，例如在科技新闻中，大量嵌入英语的技术行话(technical jargon)，这些内容大多是引进的专业术语，由于语言的不可译性，这些专有名词在汉语中一时难以找到合适的对等词，为了谨慎起见，作者直接引用原语码，力求准确表达，避免被读者误解。再如说话者一时找不到合适的语言时，常用英语来表达。如，“我明天要做一个 presentation，今晚要准备一下。”我们常说的“Windows 操作系统”“这个程序里面有一个 bug”等，这些英文词在汉语中比较难找到完全对应的说法。另外，在与文化、节日、食物、城市、姓名等相关的交际中，也经常出现语码转换的现象，例如，“我今天想吃 pizza”“Michael Jackson 是我最喜欢的歌星”。

7. 促进理解，表达情感

在交际话语中刻意选择某种语码，运用语码转换，有时能非常强烈地抒发出说话者赞同、反对或者厌恶等思想感情。有时，谈话的一方觉察到某种风格和氛围的改变而采用语码转换来调节气氛，创造出希望的交际氛围。使用语码转换，说话人能更好地向听话人表达交流的真实意义和内容，传递感情。例如，学生甲：“Oh，yeah，我成功了！”学生乙：“Wow，太棒了！”学生甲：“明天去长城玩吗？”学生乙：“Great！”这样的对话通常发生在年轻人和朋友或同学的交谈中，利用英语的语气词来表达强烈的感情。很多汉英双语者都会用英语来表达感叹，在语码转换中常见的英语感叹词有：“oops”“ouch”“Jesus”“oh，my God”“oh，my Goodness”“yummy”“yuck”“cool”“wow”“Good God”“shoot”。当进行语码转换时，还可以形成轻松幽默而又协调的交际对话。例如，2009 年 11 月，美国总统奥巴马访问上海，与上海高校青年对话演讲时，开场第一句话使用了上海方言“侬好”向复旦大学的师生们打招呼，让在场的人员感到放松愉快的同时，也让人倍感亲切，拉近了他与台下人们的情感距离。

使用某一语言的社会集团对自己的母语都有强烈的感情，这个社会集团的成员在不流行其母语的社会环境中，强烈地感到要用自己的母语彼此交流。例如，两个人在火车上相遇，一开始相互之间用普通话交谈，一旦发现都是上海人，就会立即改用上海话，而且两人的感情与关系似乎也更近了一步。任何一个社会集团的成员，虽然能掌握另外一个社会集团所使用的语言，但在一般情况下，他总归认为只有使用他的母语对话，最能够表达感情。因此，在感情激动的片刻，他只愿意使用母语来表达，而往往不想用他业已掌握的其他语言（即使是公用语）进行对话（许朝阳，1999）。

另外，在日常交际中，我们还会遇到一些紧张的场面。这时候，语码转换也可以用来调节气氛，语言会显得生动，气氛也会更加和谐。例如，A 让 B 帮忙去老师那里拿一份材料，B 忘记了。A："拿回来了？" B："哎呀，不好意思我忘记了。怎么办？"一阵静默后，A 说："Anyway，我下午还要出去，到时候应该也来得及。"A 用"anyway"来缓和尴尬的场面。

8. 引用原文，准确转述

语码转换的另一个功能是引用，即在语篇中引用另一种语言的语句。在向受话者转述另一个人说的话时，最方便而不至于引起误会的方法就是照搬原文，由受话者自行理解原文而不会因为间接转述导致以讹传讹。

另外，双语者也可以通过转换语言对之前的信息进行确认，这并不是对信息进行解释或强调，而是顺着话语内容的展开而自觉地转换语码，在语义上是顺承的关系。例如，在二语课堂上，一个学生直接用老师的原句向另一个学生转述老师说的话。或者，老师通过让学生转换语码来测试学生是否明白，学生通过语码转换来向老师确认自己的理解是否正确，等等。

9. 特定指向，突出参与者

在有多人参与的交谈中，经常出现以下情况：有些话是对全体说的，而有些话是针对某一个人说的或避免让某人听到的。语码转换是说话人做出这种区分的极好手段。Gumperz（1971）举了一个发生在奥地利村庄的例子，那里的人说斯洛文尼亚语和德语。村民们对没有立刻加入到谈话中的人，就转换语言。这一功能具有两层指向性，一方面双语者可以通过转换语码来邀请特定的听众（通常为单一语码者）加入到谈话中来。另一方面双语者还可以转换语言来达到排斥非同类听众的目的。

10. 衔接修正，信息限制

语码转换还经常体现在插入的一些词或短语等上面，起到语篇修正或衔接的作用。英语学习者在用英语表达出现失误时，常常会出现汉语"啊，不对""那个”“就是”等修正语，然后继续用英语说下去。汉语语码如“还有”“还有就是”“那么”“也就是说”“然后就是”等经常出现在学生的英语口语表达中。其实，这些连接语相当于英语中的“what's more”“that is to say”“then”“and then”等连接语。用汉语说话时也会出现像“I know”“I mean”“really”等语码转换的现象。说话人用一种语言说一件事，有时会用另一种语言来补充或进一步限制。例如：说话人说：“We've got... all these kids here right now. Los que estan ya criados aquí, no los que estan recien venidos de Mexico(在这里出生的那些人，不是刚刚从墨西哥来的那些人). They all understood English.”(李少虹，2009)

当前，很多学者已经接受这样一个观点：把语码转换限定在双语或者多语言社团的概念已经太狭隘和过时了。语码转换应该十分宽泛，不仅涵盖多语言或双语言之间的转换，也有同一语言中标准变体(如汉语普通话)与非标准变体(如汉语方言)之间、非标准变体之间以及不同语体之间等的转换。现阶段国外的语码转换研究重点在于对某个具体言语社团进行实地调查，获取第一手语料，以寻求理论或实践上的突破。幸运的是，研究范围和深度的不足因研究对象的具体及取得的第一手资料而得以弥补。

语码转换不仅频繁地出现在日常交际中，也以各种形式存在于虚拟的网络世界里，表现出丰富的变化形态和功能。这是一个值得研究的课题，也是比较复杂的问题，人们对它的深入研究也需要整合不同学科的解释。

第三章 网络语篇语码转换概况的实证调查

语言接触是促使语言变异的主要原因,传统的语言接触可由地域上是否接壤而区分为跨地缘型和地缘型接触。当今工业化社会中,信息技术和城市化的快速发展催生了网络语言接触和城市语言接触两种全新的接触类型。英国科学家苏珊·格林菲尔德(Susan Greenfield)认为,社交网络正让人们都变成婴儿,因为我们的注意力集中时间被缩短,我们的同情心减弱,我们的个性被腐蚀。她甚至说多动症药物处方数量的增加与儿童使用电脑的时间有关。罗马天主教驻英国西敏寺总主教尼科尔斯(Vincent Nichols)也表示,社交网络仅增加"短暂的关系",这正导致社会活动"失去人性",最终将使我们"失去社交能力"。这些说法着实令人感到危言耸听。其实,他们大错特错了。任何一个涉足过社交媒体的人都知道,社交网络媒体让人变得更为社会化。我们与朋友之间的联系增强,彼此之间更好地连接与开放,认识新的伙伴,并且对周围的世界产生更大的兴趣。在网络这个交际平台中的交流中,一定会产生新的语言现象。

作为语言接触的普遍现象和有效的交际策略,语码转换不仅仅发生在真实的语言情境中,也延伸到虚拟的网络世界里。语码转换现象经常出现在网站标志、网络广告、网络对话、网络文学、电子邮件、博客以及实时聊天等网络交际环境中,已然成为全球化时代语言文化纷繁多样的现象和标志之一。

20世纪90年代以来,虚拟环境中的言语行为研究,业已成为语言学和心理学研究中的一个新的学术亮点,获得了学术界普遍的关注(秦秀白,2003;郭万群、杨永林,2002;杨永林、罗立胜,2002)。不同于传统话语交际模式的是,以互联网为基础的交际行为是在虚拟环境中进行的。但是,如同在现实生活中的人际交流一样,人们在虚拟环境中的言语交际,也是在一定的虚拟社团中进行的,其话语行为势必要受到网络文化的影响。虚拟环境中言语行为的研究,作为一个具有典型意义的范例,有助于我们通过观察这一特殊话语团体的文化特征和语言使用,进一步揭示社会文化对语言使用的影响。

那么，语码转换在网络交际中的实际应用情况如何？不同群体对这种语言现象的态度和认知有无显著差异？影响网上语码转换的因素主要有哪些？实现的语用功能是什么？为了回答上述问题，较充分、客观地了解网民们所进行的语码转换，我们主要在网民中展开大规模的问卷调查和实证性研究。

第一节 调查问卷的设计和实施

实证研究的前期准备——设计出符合自己研究需求、同时又有信度和效度保证的问卷曾一度成为困扰我们的难题。秦晓晴在其专著《外语教学问卷调查法》中提出，“由于外语教学研究必须基于前人的研究，任何选题都可以找到类似的文献。同理，对外语教学中的现象进行问卷调查研究大多也能找到类似的测量工具”(秦晓晴，2009：93)，可以借鉴前人的问卷，借用前人的研究工具可以加深人们对所测量概念的认识和了解。可见，在前人问卷的基础上设计符合自己需要又质量较高、有信度和效度保证的问卷，是可行的方法。这个观点令当时苦于无法设计出高质量问卷的笔者豁然开朗。于是，我们参阅了大量的文献(陈立平，2009；谢书书，2005；杜爱燕，2008；袁焱，2001)，在吸取精华或以“拿来主义”原则直接利用个别项目之外，更多的是在此基础上综合众多相关的问卷，增加了自己设计的多个问题和环节。

2012 年 7 月 28 日，笔者有幸到北京参加了名为“外语教学与研究中的统计方法入门”研修班，真的受益匪浅。主讲老师深入浅出的讲解，给了我们很多的启发和思路，使我们跳出了原来对调查问卷这种形式相对浅俗、笼统的认识，即以为只需统计出百分比就可以用数字说话并加以分析了。这次的北京之行，令笔者茅塞顿开，意识到要尽量将问卷项目设计为里克特量表(Likert Scale)，才可进行各种统计分析，更具科学性，而不再仅仅停留在描述性统计上。问卷设计出来，初稿共计 29 个问题。为了保证调查的可靠性和有效性，我们在 2012 年 10 月 25 日，于学生和课题组成员中做了试测，共计 62 人。之所以进行先导研究，是因为无论是直接借用前人的问卷，还是综合前人问卷设计出自己的问卷，我们在使用现成的测量工具时仍要重新检验测量工具的效度和信度。试测过程中，回收了 58 份问卷，50 份有效，同时记录了回答完全部问题的最长耗时。无效的问卷主要由于被试者在回答两道正向、反向题时做出了同样的选择，属于自相矛盾。或者没看清分流题的题目说明，回答了不应回答的部分。此外，回收问卷后随机访谈了几位受试对答题的感受，目的是看看有无措辞不当、不愿回答或不清楚的地方。在反馈中，有学生给问卷提出建议：“如果问卷一定要做得这么学术，那么可能收到的结果不会很好，如果做得浅俗易懂一点，可能会获得更多人的数据，那样做出的才是最有意义的。还有，做完该问卷感到有些累，某些题目读起来有些绕，恐怕也会影响部分人群的答题质量。”对这些好的意见和建议我们欣然接受，并在充分考量的基础上对试卷项目的措辞和排列顺序等进行了适当的调整，对问卷的内容也做了适当的增减。

我们把有效问卷的数据逐个录入 SPSS，看每个项目答案的分布情况是否均匀，是否存在奇异值。用极端分组法检验每个项目的区分度时，发现有的题目区分度不大，可以删去或重新设计。再用 Cronbach's Alpha 信度系数方法检验了问卷中各部分的内在一致性和整个问卷的内在一致性，即问卷的内在信度分析。这个过程中，我们看到个别项目的相关系数较低，这可能是因为整个问卷的项目数本身较少的缘故。项目越多信度就可能越高，因此问卷可以再多设计些题目。最后，用因子分析方法检测了结构效度，我们发现某些项目之间有内在依赖关系，可以合成一个新的变量，即因子。因子是有概念意义、独立性强且能反映几个变量所代表的主要信息的基础变量。具体到我们这份问卷，主要是语码转换的动机方面可以归纳出三个因子。因子 1 共有 4 项观测变量，因子 2 共有两项观测变量，因子 3 共有 6 项观测变量。我们对三个因子分别进行内在信度分析，得出因子 1 的 Cronbach's Alpha 系数为 0.710，因子 2 为 0.690，因子 3 为 0.724，这表明各因子量表的内在信度较高。根据每个因子所测量的内容，并结合相关文献，可以确定三个因子的名称分别为基于语言现实的语码转换、顺应社会规约的语码转换和顺应心理的语码转换。这三个因子刚好与于国栋(2004)提出的动机概念中的三个维度相一致(详见表 3-1)。

表 3-1　　探索性因子分析结果

因子	题项编号	题项描述	负荷值
因子 1：基于语言现实的语码转换	13	某种表达只存在于某种语言中，若翻译成其他语言，其原意将会失去，所以保留原来的语码以弥补语言空缺。	0.712
	14	进行英汉语码转换，是为了使表达更加准确，避免歧义。	0.622
	16	使用语码转换，为了表达方便、省力。	0.645
	20	为了准确引用，如插入英语名言、引用英文电影或歌名等。	0.669
因子 2：顺应社会规约的语码转换	18	使用语码转换，为了避讳禁忌和敏感词语。	0.752
	22	使用语码转换，为了向对方表示礼貌，表达更委婉等。	0.689

续表

因子	题项编号	题项描述	负荷值
因子3:顺应心理的语码转换	12	进行语码转换,是为了练习、强化学到的英语知识,学以致用。	0.687
	15	进行英汉语码转换,是为了显示或者表明自己独特品味。	0.545
	17	使用语码转换,是追求一种时尚表达方式。	0.625
	19	为了活跃气氛、达到幽默效果,交替使用英语和汉语。	0.536
	21	因为对方用了不同的语码,为了缩小与对方的社会距离,显示共同性,增进感情,进行了语码转换。	0.749
	23	进行语码转换,以达到强调或者对照的效果。	0.594

由于研究者之前没有用过SPSS,所以难免在试测后的数据分析中出现令人困惑、费解的地方。于是,将问卷和心中的疑惑一并咨询了研修班的专家老师。很快,老师的及时回复和点评如雪中送炭,令我们拨云见日、豁然开朗。

在专家的建议和实际试测的基础上,我们对问卷几易其稿,最终形成终稿,共计32个问题。可以说,这份问卷从版式、措辞到问卷的长度、项目的排列顺序,每个细节都倾注了笔者的心血,而这样的付出是必需的,也是值得的。如果问卷匆匆设计,仓促上马,没有了质量的保证,那就意味着后续的分析和研究也失去了根基,就会“千里之堤溃于蚁穴”。心怀几分忐忑,我们于2012年12月开始大规模的调查。根据当年的中国互联网络发展状况统计报告显示,网民职业中,学生占比为28.6%,依然是中国网民中最大的群体,远远高于其他群体,互联网普及率在该群体中已经处于高位。因此,我们选择了山东的三所高校设为定点。此外,我们也深入到公司、银行、医院、超市等机构分发问卷。同时借助各方力量,将问卷电子版转发给同学、亲朋好友,可谓“全家总动员”,不久便相继收到了来自北京、广州、青岛、烟台等不同地域的答卷。同时,问卷设计了网络版,也得到多方的支持,学生帮忙将问卷链接转发到各自的群里、人人网、天涯论坛、百度贴吧等。同事也提出了很好的建议,可以通过和大型网站的合作,获得更多网民、更大范围的数据。于是,我们在问卷星和第一调查网分别进行了注册,以期得到不同层次、职业、背景的网民的数据。其中,问卷星在线测评系统是我国第一个可以自主发布专业测评的平台，通过在线设计测评问卷、设置题目维度、测评结果与建议（可以设置每个维度的标准分自动对比，也可以按单个维度或整份问卷得分设置结果与建议）可以轻易构建专属自己的测评模型，被测评者参与测评后系统立即自动生成相应的测评报告。而第一调查网作为中国最活跃的网络民意调查社区，是广大网民进行自由沟通的在线平台，能为所有会员参与调查、表达观点、收集数据、归纳知识点提供便利。

多管齐下，终见彩虹。我们陆续回收了问卷，其中有三所高校共分发了1240份问卷，回收的有效答卷为1202份。为了保证问卷作答的有效性及可靠性，每个班级的施测过程均由课题组成员负责到底，统一发放问卷，统一给予施测指导语，以保证过程的严密性及数据的准确性。网络答题的受试有102人，有效答卷为95份，需要特别说明的是网络答题系统自动记录了受试的答题时间，耗时一般在4分14秒到16分之间（遗憾的是，对答题时间和信息的真实性是否成正相关，即答题时间越长是否意味着态度越认真，无从统计和考证了）。社会各领域的人员答题330份，回收的有效答卷为308份，所以通过各个渠道回收的有效答卷共计1605份。看着堆积如山的问卷，我们的心情是复杂的。一方面，感谢认真作答问卷、支持我们研究的网友；另一方面，我们深知“路漫漫其修远兮”，接下来就是非常耗时的输入数据的工作。尽管我们问卷共计40个题项，主体项目是32个，但这里面有分流题、排序题和多选题，所以每份答卷要输入的数据多达43个。在课题组同仁的齐心协力下，这个貌似不可能完成的任务终于顺利完成了，用大约15天的时间将问卷编号、剔除无效问卷、整理数据、输入数据等问题一一化解了。如果说输入数据是较为低级的机械工作，那么接下来用SPSS软件包进行统计分析则颇具技术含量。

第二节 问卷设置

在2012年暑期参加的“外语教学与研究中的统计方法入门”研修班上，主讲老师引用的一句话，令笔者记忆犹新：In God we trust; everyone else must bring data（我们信奉上帝，除了上帝，其他任何人都必须用数据说话）。后来知道，这句话其实大有出处。前面这半句源于美国国歌，不仅被印在美国的货币上，还是美国的法定箴言（National Motto）；后半句则来自对现代管理有重要贡献的美国管理学家、统计学家爱德华·戴明（Edwards Deming），他主张唯有数据才是科学的度量。

在美国人的价值观念中，上帝是极大、极高、极虚的神的代表；数据，是至小、至实、至真的逻辑单元，既信仰上帝，又推崇数据，两者貌似对立，却在美国的大众价值观中交融渗透。实“数”求是，是美国学术界的共识，数据被视为知识的来源，没有数据，研究寸步难行。20 世纪 60 年代以来，一场以定量分析、实证研究为核心的思潮在美国起源，席卷了整个社会科学领域。美国人甚至把数据分析推进到政治学这种古老的学科，把它改造成了真正的科学。

心怀对数据的敬畏和尊重，我们开始了对问卷实事求是的分析和解读。整个问卷针对以下五个方面设计了相应问题：

第一，调查对象的基本信息，即人口学题目（问题 b1～b8），不必用 Likert 量表。

第二，调查对象日常生活和网络交际中语码转换的使用情况（问题 q1～q11）。

第三，调查对象进行语码转换的动机（问题 q12～q23，以及一个开放式问题）。

第四，调查对象对语码转换所持有的态度（问题 q24～q28）。

第五，网络语码转换的主要形式（问题 q29～q32）。

出于研究需要，问卷的第一部分是个人信息情况。Likert 5 分量表共计 28 个题项，每个题项有从“非常不同意”（1 分）到“非常同意”（5 分）5 个选项。28 个题项中有 8 个为反向题（第 4、5、6、7、10、25、27 和 28 题），在统计数据时反向赋分。之所以交叉设计正反向题目，一是受试本来就存在趋同的特点，如果全为正向问题，在回答时极易形成一种思维定势；二是如果都是正向问题，受试也容易发现问卷本身所倾向的特点，因此受试可能无意识地投其所好，给出设计者希望得到的答案。因此，问卷中包含了反向题目，可以在不同观点或做法之间保持一定的平衡，有利于获得较客观真实的数据。

第三节 统计分析

一、受试的基本信息

笔者用 SPSS 软件对调查问卷进行了统计分析，分析手段包括频数统计、描述性分析、独立样本 T 检验、单因素方差分析。首先用图表对个人背景信息汇总描述，再对主体部分的单项目变量或多项目合并而成的新变量进行描述。统计结果主要以交叉列表、柱状图、线状图和饼状图的形式呈现。

根据2014年第34次中国互联网络发展状况统计报告显示，截至2014年6月，中国网民男女比例为55.6∶44.4，与2013年底基本一致。在庞大的网民基数影响下，中国网民性别比例基本保持稳定。而在本次调查的1605名受试中，共有男性744人(46.4%)，女性861人(53.6%)，两性人数基本接近。

截至2014年6月，中国整体网民中小学及以下学历人群的占比为12.1%，相比2013年底上升0.2个百分点，而大专及以上人群占比下降0.3个百分点，网民继续向低学历人群扩散。由于我们的调查主要面向山东的三所高校，也兼顾了公司、银行、医院、超市等机构，所以调查对象的学历以大学本科为主，占76.75%，其次为硕士及以上和大专学历(分别为18.0%、4.0%)。受试者所学专业比例基本相当(文科44.8%，理科54.0%)。具体的职业情况、教育背景和所学专业如表3-2所示。

表3-2　　受试基本信息汇总

		频率	百分比	累积百分比
职业	学生	1249	77.8	77.8
	教师	66	4.1	81.9
	企管人员	25	1.6	83.5
	公务员	18	1.1	84.6
	工人	14	0.9	85.5
	职员	200	12.5	97.9
	医生	15	0.9	98.9
	军人	3	0.2	99.1
	自由职业者	7	0.4	99.5
	退休人员	2	0.1	99.6
	其他	6	0.4	100.0
	总计	1605	100.0	
性别	男	744	46.4	46.4
	女	861	53.6	100.0
	总计	1605	100	

续表

		频率	百分比	累积百分比
教育背景	初中	4	0.2	0.2
	高中	16	1.0	1.2
	大学专科	65	4.0	5.3
	大学本科	1231	76.7	82.0
	硕士及以上	289	18.0	100.0
	总计	1605	100	
专业	没有专业	20	1.2	1.2
	人文社会科学	719	44.8	46.0
	理工自然科学	866	54.0	100
	总计	1605	100	

虽然回收问卷所反映的人员分布情况没有预期的那么科学、合理，但基本符合做社会调查的要求。根据 2014 年第 34 次中国互联网络发展状况统计报告显示，截至 2014 年 6 月，20 岁以下网民规模占比相比 2013 年底增长了 0.6 个百分点，50 岁以上网民规模占比增加 0.3 个百分点，互联网继续向高龄和低龄群体渗透。20～29 岁年龄段网民的比例为 30.7％，在整体网民中占比最大，远远高于其他年龄段的网民而占据绝对优势。根据本次调查问卷得出的数据（见表 3-3）显示，可以看出受试主要集中在 19～24 岁这个年龄层次（72.8％），因为我们主要是在高校展开的调查。表 3-4 显示上网历史有 5 年以上的受试比例达到 55.5％，而网龄为 1 年以下的网民仅为 1.7％。那么，哪个年龄段的网民上网历史更长久？是否越年长者涉足网络更早、其网龄也相应地更长？从表 3-5 即年龄与网龄交叉表可知，在 15～18 岁的年龄层次，60.2％的受试的网龄已经是 5 年以上。19～24 岁的群体中，46.15％的受试网龄在 5 年以上，而年龄在 25～34 岁的受试，其网龄为 5 年以上的达到 84.5％。这个比例在 35～49 岁的群体中进一步上升，达到 90.4％。50 岁以上的受试数量过少，老年人社会交际也比较少，英语的水平相对来说比较低，没有统计价值，这里忽略不计。这组数据基本验证了年龄越大者，其接触和利用网络的时间相对更久。

表 3-3　　受试年龄分布表

年龄	频率	百分比	有效百分比	累积百分比
15～18 岁	83	5.2	5.2	5.2
19～24 岁	1168	72.8	72.8	78.0
25～34 岁	219	13.6	13.6	91.6
35～49 岁	125	7.8	7.8	99.4
50 岁及以上	10	0.6	0.6	100.0
合计	1605	100.0	100.0	

表 3-4　　受试网龄分布表

网龄	频率	百分比	累积百分比
1 年以下	28	1.7	1.7
1～3 年	312	19.4	21.2
3～5 年	373	23.3	44.5
5～7 年	389	24.2	68.7
7 年以上	503	31.3	100.0
合计	1605	100.0	

表 3-5　　年龄与网龄交叉表

		上网的时间					
		1 年以下	1～3 年	3～5 年	5～7 年	7 年以上	合计
年龄	15～18 岁	1	12	20	22	28	83
	19～24 岁	21	286	322	271	243	1143
	25～34 岁	4	7	23	60	125	219
	35～49 岁	2	3	7	11	102	125
	50 岁及以上	0	2	5	2	1	10
	合计	28	312	378	374	513	1605

尽管在日常生活与工作中，类似“I 服了 U”“已经 out 了”等的语言形式已为大众所接受，但人们对语码转换这种现象有多少认知？使用语码转换是否很频繁？为此，我们设计了问题 7 和问题 8，可以在图 3-1 与图 3-2（cs：语码转换）中得到答案。

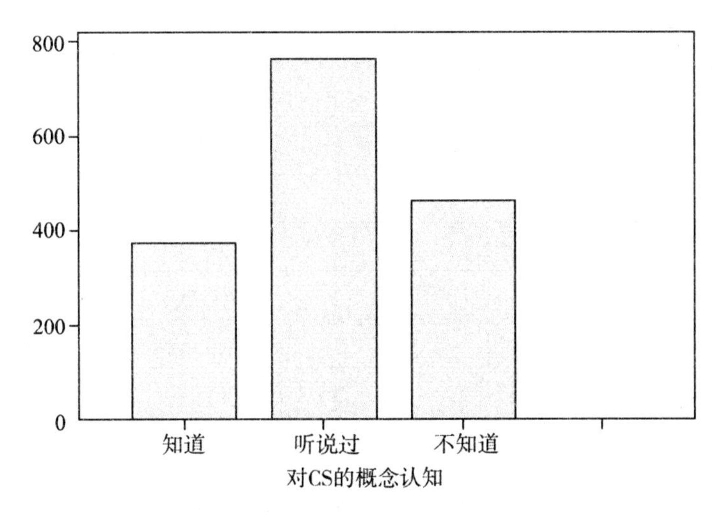

图 3-1　对语码转换概念的认知

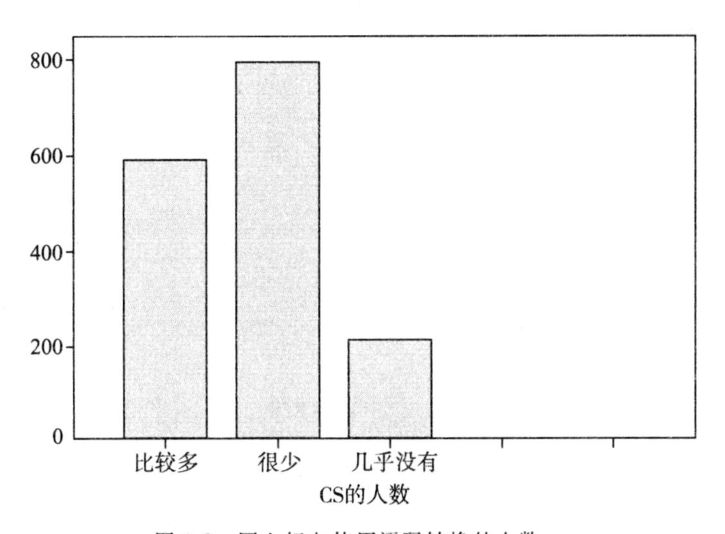

图 3-2　网上好友使用语码转换的人数

知道和听说过语码转换这种现象的受试约为 71.2%，其网上好友中使用语码转换比较多的受试为 599 人(37.3%)，而其好友中很少使用语码转换的受试为 795，几乎占一半的比例(49.5%)，13.2%的受试认为其好友在网络交际中几乎没有用过语码转换。我们又结合网龄，考察受试对语码转换概念的认知。从表 3-6 可以看到上网历史越久的网民，其对语码转换的意识相对越强，网龄 7 年以上的受试 76.5%知道或听说过语码转换。

表 3-6　　网龄与概念认知交叉表

		对语码转换概念的认知			
		知道	听说过	不知道	合计
上网的时间	1 年以下	8	8	12	28
	1～3 年	50	154	108	312
	3～5 年	74	187	111	373
	5～7 年	99	176	114	389
	7 年以上	147	238	118	503
	合计	379	763	463	1605

为了了解对语码转换概念的认知是否与年龄相关，我们制作了表 3-7。数据显示，年龄与对语码转换的认知程度并不呈正相关，但各个年龄层次中，均为70%以上的受试知道或听说过这个概念。

表 3-7　　年龄与概念认知交叉表

		对语码转换概念的认知			
		知道	听说过	不知道	合计
年龄	15～18 岁	28	35	20	83
	19～24 岁	254	552	362	1168
	25～34 岁	59	100	60	219
	35～49 岁	36	70	19	125
	50 岁及以上	2	6	2	10
合计		379	763	463	1605

二、网络交际中从未进行过语码转换的网民之数据分析

社会语言学家 Gregory R. Guy(1988)指出社会中的不同群体应该显示出语言差异(linguistic differences)。实际上，甚至同一群体在语言的使用上也有差异。早在 19 世纪 60 年代，英国语言学家 J. C. Catford 指出，“语言经常地与某一特定的社会情景特征相互关联”(Catford，1965:84)。社会情景包括“个人特点(individuality)、时代特征(temporal features)、地域特征(geographical features)、社会特征(social features)等”(秦秀白，1986:124)。具体而言，影响语

言使用的社会因素主要包括社会经济地位、文化教育素质以及民族、宗教、职业、年龄、性别等。我们通过调查问卷，考察职业、性别、年龄、教育背景等因素和语言使用中语码转换的相关性。

为了了解网民在 QQ、Email、BBS 论坛、博客等网络语篇中实际进行语码转换的频率情况，我们设计了相关问题并得到以下数据：11.7%的受试即 189 人（男性占 59.3%，女性占 40.7%）在网络交际中从未夹杂使用英语和汉语，或夹杂使用普通话和方言。这 189 位网民中，以 19～24 岁年龄段为最多(65.6%)，但跟网龄没有直接的关系，这组受试中 34.9%的人网龄在 7 年以上。此外，从未进行过网络语码转换的这组人中 42.9%的受试不知道语码转换这个概念。

这些网民之所以从未在网络交际中有过语码转换的经历，个中缘由莫衷一是，有其主观原因，也有客观原因。问卷中列举了 4 个主要原因，即问卷的问题 q4～q7：

原因 1：我在网络交际中从未使用过语码转换，是由于操作起来耽误时间，需要变换输入方式，影响了网上交流的速度。

原因 2：我在网络交际中不夹杂使用汉语、英语，是出于不喜欢英语。

原因 3：我在网络交际中不夹杂使用汉语、英语，是由于自身英语水平不够高。

原因 4：我在网络交际中不夹杂使用汉语、英语，是因为厌恶这种语码混杂现象，认为它不规范。

各个原因的分布情况从表 3-8 的数据可见一斑：

表 3-8　　网络交际中从未进行过语码转换的原因

		频率	百分比	累积百分比
原因 1	非常不同意	17	9.0	9.0
	不同意	45	23.8	32.8
	不确定	31	16.4	49.2
	同意	88	46.6	95.8
	非常同意	9	4.2	100.0

续表

		频率	百分比	累积百分比
原因 2	非常不同意	39	20.6	20.6
	不同意	93	49.2	69.8
	不确定	27	14.3	84.1
	同意	24	12.7	96.8
	非常同意	6	3.2	100.0
原因 3	非常不同意	23	12.2	12.2
	不同意	62	32.8	45.0
	不确定	35	18.5	63.5
	同意	58	30.7	94.2
	非常同意	11	5.8	100.0
原因 4	非常不同意	13	6.9	6.9
	不同意	54	28.6	35.4
	不确定	27	14.3	49.7
	同意	57	30.2	79.9
	非常同意	38	20.1	100.0

表 3-8 清晰地显示了有些受试不使用语码转换的原因较为复杂，是多重因素导致的结果，也就是说这些原因并不是排他性的。50.8%的受试鉴于操作起来耽误时间，需要变换输入方式，影响网上交流的速度而在网络交际中从未进行过语码转换(原因 1)。50.3%的受试在网络交际中不夹杂使用汉语、英语，是因为厌恶这种语码混杂现象，认为它不规范(原因 4)。其中，49 人同时选择了这两条原因。出于不喜欢英语而不进行英汉语码转换(原因 2)的受试，仅为 30 人，其中 21 人同时选择了第一条原因。36.5%的受试在网络交际中不夹杂使用汉语、英语，是由于自身英语水平不够高。

我们想知道性别不同的网民在从未进行网络语码转换的原因方面是否有显著差异，为此做了独立样本 T 检验。结果如表 3-9 所示，性别不同的受试只在第二条原因的选择上有显著差异($t=2.403, df=83, p<0.05$)，在其他原因选择方面没有显著差异。男性网民对第二条原因的选择显著高于女性网民对原因二的选择($MD=0.36$)。也就是说，很多男性网民出于对英语的排斥，在网络交际

中从未夹杂使用汉语、英语。

表 3-9　　性别不同受试的原因选择比较

	性别	N(人数)	Mean(均值)	SD(标准差)	t	p
原因 1	男	112	3.0446	1.24762	−0.189	0.850
	女	77	3.0779	1.09744		
原因 2	男	112	2.3750	1.15568	2.403	0.017
	女	77	2.0130	0.91037		
原因 3	男	112	2.8036	1.27229	0.350	0.726
	女	77	2.7403	1.14021		
原因 4	男	112	3.2946	1.36651	0.961	0.338
	女	77	3.1039	1.30368		

为了进一步检验专业不同是否对受试选择原因有显著影响,我们也做了相关样本 T 检验,但检验发现差异不显著($p>0.05$)。

由于教育背景涉及 5 个水平,所以我们用单因素方差分析(One-way Anova)检验不同学历的受试在原因选择上是否有显著差异。结果显示,不同学历的受试在选择原因一方面没有显著差异($p>0.05$),即方差分析检验没有达到显著水平。不同教育背景且从未进行语码转换的受试在选择原因二($F[4,185]=3.890, p<0.05$)时有显著差异(见表 3-10)。Bonferron 事后检验结果显示,高中学历的受试选择原因二,即由于不喜欢英语所以不夹杂使用英、汉语码,显著高于大学本科学历的受试($MD=1.786$)。这可能是因为高中阶段学业繁重,英语作为高考的必考科目让学生倍感压力,而大学阶段学习任务相对轻松,对英语也没有那么排斥。

表 3-10　　不进行语码转换原因 2 的学历差异

	高中($n=37$)		大学本科($n=75$)		$F[4,185]$	Post Hoc (Bonferroni)	MD
原因 2	M	SD	M	SD	3.890*	高中>大学本科	1.79*
	4.00	1.00	2.21	1.01			

* $p<0.05$。

同时,不同学历的网民在选择第三条原因方面也有显著差异($F[4,185]=$

3.567，$p<0.05$）。从表 3-11 可以看出，Games-Howell 事后检验结果显示高中学历的受试选择原因三显著高于本科（$MD=1.25$）和硕士及以上学历（$MD=1.17$）的两组受试。这是因为到了本科、硕士阶段，课堂英语学习依然进行，加上专业英语的扩展和备考颇有挑战性的考研英语，学生的英语水平比高中应该有所提高。

表 3-11　　不进行语码转换原因 3 的学历差异

	高中（$n=37$）		大学本科（$n=75$）		硕士（$n=32$）		$F[4,185]$	Post Hoc (Games-Howell)	MD
	M	SD	M	SD	M	SD			
原因 3	4.00	0.41	2.75	1.11	2.83	1.24	3.567*	高中＞大学本科	1.25*
								高中＞硕士	1.17*

* $p<0.05$。

此外，不同学历的网民在选择第四条原因方面也有显著差异（$F[4,185]=3.402$，$p<0.05$）。如表 3-12 所示，Bonferroni 事后检验结果表明硕士及以上学历的受试选择原因四显著高于大学本科学历的受试（$MD=0.83$）。这可能是因为随着年龄的增长和价值观念的逐步成熟，硕士及以上学历的受试对某些事物有了自己相对定型的是非评判标准。对待网络中的语码转换，倾向于判断这种语言形式不规范。而来自母语文化的象征性符号可能在这组群体的潜意识中触发了他们的母语认知模式，改变他们应对特定社会情境的方式。

表 3-12　　不进行语码转换原因 4 的学历差异

	大学本科（$n=75$）		硕士及以上（$n=32$）		$F[4,185]$	Post Hoc (Bonferroni)	MD
	M	SD	M	SD			
原因 4	3.13	1.23	3.96	1.27	3.402*	硕士＞大学本科	0.83*

* $p<0.05$。

三、网络交际中进行语码转换的网民之数据分析

调查问卷的结果显示 78.7%的受试在日常生活与工作中，夹杂使用普通话和方言，例如碰到老乡时会进行语码转换，用家乡话交流感到更方便、亲切。56.2%的受试即 903 人在日常生活与工作中，夹杂使用汉语、英语，这个比例较高，跟受试的教育背景有直接的关系。903 位受试均为大学专科及以上学历，有

一定的英语基础，所以在工作环境、生活情境中用到英汉语码混杂不足为奇。为了进一步了解性别不同的受试在这个问题上是否有显著差异，我们做了独立样本 T 检验，结果显示统计未达到显著水平（$p>0.05$），即在日常生活与工作中夹杂使用英汉语码，不存在性别差异。为检测是否存在专业差异，我们继续对 903 位受试进行独立样本 T 检验，结果显示统计未达到显著水平（$p>0.05$）。

我们做了日常英汉语码转换和网络语码转换交叉表（表 3-13），发现 903 位受试中有 86.2%的人在网络交际中夹杂使用语码。这 778 位受试在网络聊天、Email、博客等交际环境中使用过语码转换，占所有调查对象的 48.5%。可见，这种语言现象较为频繁，值得研究。

表 3-13　　日常英汉语码转换 * 网络语码转换交叉表

		网络 CS					Total
		非常不同意	不同意	不确定	同意	非常同意	
日常英汉 CS	同意	8	32	78	543	107	768
	非常同意	1	1	4	31	98	135
Total		9	33	82	573	205	903

为了了解网龄不同的受试在这个问题上是否有显著差异，我们做了单因素方差分析，结果显示（见表 3-14）上网时间不同的受试网上语码转换的情况有显著差异（$F[4,773]=2.716, p<0.05$）。可以看出，Games-Howell 事后检验结果显示网龄 7 年以上的受试在网络聊天、Email、博客等交际环境中使用过语码转换的显著高于网龄 1～3 年（$MD=0.13$）和 3～5 年（$MD=0.12$）的两组受试。这可能是因为网民在言语自由的虚拟世界沉浸越久，越容易受到大环境和其他网民的影响，对网络整体氛围的顺应表现为更轻松、更富于创造性地表达自己的思想，各种符号和语码信手拈来、运用自如。而那些上网时间不长的网民，要适应这种推崇个性、随意性极强的网络语言表达方式还需假以时日。

表 3-14　　网络语码转换的网龄差异

	网龄 7 年以上 ($n=248$)		网龄 1～3 年 ($n=135$)		网龄 3～5 年 ($n=183$)		$F[4,773]$	Post Hoc (Games-Howell)	MD
	M	SD	M	SD	M	SD			
网络语码转换	4.35	0.48	4.21	0.41	4.22	0.41	2.716*	7 年>1～3 年	0.13*
								7 年>3～5 年	0.12*

* $p<0.05$。

此外，我们针对 778 位受试的网络语码转换是否因年龄方面不同存在显著差异，也进行了单因素方差分析，结果方差分析检验（$p>0.05$）没有达到显著水平。

问卷中设计了问题q8和q10，即“我在网络交际中进行了英汉语码转换，希望对方也使用我的语码”和“我在网络交际中进行了语码转换，对方是否使用我的语码无所谓”，用来统计如果受试自己在网络交际中做了语码转换，是否希望对方也换用新语码。而问题q9和q11的设计目的是了解如果别人在网络情境下转换了语码，受试自己是否会做出反应、使用对方的语码。在交际中，一方因为另一方语码的转换而进行语码的调整，既是一种反馈行为，也是靠拢性的语码调整。

表3-15　对网络语码转换做出反应的情况统计

		频率	百分比	累积百分比
q8	非常不同意	35	2.5	2.5
	不同意	378	26.7	29.2
	不确定	603	42.6	71.8
	同意	364	25.7	97.5
	非常同意	36	2.5	100.0
q9	非常不同意	29	2.0	2.0
	不同意	294	20.8	22.8
	不确定	413	29.2	52.0
	同意	465	32.9	84.9
	非常同意	215	15.1	100.0
q10	非常不同意	11	0.8	0.8
	不同意	82	5.8	6.6
	不确定	217	15.3	21.9
	同意	969	68.5	90.4
	非常同意	137	9.6	100.0
q11	非常不同意	14	1.0	1.0
	不同意	71	5.0	6.0
	不确定	269	19.0	25.0
	同意	974	68.8	93.9
	非常同意	88	6.1	100.0

以上数据表明，78.1％的受试同意或完全同意问题 q10 的内容，即自己在网络交际中进行了语码转换，对对方是否跟进、也使用新的语码持无所谓的态度，交际不受语码转换的影响。针对问题 q11，即在网络交际中，如果对方转换了语码，自己有时会做出反应、使用对方的语码，74.9％的受试做出肯定的回答，仅有6％的受试对对方的语码转换不做反应。同时，针对问题 q9，48％的受试总会针对对方的语码迅速做出反应，进行语码转换。闻一多先生说过："我们三千年来的文化是以家族主义为中心，一切制度、祖先崇拜的信仰和以孝为核心的道德观念等等都是从这里产生的。"在这样的社会背景下，人们追求的是"和"与"合"，在言谈举止和行为处事方面，非常注意别人的反应，总是努力保持个人与社会环境和社会规范的一致。体现在语言运用中，就是遵守了礼貌原则。礼貌是判断处在一定文化中的人们的言行的社会标尺。作为一种普遍的社会现象，礼貌存在于各种语言、各种文化中。它制约着人们的言行，协调着人们的社会关系和交际活动。一般意义上的"礼貌"是涉及道德和伦理的行为，而语用学领域的礼貌准则理论则有其特殊的含义。1978 年，Brown 和 Levinson 提出了"面子保全论"(Face-saving Theory 简称为 FST)，指出"礼貌就是'典型人'(Model Person，简称 MP)为满足面子需求所采取的各种理性行为"(何兆雄，2000:225)。1983 年，Leech 提出"礼貌原则"，它含有六个次准则：策略准则(tact maxim)、宽宏准则(generosity maxim)、赞扬准则(approbation maxim)、谦虚准则(modesty maxim)、赞同准则(modesty maxim)和同情准则(sympathy maxim)。其中策略准则和宽宏准则是言语交际中概括性很高的会话原则，因此也是语用学的重要准则，它要求双方言语交际必须尽量多为他人着想。1992 年，顾曰国在其论作《礼貌、语用与文化》中首次立足中国文化，总结了与汉文化有关的礼貌准则，具有很强的实用性。文中提到为了交际的顺利进行，人们在行为动机上会尽量减少他人付出的代价，尽量增大对他人的益处。这一点和策略准则、宽宏准则异曲同工。

从表 3-15 来看，28.2％的受试如果在网络交际中进行了语码转换，希望对方也能效仿，使用新的语码。78.1％的受试在转换语码后，对对方是否跟进、也使用新的语码持无所谓的态度。而在网络交际中，如果对方转换了语码，74.9％的受试有时会做出反应、使用对方的语码。这些数据表明，网民对语码的使用比较宽容，往往采取"积极合作"的态度，努力维系和推进交际，以建立和谐的关系为目的。

为了考察性别是否会影响网民对这四个问题的回答，我们就此做了相关分析，发现性别不同的受试在回答问题 11 时有显著差异($t=-2.976$，$df=89$，$p<0.05$)，在其他三个问题选择方面没有显著差异。具体来说，独立样本 T 检

验结果如表 3-16 所示，男性网民对该题的选择显著低于女性网民的选择（*MD*=－0.12）。也就是说，在网络交际中，相比男性网民，更高比例的女性在对方转换了语码时会积极地做出回应，并使用对方语码。这一结果也证明了两性之间确实有不同的话语风格和策略，不仅仅在日常生活中存在语言差异，在虚拟的网络交际中也是如此。

表 3-16　对网络语码转换做出反应的性别差异

	性别	*N*	*Mean*	*SD*	*t*	*p*
对 cs 的反应 q11	男	631	3.68	0.77	－2.976	0.002
	女	785	3.80	0.62		

语言作为最重要的交际工具，在人们的使用过程中不可避免地具有某些具体特征，其中较为明显的就是语言使用中具有一定的性别差异。语言中的性别差异，是语言使用者出于社会、文化、习俗等方面的考虑所表现出来的一种语言现象。叶斯帕森（Jespersen）是最早注意语言性别差异的语言学家之一，其 *Language: Its Nature, Development, and Origins*（1922）一书中的整整一章都用来描述女性语言与男性语言的不同之处，吸引了语言学界对此话题的注意。20 世纪六七十年代的女权运动，更激发了研究者对语言与性别关系的兴趣。随着社会语言学的蓬勃发展，语言与社会的种种联系成为不少语言学家研究的重要课题。其中对于语言与性别的关系的研究，逐渐从语言形式结构转移到交际中的话语风格方面，视野比以前大为开阔，力图在更高的层次上较为全面、准确地认识和把握语言与性别差异的关系问题。

Deborah Tannen 的《你怎么就是不明白》（*You Just Don't Understand*）一书解释了异性交流中总会出现误解与矛盾的现象，作者以其独特的眼光看出言语行为的性别差异是导致男女之间许多矛盾与冲突中的罪魁祸首，该书成为 1990 年全美最畅销的书。Tannen 把语言交流内容分为信息交流（report talk）和情感交流（rapport talk）（潘予翎，1996）。信息交流的目的是使人得知某一信息、看法、意见和观点。情感交流则更侧重维护交流双方的友好关系，而交流中的信息是次要的。男性谈话侧重前者，而女性多属于后者。从话语导向上来看，多数男性把言语交际看作是获取信息、达到某种目的的手段，而对女性而言，则是建立感情、巩固关系的方式。因此，女性在交际中表现得比较合作，并尽量将自己要说的与对方的话语联系起来，比较注意保持交流的连贯与顺畅。Tannen 认为女性在语言交流时注意彼此间的关系，她们在谈话时的中心并不是自己，所以她们在发表自己意见的同时会不时询问一下对方的看法，或停顿一下，参考对方的语言方式。总的说来，女性在言语交际中，能忠实地遵守会话的一般原则，更多地追求言语上的平等、心理上的平衡和关系上的和谐，以寻求交际双方之间的共同点和一致性。女性在交谈中比男性更抱有合作的态度，往往在交际过程中更加注意对方的反应与参与，并使这种注意在言语上有所体现。男女话语交际中的风格差异是男性对女性支配的结果，是男性社会地位的反映。女性语言比男性的标准、男性更多地打断女性、控制话轮的时间更长、女性提问的频率高于男性、话语比男性礼貌等所有不对称现象，都说明男女在会话中的权势差异，其原因是男女两性在社会中具有不同的社会地位、社会角色、社会价值。因此，在语言选择上，有一种无形的力量分别操纵着男女两性。作为社会成员，男女两性只有遵守，不得违反。语言的性别差异问题是个极其复杂的社会、文化、心理和生理现象，它涉及经济政治、意识形态、社会地位、角色关系、受教育程度等诸多方面。

此外，我们用单因素方差分析检验不同学历的受试在这四个问题的选择上是否有显著差异。结果显示，不同学历的受试只在选择 q11 时（$F[4,1410]=3.672$，$p<0.05$）时有显著差异（见表 3-17），在其他三个问题上没有显著差异。Games-Howell 事后检验结果显示，硕士学历的受试根据对方的语码情况做出相应调整的比例显著高于大学本科（$MD=0.14$）或专科学历的受试（$MD=0.28$）。这可能是因为更高学历的受试知识储备更丰富，在语码选择上有更大的自由度，不再仅是网络上被动接受信息的消费者，而是积极的参与者，所以导致在选择该问题时出现显著差异。可以说，传递给他人的信息又从某种程度上反映了自身具有的特点。

表 3-17　　对网络语码转换做出反应的学历差异

	硕士（$n=265$）		大学本科（$n=1085$）		大学专科（$n=50$）		$F[4,1410]$	Post Hoc (Games-Howell)	MD
对 cs 的反应 q11	M	SD	M	SD	M	SD			
	3.86	0.66	3.72	0.69	3.58	0.61	3.672*	硕士>本科	0.14*
								硕士>专科	0.28*

* $p<0.05$。

我们做了假设，认为对语码转换概念有一定认知的受试可能不会过分“纠结”交际对象是否会使用自己的语码。为此，我们通过单因素方差分析，发现这个假设是成立的。Bonferroni 事后检验结果显示（见表 3-18，$F[3,773]=2.619$，$p<0.05$），知道语码转换概念的受试其对交际对象使用何种语码进行回应的包容度显著高于不知道（$MD=0.12$）或仅听说过（$MD=0.08$）这个术语的

受试。这可能是因为这些受试对这个概念有所认知,清楚这是一种交际策略,所以对对方是否换用自己的语码持无所谓的态度。

表 3-18　　对网络语码转换做出反应的认知差异

	知道(n=210)		听说过(n=369)		不知道(n=196)		F[3,773]	Post Hoc (Bonferroni)	MD
对语码转换的反应 q10	M	SD	M	SD	M	SD	2.619*	知道>听说过	0.08*
	2.22	0.72	2.14	0.69	2.10	0.58		知道>不知道	0.12*

* $p<0.05$。

四、网民在网络交际中进行语码转换的频率

问卷中设置了相关问题(q31),可以统计网民在网络交际中进行语码转换的频率。如表 3-19 显示,出于某种动因有时会在网络情境中使用语码转换的群体比例最高,达到 47%,偶尔转换语码进行交际的网民占 34.3%,而仅有 2.1%的受试总是会转换语码以达到自己的交际目的。

表 3-19　　网民语码转换的频率

		频率	百分比	累积百分比
	总是	29	2.1	2.1
	经常	235	16.6	18.7
	有时	665	47.0	65.7
	偶尔	487	34.3	100.0
合计		1416	100.0	

同时,我们也发现这 1416 位受试语码转换的次数和年龄层次有很大的关系,其中次数最多的就是 19～24 年龄段的青年,占了 41.29%,随后是 25～34 的年龄段,接着是 15～18 岁的受试,老年为数最少。老年人社会交际比较少,英语的水平相对来说比较低。中青年是社会的中坚力量,他们的英语水平较高,而相对于中年人,青年人在复杂多变的社会交际中更加充分认识到了语码转换的社会功能。Gumperz(1982)也曾提出,随着人口流动的增强和大都市地区的民族杂居程度的发展,语码转换的交际用途只会进一步发展,而不会日趋消亡。

这些网民在语码转换时是否意识到这种语言现象,在别人突然转换语码时是否主观意识到并产生某种反应与之对应,我们在问卷中设计了问题(q29、 q30)，以此考察被调查人对自己及对他人转换语码的敏感性及具体的反应，并得到如下数据(见表 3-20 和表 3-21)：

表 3-20 对自己语码转换的意识

	频率	百分比	累计百分比
每次	63	4.5	4.5
经常	251	17.7	22.2
有时	670	47.3	69.5
偶尔	323	22.8	92.3
从未	109	7.7	100.0
Total	1416	100.0	

表 3-21 对别人语码转换的意识

	频率	百分比	累计百分比
每次	87	6.1	6.1
经常	403	28.5	34.6
有时	632	44.6	79.2
偶尔	223	15.8	95
从未	71	5.0	100.0
Total	1416	100.0	

表 3-20 与表 3-21 清晰地显示了 22.2%的受试经常或每次都能意识到自己的语码转换现象，34.6%的受试能经常或总会意识到其他交际对象的语码转换。这两个数据的差异在于人们在交流时对自己使用的语言符号往往是自然、下意识的，对别人的话语会更留意，认真倾听并做出回应，所以更容易意识到对方的语码发生了变化。相比之下，从未意识到个人或他人语码发生转换的受试，所占比例较小(分别为 7.7%、5%)。针对 314 位能经常或总是意识到自己语码变化的受试，我们通过 SPSS 统计出其中 246 位同样能对别人的语码转换及时捕捉到。再进一步统计，可知 113 人即 45.9%的受试隶属人文社科专业，看来对语言现象敏感的人并不见得一定是文科专业。这 246 人中，女性占 50.5%，和男性基本平分秋色。65%的受试上网时间长达 5 年及以上，97.6%的调查对象学历是本科及以上，而 82.9%的受试知道或听说过语码转换，对这个概念有些认

知。这组相对较高的比例数字，跟受试教育层次普遍较高有密切关系。接受了多年的学校教育，有一定的英语基础，可以在汉语和英语之间做简单的转换。

第四节　语码转换的动机

系统功能语言学认为，选择即意义，选择是有动因的(motivated)。使用语言必然包括连续不断地做选择，这种选择是有意识的或无意识的，是由语言内部(即结构)的同时或者是语言外部的原因所驱动的。这些选择可以出现在语言形式的任何一个层面上：语音、音位的，形态的，句法的，词汇的，语义的。选择的范围既可以包括变体内部的选择，或者也可以涉及按地区、社会或功能进行的变异的分布类型(Verschueren，1999)。语码转换是对不同语码的选择。选择的不只是形式，还有策略。如果说社会结构决定了一个人所拥有的语码，文化语境及情景语境则决定了他的语码选择(Halliday，1978：66)。

对于社会语言学来说，不同的语码有不同的功能负荷，语言的交际作用和社会价值并非到处都一样。在不同社会的交际系统内，言语行为具有不同的功能负荷。语言中每一句话或每一种表现手法都有社会价值，它可以反映出参与者的年龄、身份、阶层等社会特征，也可以反映出说话人和听话人之间的社会关系。一个正常的人或语言社团所使用的全部语言手段不会仅仅限于一种单一的代码，不会是毫无变化的，人总是随着交际环境的变化转换语码。社会语言学研究语码转换的动机，一般旨在说明语码转换是有意识的还是无意识的，是遵循社会统一规范和标准的情景型转换还是表达情感的喻意型转换。换句话说，社会语言学研究的语码转换的动机包括自发性的转换和诱发性的转换两个方面。我们研究网络语篇中语码转换的动机，主要探讨交际者进行语码转换的原因和所达到的效果，即主要研究诱发性的语码转换。这又可分为两种情况：外部因素诱发的转换和为达到某种修辞效果的转换。诱发语码发生转换的外部因素主要有词汇的可及性程度(availability of vocabulary)、话题、回避隐含义或避讳等。语码转换作为一种修辞手段指说话人有意识地(deliberately)使用语码转换以获得某种特殊的效果。例如，用另一种语码重复刚说过的话是为了避免含糊不清和歧义，或者表示强调；在对话中用另一种语码回应对方以强调观点上的分歧，或者表示幽默、讽刺，或者表示打断对方的话语以获得说话的权利(通过语码转换可以转到一个新话题上去，以唤起对方对主题变化的注意)，或者是突然临时放弃话题、转移注意力；在同一语句中突然转换语码可获得某种戏剧性效果。这些诱发因素在问卷的题目中均有所呈现，通过下面针对每个题目具体的数据分析，可以较全面地把握网民们转换语码的动机。

一、基于语言现实的语码转换

为了调查网民出于何种动机在网络交际中进行语码转换，我们在问卷中设计了 12 个相关问题。正如本章第一节中提到，用因子分析方法检测了结构效度，我们发现某些项目之间有内在依赖关系，可以合成一个新的变量，即因子。具体到我们这份问卷，主要是语码转换的动机方面可以归纳出三个因子。因子 1 共有 4 项观测变量，根据每个因子所测量的内容，并结合相关文献，可以确定因子 1 的名称为基于语言现实的语码转换。对该因子涉及的 4 个问题（即 q13、q14、q16、q20）的调查结果做描述性统计分析。

表 3-22　　出于语言现实的语码转换情况

		频率	百分比	累积百分比
q13	非常不同意	4	0.3	0.3
	不同意	54	3.8	4.1
	不确定	122	8.6	12.7
	同意	890	62.9	75.6
	非常同意	346	24.4	100.0
q14	非常不同意	21	1.5	1.5
	不同意	207	14.6	16.1
	不确定	434	30.6	46.7
	同意	629	44.5	91.2
	非常同意	125	8.8	100.0
q16	非常不同意	20	1.4	1.4
	不同意	144	10.2	11.6
	不确定	177	12.5	24.0
	同意	858	60.6	84.6
	非常同意	217	15.3	100.0

续表

		频率	百分比	累积百分比
q20	非常不同意	23	1.6	1.6
	不同意	149	10.5	12.1
	不确定	323	22.8	34.9
	同意	746	52.7	87.6
	非常同意	175	12.4	100.0

表3-22清楚、真实地反映了1416位受试对四个问题的选择，同意或非常同意其中某个语码转换原因的人数均在半数以上。而不同意或非常不同意某个原因的受试比例较小，平均在15%以下，只有针对问题q14，即为了使表达更准确而进行语码转换，16.1%的受试持反对态度。

(一)词汇空缺引发的语码转换

由于语言思维习惯的差异，英汉两种语言中表达类似概念的词往往有着不同的内涵和外延。在不能用汉语完全准确地表达外语中的某一个词语或句子的情况下，即在汉语中没有对应的表达形式的情况下，交际者常常会采用语码转换的策略，有意识地避开汉语中的相似语句，直接用外语中的原词句来表达，以保证其真实性和国际性。这样做可以大大降低用汉语表达时信息的不确定性，帮助交际一方准确解释和说明话语意思，也有助于另一方准确理解和把握话语的意义，实施一种便利功能。问题q13提到，由于某种表达只存在于英语或汉语中，若翻译成汉语或英语，其原意将会失去，所以保留原来的语码以弥补语言空缺。英语中有些词确实很难译为确切的中文，最明显的例子是“privacy”一词，译为“隐私”，或者“秘密”“私事”，都未能把其真正意思表达出来。据说，俄语中也没有合适的对应词。原因在于我们的文化价值观念与传统与西方不同，我们对于privacy不像西方人那么重视。因此，也就缺少一个准确的词能涵盖privacy所表示的那些意义。再如西方国家的人名、地名，或者外国品牌名称，如iPad，SONY等。所以，交流中不必将Hiphop翻译成嘻哈或街舞，iPad也不必繁琐地解读为苹果公司开发的平板电脑，而是直接使用人们耳熟能详的英语原文，因为人们对这些英语词汇的熟悉程度远远超过了其汉语翻译，这是由语言本身的特点决定的。

同理，汉语中同样存在很多词汇在英语中却没有其对等的词甚至词组。例如，在中共举行大会纪念改革开放30周年时，胡锦涛总书记在讲话中的一句北方方言“不折腾”，难倒了国内外媒体界的双语精英。网络上的翻译五花八门，但是都未能准确地表达胡总书记的原意。由此可得出，某个语义若用二语，只需一个词就可以表达，而在母语中没有对应的词语或该语义对应的母语表达较长时，双语者更倾向于选择二语。

Verschueren 在其专著《语用学新解》(*Understanding Pragmatics*)中也指出，不同语言和文化在接触过程中有词汇的空缺、词层的不对等或语意不对称现象，或词汇具有不同的文化内涵，从而出现语码转换(1999)。一般来说，另一种语言中的某些词汇甚至语句在本族语语言中存在与影响的范围很小或者根本不存在时，这种形式的语码转换就弥补了本族语中的词汇空缺，也可以使得语言表达的准确度提升。因此，当一种语言缺失另一种语言的对等表达时，交际者不得不基于这样的语言现实进行语码转换，这种转换完全是由于语言内部的原因而发生的。

表 3-22 数据显示，仅有 4.1%的受试不同意该原因促成了他们的网络语码转换，87.3%(即 1234 位)的受试同意或非常同意该选择。交际中涉及的话题及内容会制约着人们对语码的选择和转换，例如遇到专业术语或语言缺失的情况也不得不求助于某种语言。可见，当交际中某些词汇在另一种语言中找不到确切、恰当、简洁的表达时，干脆保留原文，这对于表述的准确性而言不失为一种有效的交际策略。而且，像 iPhone，Wifi 这样的词语在日常生活中使用普遍，不用解释其具体含义，可以"信手拈来"直接用在要求速度和效率的网络交流中，方便、实用。另外，诸如 DVD，MP3，CPU，IT，WTO，CT，Email 等外文缩略词语，作为专业术语或者专用词语，不妨允许在一定范围内使用，现在有些现代汉语的词典就已经收录了这样的词语。其实，这些字母词的汉语意译形式除了在首次介绍时使用外，一般很少出现或不出现。例如，SARS——严重急性呼吸道综合征(音译为"萨斯"，汉语简称为"非典"的传染病，英文全称为 Severe Acute Respiration Syndromes)，CT——电子计算机 X 射线断层扫描技术(英文全称为 computed tomography)，CDMA——码分多址(一种新的无线通信技术，英文全称为 Code Division Multiple Access)等。在语义相同而构造不同的语言表达形式中，在不影响交际的情况下人们往往倾向于选择音节简短的语言形式，正如美国语言学家齐夫所说："语言中使用频率最高的词也就是最短的词"(转引自任晔，2004：14)。这符合语言要求经济的原则，也体现了人们求简的语用心理。

很多专业词汇作为转换语被用来表达语义。网络交流的两个人原来接触这些名称的时候记住的就是英语，在大脑里检索该语码的速度要比汉语快，用不着翻译成汉语后再继续交际，这样的语码转换确实有利于双方更便利、更快捷地传递信息。

自 1973 年 Tulving 和 Thomson 第一次提出记忆编码特定原则(encoding

specificity principle）的假设以来，认知心理学家们在多个领域对情境依赖记忆（context-dependent memory）进行了研究，并得出以下结论：记忆的有效提取依赖于提取环境与编码环境的相似程度，程度越高，记忆就越容易（李莉等，2008）。同理，词汇的提取同样依赖于编码环境。这种语码转换尤其在专业知识交流中更为频繁地出现，比如说几个英语专业的研究生在讨论某个专业术语时，经常直接用英语表达该专业术语，而不是用其母语。因为语言单位是学生用英语对其进行的编码，所以在提取的时候，依照记忆编码特定原则，二语就自然而然地被提取了出来。因为他们习得和使用这些术语的语言载体是英语，所以，在提取该语义时，如果不是说话者刻意抑制二语而提取母语相对应的词汇，那么，先被提取出来的就是该词编码时的语言，即英语。也就是说，编码时的语言可能影响词汇提取的种类。语码转换是由寻找最简便表达方式的愿望激发的。语码转换的运用受到交际者表达思想时所须付出的努力或者所经受的压力的影响，因为人们总是倾向于使用最不需要努力或决定的语码或形式，换言之尽可能地少费力气来完成交际任务。以 Sperber 和 Wilson 的关联理论来分析，这就是认知投入与认知产出的问题（刘正光，2000：34）。

这些好用的字母词不仅保持着源语言的发音，书写形式也未经任何改变，显然是对源语言的成分原封不动地拿来就用。可以说拿来就用是语码转换的一大特征：指的是在一个双语环境中，具体而言就是说话双方都能同时使用两种语言的情况下，其中一个出于一定的表达意图，交替着使用两种语言，包括在主要使用一种语言的同时夹杂使用另一种语言的某些成分。由于是直接使用另一种语言的成分，所以它无需对这一语言的任何改造。

这种语码转换现象表明，一方面，采用相对省力省时而又简约的英语缩略词形式，符合语言使用的经济原则和语言简化的发展趋势；另一方面，这也可以看作是社会国际化与信息化在语言运用上的折射，同时，也从一个侧面反映出国人（文化素质和）英语水平的普遍提高。

此外，我们针对这 1234 位同意或非常同意该动因的受试做了网龄方面的单因素方差分析，结果显示（见表 3-23），上网时间不同的网民在该选择上有显著差异（$F[4,1229]=4.451$，$p<0.05$）。可以看出，Games-Howell 事后检验结果显示网龄 7 年以上的受试基于语言现实而使用过语码转换的显著高于网龄 1～3 年（$MD=0.12$）和 3～5 年（$MD=0.13$）的两组受试。这可能是因为网民上网时间越久，受到网络时代信息碎片的裹挟程度越高，为了满足表达的需要会根据实际情况进行语码借用，用一种语言弥补另一种语言在某个方面的空缺。

表 3-23　　基于语言现实的语码转换 1 的网龄差异

	网龄 7 年以上 (n=393)		网龄 1～3 年 (n=221)		网龄 3～5 年 (n=296)		F[4,1229]	Post Hoc (Games-Howell)	MD
语言现实的语码转换 1	M	SD	M	SD	M	SD	4.451*	7 年>1～3 年	0.12*
	4.34	0.48	4.22	0.42	4.21	0.41		7 年>3～5 年	0.13*

* $p<0.05$。

(二)表达准确、避免歧义

不同语言有着各自的特点，在语言现实中，有些词汇在另一种语言中的表达更加符合语言需要，尤其是当本族语中找不到对应的概念时，就会涉及语言借用现象。此外，某些词汇在另外一种语码中的表达更为精确时，也常常出现转换现象。社会语言学认为，语言是个动态的开放系统。语言是不自足的，语言自身在不断进行调节。目前，汉语存在大量语言变异现象，如词汇创新、外来语借用和各种新结构的产生等，使语言处于暂时的无序状态。通过语言内部和外部的调节，语言不断地从无序走向有序，从不完美走向完美。旧的无序、不完美克服了，又会出现新的无序和不完美，语言就是这样循环往复，不断向前发展。

问卷中的问题 q14 是关于网民们进行英汉语码转换，是为了使表达更加准确，避免歧义。53.3%即 754 位受试同意或非常同意这条原因。语言是人与人相互沟通的途径，人们希望通过语言表达使彼此之间的沟通顺畅。歧义是指一种语言形式具有两个或两个以上的意义，因而造成了不同的理解。歧义的产生主要有三个方面的因素：语言因素、文化因素和心理因素。无论哪种语言歧义都是不可避免的语言现象，这可以说是歧义问题的客观性。另外，语言接受者的文化因素和心理因素也会成为产生或者消除歧义的潜在根源。乔舒亚・费希曼(Joshua A. Fishman)指出："话题控制语言选择的含义在于，在特定的多语环境下，有的话题用某种语言要比另一种语言'更好些'，或更为得体……甚至在平常的单语环境下也可注意到这种效应，例如在全是美国知识分子的场合，许多人感到谈论某些职业性话题非用法语或德语词语不可。"(1985:118)

关于语码转换的动因，心理学认为需要是动机的来源。语码转换可以满足内心的安全需要、归属和爱的需要以及尊重需要。在某些情形下，语码转换作为说话者的一种言语策略，是一种主观性的言语选择过程。在交谈过程中，说话者的动机、感情、态度等主观因素，与社会语境的客观特征交错在一起，相互作用并共同制约交际中言语的建构和理解。语码转换虽然受当时情境的影响和制约，但主要取决于语言使用者对语境的认知和意愿。无论是有意的还是无意的语码转换，都具有一定的社会功能和情感功能，同时还反映出人们对不同语言的态度和看法。因此，为了表达准确，避免歧义，网民选择了语码转换。

针对这754位同意或非常同意该动因的受试，我们对其做了性别、专业方面的独立样本T检验，发现统计均未达到显著水平。而网龄方面的单因素方差分析结果显示（见表3-24），上网时间不同的网民在该选择上有显著差异（$F[4,749]=2.483$，$p<0.05$）。可以看出，Games-Howell事后检验结果显示网龄1年以上的受试基于表达准确而使用过语码转换的显著低于其他各个网龄阶段的受试。这可能是因为网民上网时间越久，越倾向于为了满足表达的需要而会根据实际进行语码借用，用一种语言替代另一种语言，从而使信息传递得更准确。

表3-24　　基于语言现实的语码转换2的网龄差异

	网龄7年以上（n=259）		5～7年（n=195）		3～5年（n=167）		1～3年（n=101）		1年以下（n=32）		$F[4,749]$	Post Hoc（Games-Howell）	MD
	M	SD	M	SD	M	SD	M	SD	M	SD			
语言现实的语码转换2	4.21	0.41	4.17	0.38	4.11	0.32	4.14	0.35	4.01	0.09	2.483	7年以上>1年以下	0.2*
												5～7年>1年以下	0.16
												3～5年>1年以下	0.1
												1～3年>1年以下	0.13

* $p<0.05$。

很多情况下，网民发挥自身的主体作用，运用语码转换来精确无误地传递信息。向听话人传达清楚无误的语信是交际的最基本的要求，是一种消极修辞。交际者运用语码转换，达到的第一个效果就是使表达精确无误。因此，一些名称，如人名、地名、歌名、化妆品名、电视剧名等交际中传递的重要语信，虽然也可以用汉语表达，但是可能会难以理解，造成混淆，甚至误解，所以交际者会选择用另一种语言来表达。

（三）表达方便、省力

为了调查网民是否是出于表达方便、省力而进行了语码转换，我们设计了第16题加以统计。其中，1075位受试（75.9%）选择了同意或非常同意，这个较高的比例充分证明了网络用语的简易化在网民中的深入人心，也体现了网络时代惜时如金、信息传递争分夺秒的经济特性。语码转换能够更快捷地表达意义，符合交际中劳动付出最小化、收获最大化的心理模式。

语言是存在于人脑中的一套抽象符号系统，是传递信息、交流情感的重要工具。语言一旦与具体的交际环境发生联系，它就现实化(actualize)，体现为可以观察的言语行为。在日常言语交际中，语言使用往往遵循“经济原则”“如果一个词足够的话，决不用第二个”（郭秀梅，1985：16）。由于网络语言根植于传统语言的母体，因此网络语言也遵循“经济原则”并表现出自身的一些特点。语言的经济原则又称作“语言的经济性”。狭义的“语言的经济原则”(the principle of economy)是法国著名语言学家马丁内(Andre Martinet)为探讨语音变化原因而提出的一种假说。这种假说认为人们在保证语言完成交际功能的前提下，总是自觉或不自觉地对言语活动中力量的消耗做出合乎经济要求的安排。要尽可能地“节省力量的消耗”，使用比较少的、省力的、已经熟悉了的或比较习惯的、或具有较大普遍性的语言单位。从语言运用这一更为广泛的视角来说，人类使用语言进行交际，总是力求用最小的麻烦去达到最大的交际效果。从认知语言观出发，语言的经济性意味着人类的认知计算也是以经济性为导向的(朱长河，2005)。

当代科技以迅猛的速度向前发展，人们的生活节奏也日益加快，为了适应这种情况，语言表达方式的简化即“缩约”，就成为当代语言发展的一个显著趋势。语言中的“缩约”现象首先受到语言的“经济原则”的制约。网络信息社会高效快速的特点要求网络语言必须遵循“经济原则”，最大程度地对已知信息进行缩简。在高速运转的信息化社会，时间就是一切，交流变得简约化。在这种情况下，语言用来传递信息、阐明事理的功能成为语言的第一功能。网络交流中，人们注重的是信息传递的效率，突出有效信息，略去不必要的多余信息，是这类交际的特点。为了提高信息传递的速度和效率，必然要求语言符号形式上的简化。例如，在输入中，用英文字母代替汉字，缩略语代替单词等。

我们想检验这1075位同意或非常同意该动因的受试是否存在性别或专业方面的差异，于是做了相关的独立样本T检验，发现统计均未达到显著水平。而网龄方面的单因素方差分析结果显示(见表3-25和3-26)，上网时间不同的网民在该选择上有显著差异($F[4,1070]=5.556$，$p<0.05$)。可以看出，Games-Howell事后检验结果显示网龄为7年以上的受试基于表达简单、省力而使用过语码转换的显著高于网龄为1～3年($MD=0.13$)或3～5年($MD=0.12$)的受试。而网龄为5～7年的受试同意或非常同意该动因也显著高于网龄为1～3年(MD=0.13)或3～5年($MD=0.12$)的受试。

表3-25　　基于语言现实的语码转换3的网龄差异a

	网龄7年以上 (n=348)		3～5年 (n=251)		1～3年 (n=196)		$F[4,1070]$	Post Hoc (Games-Howell)	MD
语言现实的语码转换3	M	SD	M	SD	M	SD	5.556*	7年以上＞3～5年	0.12*
	4.26	0.44	4.14	0.35	4.13	0.33		7年以上＞1～3年	0.13*

* $p<0.05$。

表 3-26　　基于语言现实的语码转换 3 的网龄差异 b

	网龄 7 年以上（n=348）		3～5 年（n=251）		1～3 年（n=196）		F[4,1070]	Post Hoc (Games-Howell)	MD
语言现实的语码转换 3	M	SD	M	SD	M	SD	5.556*	7 年以上>3～5 年	0.1*
	4.26	0.44	4.14	0.35	4.13	0.33		7 年以上>1～3 年	0.11*

* $p<0.05$。

网民们将汉语或英语变形而为缩略语，起初只是为了提高网上交流速度而采取的一种应对方式，久而久之就形成固定的网上用语了。它所遵循的原则只是便捷，目的就是把一种复杂或不便表达的东西用一个或几个简单的字母表示出来。这样的表达很快俘获了网民的心，迅速流行起来，而网民的网龄越长，对这种简化的表达越谙熟，使用这种语码更是驾轻就熟。语言的生命力表现在千变万化的言语当中。而从交际工具的最终功能来看，这种简明快捷的缩略语的表达在网络虚拟社区的确起到了它交际工具的作用。言语使用的目的在于表达和交际，这是由交际情景“应运而生”的，其中包含着对各种可能使用的言语形式的选择。

针对这 1075 位受试，我们做了进一步假设：对语码转换认知程度越高的受试选择同意或非常同意该动因的概率越高。单因素方差分析验证了该假设成立（如表 3-27）。结果显示，对语码转换概念有不同认知的受试在是否出于表达便捷而转换了语码方面有显著差异（$F[3,1071]=4.771$，$p<0.05$）。可以看出，Games-Howell 事后检验结果显示，知道语码转换这种现象的受试基于表达简单、省力而使用过语码转换的比例显著高于仅听说过（$MD=0.13$）或完全不知道该概念（$MD=0.12$）的受试。这可能是因为对语码转换概念有所认知的受试清楚这是一种有效的交际策略和特殊的语言技巧，所以在具体的场合，可以通过转换语码达到交际目的。

表 3-27　　基于语言现实的语码转换 3 的网民认知程度差异

	知道语码转换（n=277）		不知道（n=275）		听说过（n=523）		F[3,1071]	Post Hoc (Games-Howell)	MD
语言现实的语码转换 3	M	SD	M	SD	M	SD	4.771*	知道语码转换>不知道	0.13*
	4.28	0.45	4.16	0.36	4.19	0.39		知道语码转换> 听说过	0.09*

* $p<0.05$。

网络世界，速度是第一要务，只要不妨碍沟通就尽可能地简化在键盘上的操作，力争一击到位。正如陈原先生所说，“由于现代社会生活的节奏很快，语言接触引起的一个新问题，就是缩略语问题。节奏快，以至于在某些场合要采取符号（非语言的符号）来显示信息。缩略语就是把必要信息压缩（浓缩）到在接触的一瞬间就能立刻了解的程度。把必要信息转化为图形（非语言符号），是适应高速度和其他现代社会条件的需要而产生的”（转引自刘乃仲、马连鹏，2003：89）。现在很流行的一个说法是，我们已经进入了一个读图时代，其实就是一种更为简明快捷的沟通方式。

网络语言是用手敲出来的，从这个意义上讲它是书面语言。但同时，网民们在线交流时是脑子里想到什么就马上打什么，加上追求输入速度，表达时基本上是一种没有经过很好整理的口语语篇。这种情况也形成了网语的最大特征，即介于口语和书面语的特殊语言状态。因此，网络语言带有很大程度的随便性。在线交流中，网民们就有意无意之中“创造”了大量的谐音、缩略型的网络词语，起到了简洁、形象、幽默的效果。

网络语言中不仅有大量的缩略型词语，还创造出大量独特的缩略句。语句压缩是一种较为规范的缩略编码形式，它遵循一定的规则。英文压缩句很常见，如BRB(be right back，我要走了)、BTW(by the way，顺便问一下)、ICQ(I seek you，我找你)、OIC(Oh，I see，哦，我明白了)、MORF(male or female，男士还是女士)、CULT(see you later，再见)等。从信息传递的角度看，这种简约、缩略的语言表达无疑要比繁杂、累赘的表达更能迅捷地传递人们的思想、情感。信息传递不仅要求准确，而且应该在最大程度上既快速又节省。简约的语言表达可以满足这种需要。更为重要的是，省略使得未知信息成为接受者注意的焦点，从而更有助于加强信息传递的效果。因此，网民在交流时，会在汉语表达中夹杂使用某些熟悉的英文缩略形式，以便更迅速、快捷地传递信息。

其次，网民出于表达方便、省力而进行了语码转换，这种言语活动遵循了经济原则，这也是逻辑思维的必然结果。编码是指用语言形式将说话者的意念或动机表达出来，这个过程也是说话者思维的过程。语言与思维之间不是简单的对应关系，思维是多维的、不完整的、瞬时的、非连续的、简略的、模糊的，而语言是一维的、完整的、连续的、缓慢的。语言表达应该力求在最大程度上捕捉思维内容，即说话人头脑中模糊的、大致的、笼统的、简略的意念和动机，因此不可避免地采取简约、缩略的表达形式。

第三，在网络语篇中使用语码转换，实现了语言的经济性，这可以溯源于人类的惰性。人们在交际中，一方面要努力满足自己与外界交际的需要；另一方面，交际需要又受到人的自然惰性的潜在制约。这种制约在言语活动中表现为尽量少地使用语言单位，或使用那些省力的、概括性强的语言单位。语言价值论学说的主要代表索绪尔（Saussure）在《普通语言学教程》（1996）中阐明语言的组合与聚合关系、语言的价值学说都与经济学原理息息相关。人类言语的创造运用存在着经济学中效用最大化的驱动原理，即省力原则(least effort)。这个原则是指我们在用语言表达思想时感受到两个方向相反的力，即单一化的力和多样化的力的作用，它们在说话时共同作用，一方面希望尽量简短，另一方面又要让人能够理解，要使每个概念都能用一个对应的词来表达，从而让听者理解起来最省力。而网络语言的构词，特别是缩略语现象体现了这个特点。在网络语篇中，网民们会采用简化或省力的表达，甚至是把不同的语言、方言杂糅在一起。从广义上讲，不同的符号系统的同时呈现，可以理解为语码混合，如"Happy(开心)一下""小 case(事情)""今天太 high(兴奋)了""你真 in(入时)"等。甚至双语双方言混合的现象也层出不穷，如"这个 project 我还没搞定"，其中"project"为英语"项目"一词，而"搞定"的原形是粤语中"搞掂"。再如"今天我有去 shopping"，"shopping"为英文"购物"，肯定动词前加"有"是闽粤地区的特有句式。这样的词语和表达方式已然随着大众媒介的传播被人们所熟知和接受，并逐渐进入日常表达中，所以在网络交流时可以方便地加以使用。

言语的经济性也是修辞的需要。利奇(Leech)从语用学的角度，在韩礼德(Halliday)的"篇章功能"(textual function)的基础上提出了"篇章修辞"(textual rhetoric)的概念。篇章修辞对言语表达实施"输出制约"，即影响言语的表达方式，它体现在"可处理""明晰""经济"和"表达"四个原则上(Leech，1983)。其中的经济原则要求说话者力戒言语的重复，使用简明、缩略的表达形式。节约用词是一条重要的修辞原则，行文中采用缩略的表达方式会取得较好的修辞效果。

为了达到言语配置的最优化，网民往往会进行创造性的简化。网络语言是一种现代信息载体，其构词法中所包含的语码混合、字母缩合、数字谐音和符号图形表意等都是对纸笔媒介语言书写的创新。它以键盘为输入工具，充分发挥其功能特殊性，以最方便快捷的方式创造新词汇，并且避免汉语在输入方式上不及拼音文字(alphabetic writing)的缺陷，不再通过拼音组合或笔画分析确认所需汉字，解除了打字速度对信息传播的限制。比如要输入"面对面"这个词组，用拼音输入需要击键 11 次，用英文输入 face to face 需要击键 10 次，而缩略形式 F2F 只要 3 次就完成了，不仅缩短时间，而且简洁易写，使人印象深刻。网络语言以快速传意为首要原则，反之对书写的准确、规范并不多作考虑，只要不影响意思的表达，各种形式的缩略都是可被接受的。在最短的时间内传递最大的信息量，这是语言经济原则的要求，体现在网络语言上便是其构词的简易化。字母词的形成可以说是语码转换的结果，是来自于交际双方之间的一种语言使用形式——它的使用预设着对方能够从这种缩略的词语形式中解析出每个字母所表示的意义。字母词之所以在网络世界使用并大量流传，其中普遍认同的一种观点是字母词字形简单、易读易记，符合语言经济性的原则。

美国哈佛大学语言学教授 G. K. Zipf（1949）提出了心理学中的省力原则，又称为“经济原则”，就是在交际的过程中使用最少的力气来获得最大的认知效果。“在交际过程中应从两个方面出发来验证省力原则的效应，一方面要从说话人的角度出发，也就是说话人要以最少的语言来表达其所有的意义；另一方面则是要从听话人的角度来看，从最经济的语言中提炼说话人的意义是比较困难的。只有这两方面达成妥协，达到一种平衡，才能实现真正的省力”(Zipf，1949:22)。为了节省交流时间，提高交际效率，人们都会有省力的倾向。根据心理学的省力原则，在语言交流过程中，当双语者需要传递某个意义，若用一语，可能需要好几个词甚至是一句话来表达，但是在二语中，有相对应的词恰如其分地表达该意义，那么在不影响交际质量并且不造成交际障碍的前提下，双语者就可能更倾向于选择二语进行表达，反之亦然。

（四）准确引用

为了调查网民在交际中通过插入英语名言警句、引用英文电影或歌曲名等方式，以期达到准确引用，我们设计了问题 q20 加以统计。其中，920 位受试（65.1%）选择了同意或非常同意。也就是说，在需要向对方传递准确的英文信息时，这些网民会做出语码转换。

我们想检验这 920 位同意或非常同意该动因的受试是否存在性别方面的差异，于是做了相关的独立样本 T 检验，发现对 375 位男性和 544 位女性受试的统计未达到显著水平。而专业方面的独立样本检验显示，所学专业不同，在是否通过语码转换以达到准确引用方面有显著差异（$t=1.005$，$df=87$，$p<0.05$）。如表 3-28 所示，人文社科专业的受试(432)为了准确引用而做出语码转换的比例，显著高于理工自然科学专业(488)的受试（$MD=0.13$）。这个结果可能是因为文科学生较之理科生，平时对英语的经典名句、英文电影或歌曲名更敏感、熟识度更高，在交际中一旦有表达需要时，可以更容易地提取确切的语言材料。此外，相比理科生，文科背景的受试对语言表达的严谨自我要求更高，尽量还原最本色、最初始的表达方式，原汁原味、准确引用英语的经典名句、英文电影或歌曲名等。

表 3-28　　语码转换以达到准确引用方面的专业差异

	专业	*N*	*Mean*	*SD*	*t*	*p*
语码转换的动因 q20	人文社科	432	4.20	0.40	1.005	0.044
	理工自然科学	488	4.07	0.38		

针对问题q20,我们也做了学历背景、年龄、网龄方面的单因素方差分析,均未发现显著差异。很显然,年龄的增长、上网的时间长久,并不意味着英文程度会随之提高,这里面没有相辅相成的关系。学历越高,说明了受试在其专业领域的知识结构更完整、框架更夯实,不代表其对英语的经典名句、英文电影或歌曲名等更稔熟于心。

Myers-Scotton(1986)指出,交际中的说话者都是理性的行为人,他要在认知基础上对多种语码进行比较和筛选以获得最佳效益。凭借固有的知识和经验,交际者知道在描述一件事情的时候,直接或者间接引语说起来自然流畅,对方接收起来明白,原汁原味的表达更加准确和生动。

(五)动机1小结

问卷中测量"顺应语言现实的语码转换动机"的4个题目(q13,q14,q16,q20)以里克特量表的形式测量,因此,是定距数据(interval data)。需要用这些题项的算术平均数来表示"顺应语言现实的转换动机"这个潜在变量。针对这个合成的因变量,我们做了性别方面的独立样本检验。结果显示(见表3-29),性别不同,在是否出于顺应语言现实进行了语码转换方面有显著差异($t=-3.865$,$df=74$,$p<0.05$)。男性(631)的得分显著低于女性(785)受试($MD=-0.13$)。在这个变量上存在性别差异可能是因为女性的语言技能更高,在交际中表现得比较合作,对语言表达的准确性要求也更高。此外,女性情感比较丰富,在交际中尽量树立其温柔、善解人意的形象,同时还要维护交际对象的面子。而男性由于长期处于两性关系中的主导地位,长久以来都是拥有决策权的一方,因此就塑成了其在交际时一种干净利落又很决断的表达方式,不会为了某个表达的准确而进行语码转换。人们同时生活在不同的世界里,具体地说,处于包括物质世界、社交世界和心理世界等因素的环境里。不同的世界对于人们话语的选择会产生重要的影响。社交世界对语言性别差异的影响不可小觑。每个人都生活在社会之中,必然会受到社会各种因素的影响。这里的社会不仅包括当今社会,也包括古代社会的历史文化沉淀和社会的发展趋势。而作为语境的一个重要组成部分,心理世界涉及说话者的心理状态,包括个性、情感、观念、信仰、欲望、愿望、动机、意向等。许多心理学科的研究表明,男性和女性在个性心理特征上是存在一些差异的。这些差异会影响到男女交际中话题的选择、话语的风格等。男性心理一般比较强势,所以他们认为男人说话应该干净、利落、沉稳,以显示男性的威严。女性通常持一种弱势心理,她们认为女人应该情感丰富、温柔体贴,所以说话应该含蓄委婉,用词准确,方显端庄。因此,在交际中一旦出现了词汇空缺,或为了表达准确、避免歧义,女性更有可能通过语码转换向交际对象传递确切的信息。

当今人们越来越重视比较各语言之间的异同，而由性别差异引起的语言使用差异也成为语言学关注的焦点之一。它不仅蕴含着语言使用者的文化、心理，而且反映出社会规范。性别差异不仅造成社会分工与地位的不同，而且使得男女双方在社会化过程中形成不同的文化群体，从而引起两性在使用语言和话语模式上的差异。

表 3-29　　语码转换动因 1 的性别差异

	性别	*N*	*Mean*	*SD*	*t*	*p*
顺应语言现实进行语码转换的动因	男	631	3.67	0.55	−3.87	0.00
	女	785	3.80	0.68		

此外，我们也做了专业方面的独立样本检验。结果显示（见表 3-30），专业不同，在是否出于顺应语言现实进行了语码转换方面有显著差异（$t=2.497$，$df=89$，$p<0.05$）。人文专业（635）的得分显著高于理科专业的（761）受试（$MD=0.08$）。Bachman（1990）认为，交际能力不仅包括对语言知识的掌握，还包括如何使用语言的能力。这个表格也说明了不同专业的受试其语码转换与实际使用语言能力有关。这个结果可能是因为人文专业的网民在多年相关教育背景的潜移默化的影响下，对语言的敏感度更高，对语言的表达要求更严谨，从而更积极地通过语码转换进行语言形式的选择，以达到交际的需要。

表 3-30　　语码转换动因 1 的专业差异

	专业	*N*	*Mean*	*SD*	*t*	*p*
顺应语言现实进行语码转换的动因	人文	635	3.79	0.74	2.497	0.013
	理工	761	3.71	0.51		

心理学家把永久记忆中词的表征称作“心理词汇”（mental lexicon or internal lexicon）。心理词汇是一个动态的系统。语言经验在很大程度上影响着心理词汇的存储模式，使之不断进行自我调整以组成新的内部系统。Kroll 提出的心理词汇双语非对称模型认为，不熟练双语者在加工一语词汇时，是通过形式激活语义，而在加工二语时，二语的形式表征通过连接一语的形式表征，从而激活语义。语言经验在认知层次上表现为词的形式与语义表征之间联系强度的改变，也就是说，语言经验可以加强或减弱词的形式与语义之间的联系强度（董俊红、师甜甜，2012：170）。经常接触和大量使用二语，二语心理词汇网络便会从以音形为主要媒介慢慢向以语义为媒介靠拢，从而不断调整组织心理词汇，零散

的词汇知识一旦转化为词汇能力，词汇提取便很容易得到满足。另外，母语相对熟练水平或母语掌握程度也必然会影响母语词汇的提取速度和效率，对于熟练双语者来说，由于其二语水平相对较高，在词汇提取时受到来自于二语的干扰较不熟练双语者更为强大，部分二语词甚至比对应母语词的使用频率更高。因此，当参与转换的二语词的激活阈限与其对等母语词的激活阈限相当甚至略低时，二语就很容易被提取出来用于交际。受丰富的二语语言经验影响，加上母语相对熟练水平的限制，交际人可能会不自觉地在母语交谈中插入二语的成分。这个观点在一定程度上可以解释上文中为何不同专业的受试为了顺应语言现实而进行语码转换方面有显著差异。

为了进一步了解不同教育背景、年龄和网龄的网民在是否出于顺应语言现实而进行了语码转换方面有显著差异，我们做了单因素方差分析，只发现网龄不同的受试在该变量上存在显著差异。其中，Bonferroni 事后检验结果显示（见表 3-31，$F[4,1416]=5.231$，$p<0.05$），7 年以上网龄的受试出于顺应语言现实而进行了语码转换方面，显著高于网龄为 1～3 年和 3～5 年的受试。这可能是因为 7 年以上的网民对网络用语更熟悉，尤其是在使用那些为了提高信息传递的速度和效率而简化了的语言符号方面。在高速运转的信息化社会，语言用来传递信息、阐明事理的功能成为语言的第一功能。因此，上网历史越久的网民，更有可能用 BF 代替汉字“男朋友”、OMG 代替“我的天哪”等，以达到表达方便、省力的目的。

表 3-31　　语码转换动因 1 的网民网龄差异

	7 年以上（$n=437$）		1～3 年（$n=265$）		3～5 年（$n=336$）		$F[4,1416]$	Post Hoc (Bonferroni)	MD
顺应语言现实进行语码转换的动因	M	SD	M	SD	M	SD	5.231	7 年以上＞1～3 年	0.17*
	3.83	0.55	3.66	0.47	3.67	0.49		7 年以上＞3～5 年	0.06*

* $p<0.05$。

二、基于社会规约的语码转换

我们用因子分析方法检测了整个问卷的结构效度，归纳出语码转换动机方面的三个因子。其中，因子 2 共有两项观测变量。确定因子 2 的名称为基于社会规约的语码转换。对该因子涉及的两个问题（即 q18、q22）的调查结果做描述性统计分析。

表 3-32 出于社会规约的语码转换情况

		频率	百分比	累积百分比
q18	非常不同意	39	2.8	2.8
	不同意	232	16.4	19.2
	不确定	306	21.6	40.8
	同意	721	51.0	91.2
	非常同意	118	8.2	100.0
q22	非常不同意	15	1.1	1.1
	不同意	185	13.1	14.2
	不确定	376	26.6	40.8
	同意	726	51.3	92.1
	非常同意	114	7.9	100.0

表格 3-32 清楚地反映了 1416 位受试对这两个问题的选择，同意或非常同意其中某个语码转换原因的人数均在半数以上。而不同意或非常不同意某个原因的受试比例较小，平均在 20%以下。

Lado 在 *Linguistics Across Cultures* 一书中指出："我们把生活变成经验并赋予语言以意义，是受了文化的约束影响，而各种语言则由于文化的不同而各有参差。"（转引自周新平，2015：80）他的这一论述旨在阐明：属于特定文化圈的人们，其文化意识乃至语言心理自然而然地打上了本民族文化的烙印。语码转换不仅把语言环境和社会环境结合起来，它还对应着不同语码在交际者的认知结构中的文化不同。这一言语策略具有社会功能，在交际过程中，语码转换也反映出人们对某种语言或变体所持的态度。交际中使用某一语言而不用其他语言是有其社会动因的。由于社会制度、历史文化、风俗习惯的不同，相同的社会因素可能会对不同的言语社团所使用的语言变体造成不同的影响。因此人们在日常交往时，会选择合适的语言或方言以便于顺利地交流和沟通。进行语码转换有时是有意识的，有时是无意识的，它往往隐含着交际者试图表达的某种意图，或者为了某种目的而选择语言。我们可以把语码转换看作一种主观性的言语选择过程，在某些场合，用某种语码比其他语码更合适，语码与所传递的内容是不可分的。

（一）避免禁忌和敏感词语

语境制约交际者的言语选择，例如，电话交流中我们能听到其他人的声音，其语音、语调、音高、语气等信息会潜移默化地影响我们做出某种言语选择;在面对面的交流中我们能看到对方微笑、皱眉或点头等不同的表情符号,更可在相当程度上帮助我们选择合适的形式进行回应。相比之下,互联网交流不能提供这些反馈。因此,计算机可能会影响我们的个体意识,人们在网络交际中较少掩饰强烈的情感。而交际者的言语选择同时也反映出交际的主客观语境特征,两者相互作用。

语码转换是一种理性行为,特定的交际双方在特定的语境中,其语言和言语选择会受到相应社会语言规则的制约。问题 q18 提到,人们使用语码转换是为了避讳禁忌和敏感词语,如关于 sex 的话题,或骂人的时候用 shit,damn it 等。人际交往中,许多话题带有粗俗、野蛮的脏话,可以用来发泄情绪,但是说脏话容易使自己显得缺乏素质,没面子,而用英语来骂人既发泄了正常的情绪,同时更是保全了自己的面子。

表 3-32 的数据显示,59.2%的受试同意或非常同意该选择。交际中涉及的话题及内容会制约着人们对语码的选择和转换。例如,在汉文化里,由于受佛家禁欲思想的影响,加上儒学对男、女道德的强调,人们通常认为涉及性、性器官和性行为以及能引起性方面联想的词语是亵渎的、肮脏的,大多数情况下人们都羞于启齿,并将它们归入禁忌之列。因此,当人们涉及性的话题,或试图说脏话以表达内心的强烈情感时,会对语码加以选择,避免直接的中文表达,而多选用 sex,sexy,shit, damn it 等语码来避讳过于粗俗、敏感的表达。语言系统是不断发展变化的动态系统,当这些外来词语活跃在我们的语言生活中,会给我们的汉语表达提供新的平台,同时也和社会发展密切相关。当然,我们也看到词语的变化同社会的变化是同步的。这种变化,不仅仅指物质生活的提高,而且也同道德观念上的嬗变紧密相关。改革开放以前,“性感”一词对中国人来说,是一种语言禁忌,反映的是一种淫秽的资产阶级的情调;20 世纪 90 年代以来,“性感”一词不但在国内演艺圈内,就是在其他一些文化群体中,也被视为一种赞誉之辞。

从委婉表达的生成来看,是在特定时空的心理状态作用下,即意向性的指向作用下,语言使用者/表达者选择 B 来替代 A。其具体运作过程可能是这样的:首先语言使用/表达者的心智或大脑中有想要表达的意向内容(如概念“死”“性”等)和如何表达的意向态度,即在表达时“避讳”使用那些令人不愉快的字眼,并以此建立意向内容和意向态度联结;然后根据意向性内容,语言使用/表达者则认为选择某些“委婉”的表达方式进行表达最为恰当。在人们实际的语言运用中需要意向地选择一个对象来替代另一个对象时,或在人们意向使(选)用某一(些)表达式(词语、修辞表达、句法、语篇)时,人们的心智总是倾向于指向那些对于自身有可能获得意义的事物;而当人们的心智指向某一客体时,无论是指向外延还是指向内涵，其命题态度的语言表达形式和具体内容往往取决于具体个体的心理结构。在实际的语言运用中，一个语言表达式，无论是字符还是音符，作为表达物质外壳，本身是没有意义的，它的意义源自于心智的意向性；而意向地选用一个词语（概念）的内涵（指向）和外延（指向）共同决定这个词语（概念）的意义及其使用。日常语言表征出来的知、意、情内容基本是表征人类的感知觉经验，是基于心智的意识发放（徐盛桓，2010）；语言表达实际上就是认知主体通过感觉器官对现实的外部世界的事物对象及其现象特征反复感知后所形成的心智（内在）概念符号表征（隐性表述），而在实际心智活动与语言思维中是属于“内部语言”的思维过程，是语句的形成过程。这也许就是其中一种心智同语言相关的认知现象，可以简单理解为认知主体心智对现实外部世界的内在表征（雷卿，2013）。

文化和语言一样是多层次、多成分的。各民族的文化既具有一定的普遍特征，同时又具有各自内在的特殊性质，即文化的个性。任何一个文化、一个社会中都存在着避讳现象。长期以来，避讳也被认为是社会文明的象征。回避忌讳的产生主要是受人们的宗教信仰、价值观和文化的影响，是不同民族文化心理的一种反映和价值趋向。它涉及社会生活的方方面面，从不同的角度反映了人们认可的社会习俗、价值观念、审美情趣、行为准则等。在交际中，我们发现人们并不总是可以随心所欲，想说什么就说什么，想做什么就做什么，而是对某些话题、语言系统中的某些词汇及行为采取回避的态度，于是出现了许多禁忌现象。禁忌的英文拼写为 taboo，它源于南太平洋波利尼西亚（Polynesia）汤加岛（Tonga）人的土语，其含义为“神圣的、不可触摸的或要极端注意的事”，一般可分为“行为禁忌”（behavioral taboo）和“语言禁忌”（linguistic taboo）。禁忌并非汤加岛所特有，它作为人类社会一种普遍的文化现象，蕴含着一个民族丰富的文化内涵，承载着一个民族的社会结构、民族心理、宗教信仰、价值取向、风俗习惯等因素。

语言学家沃尔德豪（Wardhaugh，1986）认为，禁忌语是社会对某种被认为有害于成员的行为表示不赞成的一种方法。不赞成的原因或是超自然的，或是因为这种行为违背某种道德标准。在网络交际中通过语码转换，用一种语言替代另一种语言较为直接、忌讳的表达，用不冒犯人或令人愉快的词语去代替直率的、冒犯别人的词语，其语用功能在于完成交际的心理效应，使用的语码要有可接受性、得体性和认同性的特点。

徐盛桓在其《语言美学论纲》（1995）一文中阐述了如下观点：语言运用者在某一审美需求的支配下，形成了一定的审美心理结构和审美心理意识，并产生相应的心态和认识，发挥自己的能力调动语言中一切可能形成美的潜能，创造出所需要的语言美以达到理想中的审美效果。问卷中问题 q18 的设置，反映出人们基于社会规约进行语码转换带有强烈的社会文化心理标记，表现出强烈的交际策略的心理映射。

由于社会文化因素影响人们的言语行为，语码转换从言语交际的细节上能反映出社会文化的含义。禁忌是一种普遍的社会文化现象，由于受到社会文化、传统习惯的制约和影响，人们在交际时会有意识地选择委婉的表达，回避某些社会性的禁忌，这种语码转换是从社会角度对语言行为进行综观而选择的一种言语策略。

此外，针对这839位同意或非常同意该动因的受试，我们进一步做统计分析。首先是专业方面的独立样本检验。结果显示（见表3-33），专业不同，在是否出于避讳禁忌、避免使用敏感词语而进行了语码转换方面有显著差异（$t=1.141$，$df=95$，$p<0.05$）。人文专业（403）受试的得分显著高于理工专业（436）受试（$MD=0.09$）。这个结果符合所研究人群的特征，可以得到很好的解释。当人们避讳某些事物，而在交际中又不能完全避开它们，于是就会选择迂回婉转的方式表达。对人文专业的网民而言，他们对语言的敏感度更高，更善于对语言素材的积累，从而能更自如、更积极地通过语码转换进行语言形式的选择，以达到交际的需要。

表3-33　　顺应社会规约进行语码转换的动因1的专业差异

	专业	*N*	*Mean*	*SD*	*t*	*p*
顺应社会规约进行语码转换的动因1	人文	403	4.22	1.55	1.141	0.047
	理工	436	4.13	0.34		

然后，我们想知道是否女性比男性受试更注重语言的婉转表达，因此做了性别方面的独立样本检验。结果显示（见表3-34），性别不同，在是否出于避讳禁忌、避免使用敏感词语而进行了语码转换方面有显著差异（$t=-1.039$，$df=81$，$p<0.05$）。男性（353）的得分显著低于女性（484）受试（$MD=-0.65$）。社会反映着语言使用者的文化和思想意识。一个词语的正面含义或负面含义、褒义或贬义的选择可以反映语言使用者是否有社会偏见。男性与女性的社会分工和文化角色的差异在人们头脑中已经形成了固定的模式。女性在交际中通常遵循礼貌准则，采取合作的态度，注重语言的委婉表达，努力推动交际的顺利进行。女性对地位的意识要比男性强，对自己的社会地位更加敏感，更注重自身的地位与形象，因此也更能意识到语言变项的社会意义，更会有意识地使用那些被认为高级、标准的语言，在言语交际的过程中更加注重措辞的选择、发音以及言语行为规范。如果一个女性使用了粗俗的或谩骂性的词语，她将受到比男性更加严

厉的指责，并且女性要教育后代，向儿女传递文化知识和社会价值，因此女性对语言的标准形式和准确程度更加敏感。

表 3-34 顺应社会规约进行语码转换的动因 1 的性别差异

	性别	*N*	*Mean*	*SD*	*t*	*p*
顺应社会规约进行语码转换的动因 1	男性	353	4.06	1.55	−1.039	0.041
	女性	484	4.71	0.34		

语言能够反映社会现实，通过语言我们可以了解一个社会中人们的生活方式、风俗习惯以及价值观等。男性与女性的语言存在很大差异。欧洲人最早登上小安地列斯群岛的时候，就发现当地印第安居民男性语言和女性语言是有区别的。但是一直到 20 世纪初期，语言和性别的关系问题才逐步受到语言学家的关注。首先是丹麦语言学家奥托·耶斯佩森（Otto Jespersen），他是从语言学角度研究性别语言。他在 1922 年发表的《语言论本质、发展及起源》就注意到语言的词汇和风格因性别而异，这篇文章引起了学者对语言和性别问题的关注。他发现，与男性相比，女性更多地使用天真、委婉的词语，较少使用咒骂语。

在西方社会，性别这一概念可从两个方面来认识，一是在生物学上区别的性别（sex），即生理上的雄雌之分。生理性别是出生前在胚胎阶段形成的，犹如每个人的血型、指纹等身份特征，终身不变。二是由社会文化因素所区别的性别（gender）。所谓社会性别（gender），根据人们在社会中承担的不同角色特征进行区分，是后天在社会中获得的。例如，哺育照管孩子这一社会角色（social role），传统上主要由女性承担。之所以由她们来承担这一社会角色，是因为从生理角度讲，女性要十月怀胎，要生育、哺育孩子，于是形成了女性在社会中的性别角色（gender role），这一角色正好与她们的生理性别（sex）相吻合。在拥有大量的语言学科学调查实证之前，有人就有一种直觉，感到男女的言语行为不一样，并坚信他们言语差异的最大特点是“粗俗与有教养”之别。1975 年，Kramer 对男女使用的固定了的言语进行对比，结果表明，男性更多地使用简洁、直截了当、果断的言语，而女性则愿意装饰她们的言语，多用温柔的评估性形容词（Kramer，1975）。

Lakoff（1973）在研究女性的语言使用特征时，将有明显性别特征的女性语体特征分为六类，其中三类涉及词汇用法。例如，Lakoff 认为人们不希望从女性嘴里听到像 damn（该死）、shit（胡说）这类色彩很强的咒骂语，她们应该使用“oh dear”（哎呀）、“fudge”（瞎说）这类词。

Trudgill（1972）对性别语言差异是这样分析解释的：一般说来，在我们社会中女性对地位的意识要比男性强，因此也更能意识到语言变项的社会意义，其原因可能有两个：(1)在我们的社会中，女性的社会地位远不像男性的那样安全，而且一般不如男性重要，因此女性更有必要通过语言和其他方式来标志并确保她们的社会地位。正因为此，她们更能意识到语言信号的重要性。(2)在我们的社会中，人们可以根据男性的职业、收入多少及其他能力对他们进行社会评估。换言之，可以根据他们做什么来评估他们，而这点直到最近对女性仍不适用。恰恰相反，对女性的评估是根据形象而定的。既然不以女性的职业或在事业上的成功为依据对她们进行评估，其他的一些标志地位的信号，诸如言语等，也就变得更重要了(Trugill，1972：182－183)。由此可见，Trudgill 是从女性的社会地位以及她们对地位的意识这个角度来解释女性语言更接近标准形式这一点的。

Brown 和 Levinson(1987)在分析话语中礼貌程度时发现，一个人的自主或自力愿望与希望得到称赞或合作的愿望相互影响。在社交中，既要注重对方的面子，又要保全自己的面子。根据这个概念，我们认为由于女性的权力相对小于男性，与男性交往时她们遇到的社会挑战是既要注意男性的面子，又要保全自己的面子，因此使用具有威望的标准语既保住了自己的面子，又使对方男性意识不到这点，因而也不会感到丢面子。简言之，决定女性大量使用标准语的机制是一种人与人交往中保全"面子"的因素在起作用——在社会交往中要保持自尊。

Labov(1966)面对纽约女性较男性使用更广泛的变体这一调查结果，建议把这种现象称为一种"超正确"(hypercorrection)现象。他试图从生理性别这一角度解释这一现象，认为由于在哺养孩子过程中，母亲对孩子语言第一阶段的习得起着至关重要的作用，因此母亲对语言特别敏感，或者说女性比男性对明显的社会语言价值更为敏感。女性在生活的许多方面无法取得地位，于是把使用社会赞同的语言形式或特征作为取得社会地位的一种方法。

Lakoff (1975)对女性语言进行整体评价后认为，女性的语言表明女性处在无权地位，她们的语言风格表现出没有安全感、缺乏果断性的特征，她们深受礼貌语用原则的影响，在言语中多用含混词(hedges)、用"超正确"语法、用公式化的礼貌用语、用无意义的评估性形容词等。性别差异是人类社会最基本的事实，这种差异反映到语言中也不足为奇。

为了进一步了解不同教育背景、年龄和网龄的网民在是否出于避讳禁忌、避免使用敏感词语而进行了语码转换方面有显著差异，我们做了单因素方差分析，均未发现在该变量上存在显著差异。

(二)表示礼貌、保全面子

问题 q22 提到，人们使用语码转换是为了向对方表示礼貌，如用英语表达委婉的拒绝等。20 世纪 50 年代，社会心理学家戈夫曼(Goffman)提出了"面子行为理论”。他认为面子是社会交往中人们有效地为自己赢得的、正面的社会价值和自我体现。在交际中“体贴周到”(considerations)成为了人们应该自觉遵守的社会规范,照顾别人的面子,以免带来难堪或使关系恶化。人们的面子需求都是通过对方的行为和话语来满足的。礼貌行为或话语都是平衡交际双方的面子需求的一种努力。

表 3-32 的数据显示,59.2%的受试同意或非常同意该选择。通过语码转换展示礼貌、保全面子,是构建友善关系的一种积极的、加分的策略。Wardhaugh (1986:111)认为:“正如我们所看到的那样,语码的选择反映出一个人希望自己怎样地出现在别人面前。这一点似乎得到了很好的证实:你所选择的语码对于别人怎样看待你的确具有重要的因果关系。”这实际上说明了一条社会规则:一个人的社会地位往往取决于别人怎样看待或评价自己。然而,说话人语码选择的弦外之音只不过是他的一种主观愿望,即希望别人按照他在选择语码时所产生的某种“愿望”来看待自己,这种“愿望”能否实现取决于听话人对说话人语码选择的“弦外之音”的理解。在网络交际中,一方有意转换了语码,对对方提出的要求或邀请表示婉拒,其“愿望”是希望对方能理解和接受自己的选择。如果另一方感受到了这种“弦外之音”,捕捉到蕴含的语用信息,就能保全彼此的面子,交际关系得以维系。

在现实交际中,当一方要批评另一方、指出对方的错误过失时,为了使其不至于过分难堪,最大限度接受自己的观点和态度,交际者往往适时地转换语码,使语气缓和,更好地实现交际目的。

针对这 840 位同意或非常同意第 22 题的受试,我们进一步做统计分析。首先,我们想知道是否女性比男性受试更注重语言的表达,更有可能出于礼貌而进行语码转换,因此做了性别方面的独立样本检验。结果显示(见表 3-35),性别不同,在是否为了向对方表示礼貌而转换语码方面,其差异有显著性意义($t=-2.049, df=68, p<0.05$)。男性(353)受试的得分显著低于女性(487)受试($MD=-0.55$)。可见,女性对语言较挑剔,也更敏感。不管是有意还是无意,她们对语言(包括语言变体)的关注要比男性多。

表 3-35　　顺应社会规约进行语码转换的动因 2 的性别差异

	性别	*N*	*Mean*	*SD*	*t*	*p*
顺应社会规约进行语码转换的动因 2	男性	353	4.16	0.91	−0.91	0.78
	女性	484	4.71	0.78		

从20世纪70年代开始,语用学界很多学者似乎对礼貌现象情有独钟,为此我们甚至可将礼貌研究看作语用学的一个分支。Lakoff(1973),Brown和Levinson(1987)以及Leech(1983)等人提出了与合作原则相互补益的礼貌理论,帮助了会话含意学说解答言语交际中的一些语用语言与社交语用问题,从而丰富和发展了会话含意理论,推动着语用学的向前发展。

礼貌方面的研究可谓硕果累累,不过至今人们在使用礼貌这一术语时,往往具有并不完全相同的内涵。在众多有关礼貌的各种文献中,我们可以发现在"礼貌"这一标题下人们主要围绕五个方面进行的研究:(1)礼貌——交际中的一种现实目的(politeness as a real-world goal);(2)敬重(deference);(3)语体(register);(4)礼貌——一种话语表层现象(politeness as an utterance level phenomenon);(5)礼貌——一种语用现象(a pragmatic phenomenon)。

礼貌是人们在交际中的一种现实目的,也就是说礼貌被视为一种取悦他人的真实目的,或是人们言语行为的一种内在动因。这不是语用学要探讨的范围,因为我们根本不可能完全、准确地知道说话人说话时的真实动机,类似的讨论是徒劳无益的。从语言学的角度而言,我们只能获知说话人讲了些什么以及听话人是如何做出反应的。

礼貌是一种语用现象,这在语用学界已经成为人们的一种共识(Leech,1983;Brown & Levinson,1987;Thomas,1995)。礼貌通常被人们理解为说话人为了实现某一目的而采取的策略,例如增加或维护交际双方的和睦关系。

礼貌用语及策略一直是语用学研究中广受关注的一个方面。人们常会问这样一个问题:女性比男性更礼貌吗?还是男性比女性更礼貌呢?这个看似简单的问题其实是个探讨男性和女性是否由于性别的不同而采取不同的礼貌用语和策略的复杂的问题。Lewis和Crockett(1966),Riley(1967),Labov(1972),Trudgill(1983)等学者的研究均从不同角度表明女性使用标准的或更体面和正确的语言的可能性更大(郭兰英,2003)。他们一致认为女性用语比男性用语更为礼貌,相比较之下女性比男性使用更多的标准语言形式。Trudgill对这一现象的解释是女性更注重用语言形式、而不是她们的工作或收入情况来体现自己的社会地位和价值。

在许多文化里,女性在社会中的地位往往不如男性重要,而且社会的习俗总是期望女性用语的礼貌程度要更高,这也是造成了女性说话更为礼貌的原因。而且,由于女性在众多文化中的次等地位导致比男性更为礼貌就渐渐成了一种社会的约定俗成。一般说来,处于强势的男方在交往中往往处于驾驭场面,而女性则处于从属的地位，说话也更礼貌，措辞也更讲究，尽量避免造成对方的反感。即使在不同意别人观点的情况下，较男性而言，女性更擅长于倾听别人，关心别人，并尽量让别人有机会去表达自己的思想，或尽量以委婉而非直接的方式表示异议、拒绝。这样看来，在网络交际中，女性较之男性更可能通过转换语码来表达拒绝就不足为奇了。

为了进一步了解不同教育背景、年龄和网龄的网民在是否出于礼貌而进行了语码转换方面有显著差异，我们做了单因素方差分析，发现网龄不同的受试在该变量上存在显著差异。其中，Games-Howell 事后检验结果显示（见表 3-36，$F[4,834]=2.370$，$p<0.05$），网龄 1 年以下的受试出于礼貌而进行了语码转换方面，显著低于其他群体。这可能是因为上网时间越长的网民，对网络用语更熟悉，在不同语码之间切换更频繁、更方便，同时对于转换的主观目的和意识也大大增强。因此，当用本族语言来说某些忌讳的事情或东西会让人觉得难以启齿或不得体时，上网时间越长的网民，越有可能用另外一种语码以减轻因使用母语而造成的心理压力，达到一种避讳的效果。

表 3-36　顺应社会规约进行语码转换的的动因 2 的网民网龄差异

	7年以上（n=251）		5～7年（n=208）		3～5年（n=196）		1～3年（n=140）		1年以下（n=45）		$F[4,834]$	Post Hoc（Games-Howell）	MD
顺应社会规约进行语码转换的动因2	M	SD	M	SD	M	SD	M	SD	M	SD	2.370*	7年以上>1年	0.38*
	4.17	0.38	4.14	0.35	4.12	0.33	4.08	0.28	3.79	0.91		5～7年>1年	0.35*
												3～5年>1年	0.33*
												1～3年>1年	0.29*

* $p<0.05$。

在研究语码转换的领域中，从心理学视角出发的语言学家 H. Giles 和 Smith 提出的语言适应理论（Accommodation Theory）对于语码转换研究具有重要的指导作用。根据其语言适应理论，语码转换现象分为两种：一种叫语言聚拢或聚合（convergence），它表明说话者为了谋求对方承认彼此的一致性，因此在言语上也努力去适应对方。另一种叫语言偏离或分散（divergence），它表明说话人想要强调彼此的区别或分歧，因此在言语上也要坚持强调使用不同的语码。语言偏离分为两种：一种是趋近偏离，另一种是增距偏离。说话者每次转换语码，都可看作是对刚才进行的语际交流的偏离，偏离规则的内部动因是说话者的临场心理。偏离可以使谈话双方的情感距离拉近，也可以使之疏远。由于约定的规范要求熟人交际对象间选用约定的语码并形成习惯，交际者往往不会随意转换语码以避免增距。但语言偏离不一定都是消极的，人们使用语码转换的动机是协商人际关系，无论是语言趋同还是语言偏离，都是说话者为自己求得有利位置，获得最终想要的东西的一种手段。

Myers-Scotton 认为“说话人对语言的选择不完全是自主的，他除了受外部因素的影响外，还受到内部因素的影响。例如……回避风险意识在某些时候会阻碍人们做适宜的选择，当人们感到某些话用母语表达起来有某种困难时，就改用另一种语言，以减轻因使用母语而造成的心理压力”(1993：485)。在网络交际中，如果一方提出某种要求，另一方无法满足时，适时地转换语码比直截了当地拒绝更礼貌、委婉。很显然，语码的切换是对前面进行的语际交流的偏离，这种偏离规则的内部动因是交际者的临场心理，希望通过这种方式保全彼此的面子，维系关系。

(三)动机 2 小结

每个语言使用者都生活在实实在在的社会群体中，都是活生生的社会人(social man)，他们的行为，包括言语行为，时刻受到社会规约的约束和制约。社会规约在这里是指在某个社会中被绝大多数成员认为是符合常规的、能够被接受的思想和行为方式。对于违背社会规约所导致的后果，往往无法弥补和修复。因此，交际者对社会规约的重视程度比较高。出于对某个特定社会的文化、习俗和规约等的考虑和尊重，人们常常使用两种或两种以上的语言或语言变体。例如，当我们谈及某个被社会视为禁忌的话题时，我们就必须选择一个恰当的交际方式，而语码转换就是一个很好的选择。

对社会规约的顺应，指交际者由于对某个特定社会的文化、习俗和规约等的考虑和尊重而出现的对两种或两种以上语言变体的使用。当我们谈论到被社会视为禁忌的话题或交际者认为不适合在公开场合讨论的话题时，通常会选择一种更为恰当的方式，如运用语码转换。一般说来，在我们国家，大多数人都不会接受谈论“性”的话题，所以说话者可能改用其他语言变体，甚至是外族的语言来表达，即通过语码转换以避免社交场合的尴尬。问卷中测量“顺应社会规约的转换动机”的 2 个题目(q18、q22)以里克特量表的形式测量，是定距数据(interval data)。需要用这些题项的算术平均数来表示“顺应社会规约的转换动机”这个潜在变量。针对这个合成的因变量，我们做了相关的统计分析。首先，我们假设受试性别不同，在顺应社会规约方面有显著性差异。通过性别方面的独立样本检验，我们发现该假设成立，统计达到了显著水平($t=-2.43$，$df=74$，$p<0.05$)。男性(631)受试的得分显著低于女性(785)受试($MD=-0.12$)。

表 3-37 顺应社会规约进行语码转换的动因 2 的性别差异

	性别	N	Mean	SD	t	p
顺应社会规约进行语码转换的动因 2	男性	631	3.44	0.71	−2.43	0.15
	女性	785	3.56	0.89		

可见，在网络交际中，为了避讳禁忌、敏感，或出于礼貌，女性更趋于转换语码，话语风格温和、迂回间接，而男性更直截了当。男女两性在言语交际中的风格差异是客观事实。语言中折射出的性别差异现象并不是由语言符号本身的自然属性决定的，而是特定社会的价值观念和民族思维方式在语言中的必然反映。造成语言性别差异的原因有很多，诸如两性固有的生理和心理特征、受教育程度以及社会交往方式等，但根本原因是在传统的主流文化下逐渐形成的性别文化。当然，语言的性别差异在不同文化背景下也会有所不同。

英国的语言学家 Robin Lakoff 在 1975 年发表了语言与性别研究领域里的发轫之作《语言与女性的地位》一书。她认为，权力上的不平等造成语言上的不平等，语言差异是男女在社会中的地位不平等所造成的。社会语言学的研究成果表明，交际过程中女性与男性相比更倾向于运用那些要求或鼓励对方回答的话语，因而比男性更积极地参与交际。

在心理学研究领域，风格是对个体差异进行的描述，具体指个体在认知、个性等方面一贯的外在表现方式。近些年来，国内关于认知风格的研究主要在于探讨其与专业分化、学习等之间的关系。但认知风格作为一种重要的个体差异变量，其影响既表现在认知过程中，也反映到个性心理特征方面。在心理学学界，针对性别角色对认知风格的影响方面有过许多研究。一般认为女性倾向于更加直觉、保守、细致，而男性则倾向于更具分析性、开放性和整体性。这种传统的性别角色期待制约着认知风格的发展。

彭贤等(2006)曾调查过大学生认知风格与其性别差异的相关性，研究表明男女大学生的认知风格存在显著的性别差异：男生在思想和感觉维度方面占优势，女生在感情和直觉维度上占优势；语言表达方面女生比男生表现出明显的优势。首先，该结果与传统的性别角色观念比较一致："男人较为理性，女人较为感性"；"女人靠直觉生活，男人靠理性思考"；"女人天生是情感的动物"；"女性易受暗示、富有情感、推理能力差，男性果断、独立、善于思考解决复杂的和带有创造性的问题"。再者，该结果与男女的许多社会行为表现也很相符：古今中外杰出的科学家、发明家、思想家中，女性都较罕见。虽然原因比较复杂，但男性善于理性思维和客观观察不能不说是其中的一个缘由。男人从客观成果的角度衡量一个人的价值，最怕自己没有能力去获得权力和成功，害怕做事失败而被别人瞧不起，所以在工作领域或任何场合内，都充满了竞争力，一切都是要赢，不能有太多的同情心。在言语交际方面，表现为较强的话语占有权。女人则相反，她注重的是内心的情感和直觉感受，最怕的是自己不够好、不被喜欢，所以女人则将对“人”的影响，对“人”的考虑放在对事物的考虑之上，喜欢与人聊天，交朋友等。在语言表达方面，女性比男性更具优势。在许多针对成人及儿童的研究中，性别差异的表现是:女性比男性在一些言语任务上更有创造性，更善于使用语言表现手段和描绘手段，所以她们的语言常常带有浓厚的感情色彩，而男性则重视那些表达实义的实体词。

在交际中，男性一般侧重信息交流，对某一问题提出个人的意见和看法。而女性在交流时更加注重细节的叙述，话语较琐碎。对女性来说，谈论什么话题并不十分重要，重要的是通过交流，她们试图建立和加强与对方的感情，发展友谊。男女话语风格上更多、更深刻的性别差异存在于话语方式与策略方面。

女性在与他人打交道时更注重感情的交流，享受谈话的愉悦。她们并不在乎谈论什么，交谈方式是合作型的。而男性在交谈时则表现出对话题有较强的控制欲，说话时不太会顾及对方的感受，倾向于按照自己的思路去展开谈话，不肯轻易地放弃自己的话语权。在跨性别的交际中，男性通常是话题的控制者，而女性为了维护相互之间的关系，往往表现出宽容和理解，而这又更加纵容了男性控制话语权的欲望。在对某一事物做出评价时，女性常常会使用一些较含蓄、婉转的词，而男性说话更直接，更切中要点。女性说话更为委婉、更礼貌，表现在句式上更多地使用疑问句等，在词汇上更喜欢使用强势语词、色彩语词、情态语词、夸张语词、委婉语词等;而男性说话的语气更直接、更生硬。

2008 年，吴小芬完成了国内第一篇以汉语言使用的性别差异为研究对象的博士论文《网络传播中话语风格的性别差异研究》(吴小芬、陈章太，2008)。该论文在较大规模语料的定量统计研究基础上，分析研究网络传播中话语风格的性别差异，从多层面、多视角对网络传播中话语风格的性别差异进行了实证性考察与研究。对网络传播中话语风格性别差异多视角的分析表明，交流方式的改变并不会改变人们固有的性别模式，包括语言的使用。具体表现(1)网络传播中女性比男性表现得更为礼貌。(2)女性善于使用笑容表情符来拉近同受众间的距离，喜欢使用丰富多样的语气词、感叹词来表达交谈过程中的丰富情感。(3)男性倾向于使用较为直接的言语表达方式，女性则更喜欢使用间接含蓄、富有支持性的话语方式。(4)网络交谈中的男性表现得更为善于理性分析，富有逻辑性;女性表现得更为感性，注重内心情感。从礼貌的角度来说，即使意见相左，女性也倾向于使用婉转的方法，以间接方式提出。总体上，女性交流以表达感情为主，比较间接、委婉、含蓄，男性讲话比较直接，以传递信息为主。

正如表3-37显示，出于顺应社会规约而进行语码转换的性别差异达到显著性水平，这个针对性别所做的独立样本检验结果和以上研究结论是一致的。与男性相比，女性在交际时会更有意识地选择委婉的表达，回避某些社会性的禁忌。

针对专业的独立样本T检验结果显示（见表3-38），专业不同，在是否出于避讳禁忌、避免使用敏感词语，或从礼貌角度出发而进行了语码转换方面有显著差异（$t=2.607, df=95, p<0.05$），人文专业（635）受试的得分显著高于理科专业的（761）受试（$MD=0.41$）。要诠释这个结果，其中一个重要原因是不同专业受试的认知风格有所差异。

表3-38　　顺应社会规约进行语码转换的动因的专业差异

	专业	*N*	*Mean*	*SD*	*t*	*p*
顺应社会规约进行语码转换的动因	人文	635	3.56	0.94	2.607	0.009
	理工	761	3.15	0.71		

傅金芝等（1999）用认知风格镶嵌图形测验，检验了文理两种不同专业224名大学生的认知风格。结果表明：大学生的专业分化与他们的场依存性—独立性的认知风格有关，理科大学生比文科生有较高的场独立性。高海等（2006）也认为，大学生的英语学习与他们场依存—场独立型的认知风格有关。就认知行为维度而言，独立型认知风格的个体是任务导向的，喜欢独立工作，对人际问题不敏感；合作型认知风格的个体是人际导向的，喜欢在团体中完成工作，对人际问题比较敏感。这与美国心理学家威特金（Witkin）提出的场独立—场依存的认知风格类型吻合。已有研究表明，场独立型学生倾向于选择理科，场依存型学生倾向于文科。有学者就大学生专业分化和认知风格的关系问题进行了研究，发现具有场独立性的人具有下述心理特征：有主见、自主精神，善于独处，对抽象的理论感兴趣，擅长数学和自然科学；而具有场依存性的人则独立性不强，易于受外来影响，对周围的人依赖性较强，社交场合中更多地注意别人的反应，并努力使自己与社会环境协调，自己的观点与态度多受所处的社会环境的影响，对人文科学和社会科学更感兴趣。认知风格的场依存性与场独立性存在年龄差异和性别差异，女性比男性更依存于场。也就是说，从性别来看，男性场独立性者多于女性，而女性场依存性者多于男性。

有研究者通过对云南大学生认知风格的比较研究，发现理科大学生比文科大学生有更强的场独立性，并且达到显著性水平。不仅认知风格对专业的选择有影响，长时间受某个专业的训练也会对学生的认知风格产生影响。理科与艺体类学生在长期接受专业训练的过程中，独立工作能力更强，对人际问题不敏感，而文科学生在团体中完成工作的能力则更强，对人际问题比较敏感。文科生学习时更多地需要与同学讨论、交谈与合作；而理科生学习时与同学疏于合作，即使有合作，多是小组实验，虽然有时需要讨论，但讨论的内容与文科生差异较大。因此，在协作、澄清等社交策略使用上，文科生表现较为突出。

由于场依赖者移情程度高，富于同情心，为他人着想，擅长人际交往，感觉很敏锐。在人际关系中，场依赖者更多地表现出社会性定向，喜欢与人有联系的情况，而场独立性者则更多地呈现非社会性定向特征。根据 20 世纪 90 年代 Bachman 提出的交际语言能力模式，交际能力包括三大主要部分：语言能力、策略能力和心理生理机制。杨文秀（2002）曾经指出语用能力与交际能力之间存在诸多共同之处，比如两者都涉及交际双方，两者都强调在具体的语境中使用与理解语言的能力等。场独立与依赖性认知风格与语用能力有着天然的联系，存在显著相关性。在交际中，人们很可能运用一些与自己某种特定的认知风格相一致的交际策略（Littlemore，2001；王玉琼，2011）。认知风格在很大程度上决定了交际策略的模式。但是交际策略的运用有一定的灵活性，也就是说一个人的认知风格只决定了其交际策略选择的广度，而这一广度又取决于其认知风格的强度。即便一个人的认知风格保持不变，其交际策略也会有所不同。认知风格表现的只是信息获取及加工时的心理过程和倾向，并不能完全涵盖语言能力度和策略能力，而这两个因素对言语交际能力的形成和提高同样起着非常重要的作用（陈莉，2014）。

结合上述观点，个体认知风格至少部分决定了交际策略的使用，认知风格的差异性决定了交际策略的使用要因人、因时、因事而异。我们认为人文专业教育背景的网民，认知风格更趋向于场依赖型，对人际问题敏感，在社交场合中更多地注意别人的反应，并努力使自己与社会环境协调。表现在语言选择和使用上，更加注重细节和表达的适切。

语言可以折射出人类的存在状况、精神、人格、修养、品味、境界和价值取向。语言本身具有丰富的人文性内涵。语言的人文性既不排斥语言的工具性，也不否定语言研究的科学性。语言的人文性是指语言蕴含的人文精神，语言蕴含的丰富人文精神不但制约着语言使用者在语言系统中的选择，而且制约着人们对语言表达的理解，最能体现人文精神的“乐观原则”就是一个极好的例证（苗兴伟，2009）。乐观原则（pollyanna principle）是制约语言使用的语用原则（Leech，1983；Thomas，1995）。其基本假设是：人们总是看重生活中光明的一面。Leech（1983）认为，委婉语的使用也体现了乐观原则。

语言的人文性是就语言本体而言的，语言并没有明确地告诉我们什么是善、什么是恶，什么该做、什么不该做，什么正常、什么不正常，语言将人文精神融入语言本体并在语言系统和语言表达中得到固化，从而潜移默化地影响着人类的行为和精神世界。在网络语篇中，出于避讳禁忌或表示礼貌而进行语码转换，也是对人文精神的顺应，是语言对常态期待和社会规范的顺应或者说是乐观原则对语言表达的制约。

“灰色系统理论”(Grey System Theory)是20世纪80年代由我国邓聚龙教授提出的，近来也有学者将“灰色系统理论”的概念和观点应用到语言、言语研究领域，以期解决动态的语句在语境当中的信息“灰色”问题。尽管当今科学十分发达，大脑因其不可知道的运作机制仍被人们喻成“黑箱”(Black Box)。根据“灰色系统理论”，大脑能够完全理解和处理的信息被称作“白色信息”，反之被称作“黑色信息”。介于“黑”与“白”两个极端之间，具有摇摆、转化、游移的非单一性、非确定性、非完全性的信息则被称作“灰色信息”。通常说，言语交际的主要目的是向对方传递信息，尽量消除过程中信息的不明确性，使信息由“黑色”“灰色”向“白色”转化。但另一方面，言语交际又是一种复杂的社会活动。有时由于客观条件的制约，人们又需要适当降低明确度，提高灰度，以增加模糊性、含蓄性和可能性空间，从而激活更多的相关外部信息。而有时出于交际者的主观心理，会选择间接、委婉的表达方式，以起到缓和语气的作用。这种情况下就会出现相反的倾向：在不超出受话人理解限度的条件下，一定程度上违背“合作原则”，故意淡化信息某方面的明确性、单一性，而倾向于提高信息灰度。所谓的“灰色信息”就是指的这部分信息。合作原则在言语交际中更多地决定信息是否精确及时地传递给受话者，起导向性作用，通常起到降低信息灰度的作用；而礼貌原则则决定交际双方是否能在和谐、积极的气氛下完成言语交际，对双方关系起润滑和促进作用，一般可以提高信息灰度。另一方面，灰度的减少可以增加信息的明确性，而灰度的增加可以使言语更间接、委婉。交际者往往根据所处的环境、交际双方关系疏密程度和自己的意图信息选择语用策略：侧重传递信息就降低信息灰度；要礼貌、间接表达意图就增加信息灰度。

以缓和、模糊或解释性的表达来替代生硬的、真实性或令人不愉快的事实，力图用比较含蓄、婉转、无刺激的语言淡化或排除各种令人不愉快的联想，从而增加交际过程中言语表达的可接受性、认同性和得体性，减轻听者的心理刺激和压力，使其更容易接受，以达到预期的交际目的和效果。尤其是在当今，社会由体力型向智力型转化，交际技巧和良好的人际关系越来越深刻地影响着人们的生活。

使用语码转换的一个根本目的就是使对方感到你和善，不强迫他人，不使人无台阶可下，因而我们可以说语码转换是网络世界中人们为了遵循礼貌原则而常常采用的一种话语方式。在某些场合下，用英语表达委婉的拒绝、善意的批评等，有利于双方交流的畅通。在某种程度上照顾别人的面子，避免直戳人家的短处，这样可以引起对方的好感，同时也表现出说话者的礼貌和教养。同时，借助英语语码可以间接地来表达一些令人不愉快的事物的语言形式，掩饰、美化或淡化一些敏感或令人难堪的事物。

人对语码的选择不完全是自主的，往往会受到社会情景的作用和社会规范的制约，社会规则是促使人们进行语码转换的外在动机。语码转换对社会规约的顺应是“交际者由于对某个特定社会的文化、习俗和规约等的考虑和尊重而出现的对两种或两种以上语言或语言变体的使用”（于国栋，2004：82）。语码转换能动态地顺应或遵守社会规约，避免社会性的尴尬。我们认为语码转换所反映和代表的是社会规则，社会规则的存在和说话人对这些规则的理解是语码转换的根本原因。

语言“在意义上有所指输入，也有社会输入”（Hymes，1974：15），人们使用语言时并非只是试图让对方理解说话人的思想和情感，双方同时也在以微妙的方式来明确彼此间的关系，确认自己为某一社会集团的一部分，促成双方都参与的那种言语事件（Fasold，1990）。Halliday 认为，“语言是社会行为，因此可以被看成是一种‘行为潜势’（behavior potential）。在‘能做’（can do）与‘能说’（can say）之间需要‘能表示’（can mean）这样一个中间步骤借以将‘行为潜势’转换成‘语言潜势’（linguistic potential），即‘意义潜势’（meaning potential）；在被转换成语言时，‘能表示’即为‘能做’。然而，“能做’不能不受到制约。”（Halliday，1997：32）因为，社会是一个将每个人联系在一起的相互关系体系，而人总是通过共同接受的行为准则联系在一起的。“社会从两方面制约着我们的言语，一是社会提供了一套我们要学会遵守的规则……二是社会为我们提供了动机：遵守规则，说话要讲究。”（Hudson，2000：19－21）可见，Halliday 所说的“能做”实际上受制于人们共同接受的行为规则，即社会规则。Myers-Scotton（1986）认为，语码选择标示着说话人与听话人之间的社会关系。那么，这种“关系”应该如何理解呢？Wardhaugh（1986：103）指出：“有趣的是，有些话题用两种语码都可以讨论，但是，语码的选择为正在讨论的话题明显地添加了别样的味道，选择把某些社会价值（social values）变成语码。”这说明“语码”一方面已成为“社会价值”的代表，成为社会规则的一种体现；另一方面，社会规则，或者说是说话人对社会规则的理解又决定了他们对语码的选择。正如 Hudson 提出的观点：“语码选择总是受控于社会规则（social rules）的。”（2000：52）至此，我们可以清楚地看出：社会规则是语码转换的重要原因。约定俗成是无可替代的客观力量，体现了语言特别是语汇发展过程中“物竞天择，适者生存”的自然法则。

Hudson(2000:389)认为:“我们的言语受控于我们所了解的作为我们文化一部分的那些规则。”语码转换主观上产生于说话人的动机，客观上却产生于社会规则，这是因为社会规则的存在和说话人对规则的理解产生了语码转换的动机。从这个意义上说，探讨语码转换实际上是在探讨语码转换所反映或代表的社会规则，语码转换从微观上反映了社会的现状及其发展与变化。

为了进一步了解不同教育背景、年龄和网龄的网民在是否出于对社会规约的顺应而进行了语码转换方面有显著差异，我们做了单因素方差分析，发现教育程度不同的受试在该变量上存在显著差异($F[2,1416]=4.327$, $p<0.05$)。Games-Howell 事后检验结果显示，硕士($MD=0.38$)、大学本科学历($MD=0.28$)的受试为避讳禁忌或表示礼貌而做出语码调整的比例显著高于专科学历的受试。这可能是因为:一方面，更高学历的受试知识储备更丰富，在语码选择上有更大的自由度，所以导致在选择该问题时出现显著差异。另一方面，学历高的受试更注重遵守社会规范，语言表达更得体。语言学专家认为人们不同的社会背景直接表现在他们说话的某些特征上。教育程度越高，他们越倾向使用标准语法和语言形式。尽管人们生活在同一个社会，说着同样的语言，人和人的话语仍然存在差异，语言形式会有所不同。究其原因，这是因为人们在社会阶层、年龄、性别、学历上的差异而分属不同的群体。基于这些因素的区别，语言的社会变量产生了，语码的选择间接传达着交际者的生活状态和价值观念。

表 3-39　顺应社会规约进行语码转换的动因的学历差异

	硕士 ($n=265$)		大学本科 ($n=1085$)		大学专科 ($n=50$)		$F[2,1416]$	Post Hoc (Games-Howell)	MD
顺应社会规约进行语码转换的动因	M	SD	M	SD	M	SD	4.327*	硕士＞专科	0.38*
	3.96	0.79	3.86	0.69	3.58	0.61		本科＞专科	0.28*

* $p<0.05$。

在特定的言语情景中，人的行为具有某种社会意义。人会在语境的作用下按社会规范行事。就语码转换而言，人们对语码的选择不完全是自主的(李经伟，2002)，会受到社会情景的作用和社会规范的制约。

三、基于心理需要的语码转换

语言是一个符号系统，它的使用与其他行为的互相依存，构成一个复杂的、多方面的过程，牵涉到社会、心理、生理的因素。这个符号系统是根据社会规约建立起来的，带有任意性，但它的具体使用是通过人的心理和神经系统而实现的

（桂诗春，1993）。赫尔德（Johann Gotfried Herder）指出，语言是心灵的自然禀赋，唯有语言才使人具有人性；语言与思维不可分离，民族精神与民族语言密切相关。帕默尔指出，语言是所有人类活动中最足以表现人的特点的，是打开人们心灵深处奥妙的钥匙（苗兴伟，2009：68－69）。要理解话语就必须了解说话人在特定的环境里使用话语来进行的活动。心理语言学家和语用学家也认为，必须结合语境才能真正理解话语的意图。

在网络交际中，运用语码转换还有一个重要的原因就是为了满足交际者的心理需要。语码转换不仅受到社会因素的制约，也受到个人心理因素的制约。双语者或多语者心理状态对语言的选择非常重要。关于语码转换的动因，心理学认为需要是动机的来源。

在社会交往中，对语言的偏见心理也左右着人们对语码的选择。语言是一种能动的产物，使用不同的语言或语言变体是人们社会心理的一种反映。语言本身并没有好坏优劣之分，英国语言学家赫德森（R. A. Hudson）曾说过："20 世纪语言学最牢靠的成就之一（起码在专业语言学家当中是这样）：破除了那种认为一些语言或方言本质上优于其他语言或方言的观念。"（赫德森，1990：244）可是在我们的现实社会中，人们会感受到语言的不平等，某种话"好听" "土""可笑"的说法几乎人人都听到过。其实，这样的观念并不是来自语言本身，而是对某种语言的心理态度的体现。语言在某种意义上是人们身份和地位的象征。

人们怀着不同的心理、语言态度去交际，就产生了使用语码转换的修辞动机。因为交际者的生活背景、职业、年龄、知识结构等不同，他们相互之间自然存在一定的心理距离，而这种心理距离可借助"语码转换"或扩大或缩小。各种语言符号都能体现语言使用者之间的亲密度关系。亲密度指谈话人之间的社会距离。亲密度越高，谈话双方的社会距离越小，关系越密切。在言语交际时，交际双方常常利用语码转换重新界定说话双方的亲疏关系。这种因心理动机引起的语码转换非常广泛。人们使用语码转换的动机是协商人际关系，无论是语言趋同还是语言偏离，都是说话者为自己求得有利位置，获得最终想要的东西的一种手段。Myers-Scotton 认为说话人对语言的选择不完全是自主的，他除了受外部因素的影响外，还受到内部因素的影响。例如从众心理（conformity），即与他人攀比，或者需要有效地与他人交往；另外，回避风险意识在某些时候会阻碍人们做适宜的选择，当人们感到某些话用母语表达起来有某种困难时，就改用另一种语言，以减轻因使用母语而造成的心理压力（Myers-Scotton，1998）。心理语言学研究语码转换的基本任务是帮助我们理解双语者在做出明显的语码转换行为时的大脑活动状态。通过分析语码转换的心理动因，可以理解说话者在语码转换过程中的思维过程，从而揭示他对这种语言现象的认知过程。无论是有意的语码转换还是无意的语码转换，都具有一定的社会功能和情感功能，同时还反映出人们对不同语言的态度和看法。

我们这份问卷将语码转换的动机归纳出三个因子，其中因子 3 共有 6 项观测变量，根据每个因子所测量的内容，并结合相关文献，可以确定因子 3 的名称为基于心理需要的语码转换。该因子涉及 6 个问题，即 q12、q15、q17、q19、q21、q23：

q12　之所以进行英汉语码转换，是为了练习、强化学到的英语知识，学以致用，从而提高英语水平。

q15　进行英汉语码转换，是为了显示或者表明自己，如展示自己的英文水平或者独特品味。

q17　使用语码转换，是追求一种时尚表达方式。

q19　为了活跃气氛、达到幽默效果，交替使用英语和汉语。

q21　因为对方用了不同的语码，为了缩小与对方的社会距离，显示共同性，增进感情，所以进行了语码转换。

q23　进行语码转换，以达到强调或者对照的效果。

我们对这 6 个问题的调查结果做了描述性统计分析（见表 3-40）。

表 3-40　　出于心理需要的语码转换情况

		频率	百分比	累积百分比
q12	非常不同意	92	6.5	6.5
	不同意	525	37.1	43.6
	不确定	426	30.1	73.7
	同意	332	23.5	97.2
	非常同意	41	2.8	100.0
q15	非常不同意	161	11.4	11.4
	不同意	725	51.2	62.6
	不确定	322	22.8	85.4
	同意	179	12.7	98.0
	非常同意	29	2.0	100.0

续表

		频率	百分比	累积百分比
q17	非常不同意	75	5.3	5.3
	不同意	475	33.6	38.9
	不确定	398	28.1	67.0
	同意	430	30.4	97.4
	非常同意	38	2.6	100.0
q19	非常不同意	17	1.2	1.2
	不同意	98	6.9	8.1
	不确定	261	18.4	26.5
	同意	828	58.5	85.0
	非常同意	212	15.0	100.0
q21	非常不同意	21	1.5	1.5
	不同意	195	13.8	15.3
	不确定	406	28.7	44.0
	同意	704	49.8	93.7
	非常同意	90	6.3	100.0
q23	非常不同意	15	1.1	1.1
	不同意	228	16.1	17.2
	不确定	494	34.9	52.1
	同意	582	41.1	93.2
	非常同意	97	6.8	100.0

表3-40清楚、真实地反映了1416位受试对6个问题的选择。其中，有接近或超过半数的受试同意或非常同意问题q19、q21、q23所表现的动因，即他们进行语码转换，有时是为了活跃气氛、达到幽默效果，或缩小与对方的社会距离，显示共同性，增进感情，有时是为了达到强调或者对照的效果。相比之下，只有14.7%的受试同意或非常同意语码转换跟展示自己的英文水平或独特品味有关联；26.3%的受试之所以进行英汉语码转换，是为了练习、强化学到的英语知识，学以致用，从而提高英语水平；33%的受试同意或非常同意他们使用语码转换是为了增加表达的时髦性。

如果我们把这个统计结果与前面动因 1、动因 2 进行比较,可以发现一个明显的差异:大多数受试者在出于语言现实或遵守社会规约而进行语码转换方面,意见较为统一,而由于心理原因转换语码方面,表现出层次不一。最鲜明的一个特点就是语码转换和英语的学习、使用之间的关系并不密切,大多数受试并不是抱着要检验自己的英语学习成果之目的来进行语码转换的。

(一)强化英语转换语码

关于语码转换的动因,心理学认为需要是动机的来源。满足交际者的心理需要是运用语码转换的一个重要原因。语码转换不仅受到社会因素的制约,也受到个人心理因素的制约。双语者或多语者心理状态对语言的选择非常重要。人们的心理变化通过使用语码转换完成,语码转换包含着感情方面的因素,所以促成语码转换的内在动机来源于人们的心理需要。尽管人们在职业、年龄、文化背景、知识层次各方面存在差异,但在交际时,人们通过语码转换来改变自身的言语习惯,主要不在于语言学的内在逻辑,而在于人的交际愿望。

问题 q12 提到,进行英汉语码转换,是为了练习、强化学到的英语知识,学以致用,从而提高英语水平。在中国,人们为了与世界更好地交流,全民学英语的热潮锐不可当。2013 年年底,搜狐网教育频道举行了两项网络调查:一是学生英语学习状况的家长调查,二是英语教育的成人民意调查。两项调查的问卷应答数量惊人,共有近 14 万网友参与问卷调查,折射出英语教育对于公众的重要影响力。根据调查数据进行粗略平均估算,被调查家长的孩子本学期英语学习时间所占比重约为 37%,英语学习的负荷明显畸重。同一调查数据估算结果显示,母语学习的时间占学习总时间的比重平均约为 32%,比英语学习的比重要低 5 个百分点。成人被调查者对英语学习时间的投入随着学业阶段的上升而提高,18.33%的成人被调查者表示大学里花费七成以上的学习时间来学习英语。

许多人将英语作为自己的第二语言,用汉语谈话时不免有英语词句的出现;与此同时,由于网络技术的发展,人们之间的交流更加方便,面向全民,具有时代性,在语言表达上英语也是现代语言的代表,所以出现汉英语码转换现象也是司空见惯。

我们的调查结果显示,只有 26.3%的受试是为了练习、强化学到的英语知识而进行英汉语码转换,这说明大部分网民并不是要学以致用,刻意地把所学的英语知识应用到网络交际中,而是出于其他动机,或是自发自主的一种转换。

其中,373 名同意或非常同意该动机的受试中,208 位是女性,比例高于男性,这些女性把所学的英语知识应用到网络交际中的内在动机比男生强烈得多。众所周知,无论是经验之谈还是研究结果,总的来说都认为女性的语言能力优于男性。麦科比和捷克林在《性别差异心理学》中认为男、女孩具有明显性别差异的一个主要方面是女孩较男孩的语言能力好(王佳宁等,2011)。能学好外语的人一般具备一种特殊的素质,这种素质就是人们学外语所需要的认知素质,即语言能力。这里语言能力专指语言学习的天赋能力,不包括智力、学习动机、兴趣等(王宗炎,1988)。女性的学生具有自身的语言优势、情感优势和艺术优势等,学习外语较容易,在英语语言能力上有着男性无法比拟的优势,具体如下:

(1)从生理上来讲,女性的发音与受音器官比男性的发育与成熟要早,使得女生擅长于言语听觉和口语表述,所以她们的言语表达能力与听觉感受能力均强于男生,英语听说成绩一般比男生好。此外,我们可以找到大脑解剖特征上的依据:女性大脑两侧半球都有言语代表区。女性两半球等能,特别是语言等能的情况比男性多见,某些语言介入右半球的机会比男性要多,所以女性在语言学习上具有生理上的先天优势。

(2)女性由于生性耐心细致,阅读能力发展较早,阅读兴趣强、速度快,难怪她们的英语阅读成绩,特别是客观题部分的成绩,一般说来往往好于男生。

(3)"从思维来看,女性心理感受性高,第一信号系统的活动占优势,她们喜欢用加工改造典型的形象或概括的形象来反映和揭示事物的本质。"(周刚毅,1997:75)因此,不难理解女性具有较强的书面表达能力,她们从小就形象思维发达,爱好写作。

无数的事例表明,女性的抽象逻辑思维并不逊色于男性,而且她们的形象思维能力比男性强。在第二语言——英语语言的学习上,不仅需要较好的形象思维,而且更需要有良好的抽象逻辑思维能力(特别表现在语法学习与阅读理解上),而女性恰恰具备了这两种思维样式。英语学习和记忆有着非常密切的关系,没有记忆,就无法丰富语言知识和将知识转换为技能。从理论到经验,从研究到实验都说明女性学生在外语学习方面的记忆力(包括理解记忆和机械记忆、短时记忆与长时记忆)比男生显著地强,而且女生在记忆活动的韧性方面也远强于男生。外语学习程序就是记忆程序。要学好英语就需要进行大量的记忆活动。女性擅长形象记忆、情感记忆、运动记忆,对周围事物和外界刺激比较敏感,女性无意识记忆或机械记忆也优于男性。

动机(motivation)是激励人去行动的内部动因和力量(包括个人的意图、愿望、心理冲突或企图达到的目的等),它是发动和维持行动的一种心理状态。外语学习动机表现为渴求外语学习的强烈愿望和求知欲。女性学习英语的主要目的是获取语言知识,培养应用英语进行交际的能力。她们能从英语学习和使用中感到满足和自信。在日常交际和网络交际中,有些女性为了练习、强化已学到的英语知识而进行英汉语码转换。

(二)显示、表明自我

问题q15提到,进行英汉语码转换,是为了显示或者表明自己,如展示自己的英文水平或者独特品味。有关调查发现,语码转换的使用频率与受教育程度成正比,与对发达国家了解的情况成正比;甚至不少人认为语码混用是身份的象征,是受过高等教育或者海归的标志,是能力、水平和阅历的体现。寇晓辉和潘超(2014)分析发现,语码转换主要集中在以下人群:(1)双重或多重语言区;(2)专业人士;(3)年轻人特别是对欧美及发达国家文化有一定了解的年轻人;(4)有出国经历,特别是发达国家出国经历人员;(5)西方流行文化爱好者。这些群体因为生活、教育和个人经历的原因,都有一定程度的对不同语码宗主国文化的了解和认同。

毋庸置疑,在虚拟的网络空间里,当人们不知道对方的外貌、受教育程度、社会地位等信息时,语言就成为了展现自我的方式。如今的大众传媒将世界各地的文化都传播到了中国,足不出户就可以看美国电影和电视剧,报纸、广播、电视、网络上处处都有英文节目。人们在潜移默化中接触西方文化的同时,思想受到冲击,观念也正在发生转变。过去,如果在交流时使用英文,往往会被认为崇洋媚外,而如今,这被年轻人认为是一种时尚,交际时喜爱插用一些英语表达方式,显得简明时尚、富有个性。在这种文化氛围内,人们通过网络英汉语码转换这种方式潜在地表达了对这种文化的认同和时尚的认同。网络英汉语码转换不遵循传统的语法规则,具有创造性、新奇、跳跃的特点,与年轻人追求新鲜和个性的特征相符合,大量网络语言变体的出现与流行赋予了每个人张扬个性、释放自我的空间。

不同语码的转换使用可以代表不同的地位,如果一个人能够熟练掌握两种或两种以上的语言,就会显示出自己比其他人受教育程度高,社会地位也相对较高。作为一名讲汉语的中国人,如果他会讲英语,自豪感会油然而生,认为会说英语是一种体面的事情。有些网民在使用英语进行语码转换时也会有这样的心理,他们可以借用英语向交际对方展示自己的修养,表示自己是时代的佼佼者。而有些网民用英语来彰显自己的留学背景、经历,或想通过用英语来拔高、提升自己的权威及其形象。语码转换频繁出现是“因为经济的发展状况和科技水平的高低直接影响人们对语码选择和转换”(许朝阳,1999:55),并且在主观动机上也造成了对某种语码的推崇和对其他语码的偏见。很显然,英语凭借英语国家在世界的地位凸显了它的优势地位,所以人们认为说英语就是有地位、有身份的表现,这样英汉语码转换的频繁使用就是情理之中的事情了。那么,具有这种心理的网民到底占多少比例?通过调查数据显示:只有14.7%的受试同意或非常同意语码转换与展示自己的英文水平或独特品味有关联,绝大多数的人是保持一个理性的语言心态，将汉英语码转换归结为一定程度的兴趣，而不是语言偏见的心态。

在某些场合，用某种语码的确比其他语码更合适，语码与所传递的内容是不可分的。不同的社会方言代表不同的社会地位，有些阶层的人认为自己所说的方言声望较低，因此在不同语境下，他们会使用特定的方言或方言的变体以获得别人的认可。与此同时，有些阶层的人认为自己所说的方言声望较高，在某些场合则不愿意改变这种方言或方言的变体以显示自己比在场其他人受教育程度高，社会地位也相对高。例如，在上海的百货商店你会发现70%的女性售货员都用沪语进行交谈，与顾客也是不太愿意主动地转换语码。这与沪语的社会地位有关系。沪语在上海地区官方地位颇高，上海广播电台、电视台都有专门的沪语新闻、文艺、市场行情、商品介绍等节目。市民见面寒暄能说沪语的都尽可能说沪语，包括外地在上海工作的人及高层文化圈都是如此，如高校、科研机构等，可见其民间优势也不低。这样，起主导作用的语言在它所流行的区域就产生其必要的社会声望，这种声望转化成本土市民的一种潜在的心理优势。女性特别看重这种优势，这反馈在女性售货员身上表现为不主动根据需要而转换语码。正如Trugill(1983)指出，妇女比男子具有更敏感的地位感，男子的社会地位可以用职业、收入或其他能力来衡量，而大部分妇女却不能这样。因此，对她们来说，可能更加需要在语言上和别的方面来表明和保障自己的社会地位，她们可能更强烈地意识到这类标志的重要性。

我们继续对这208位同意或非常同意该动因的受试做专业方面的独立样本T检验，结果显示(见表3-41)，专业不同，在是否出于显示与众不同或表明自己的个性而进行了语码转换方面有显著差异($t=1.388, df=76, p<0.05$)，人文专业(84)受试的得分显著高于理科专业的(124)受试($MD=0.22$)。这可能是因为人文社科专业的受试更乐于展示自己的风格，或对自己的英语水平更有把握，更自信地进行语码转换。

表3-41　　顺应心理进行语码转换的动因2的专业差异

	专业	N	$Mean$	SD	t	p
顺应心理进行语码转换的动因2	人文	84	4.25	0.56	1.388	0.009
	理工	124	4.03	0.33		

(三)追求时尚

问题q17提到，使用语码转换是出于增加表达的时髦性，追求一种时尚的表达方式。语码转换作为谈话策略之一，可以用来显示身份，表现语言优越感。交际活动体现在生活的方方面面，在交际中使用语码转换可以体现交际者的社会地位，以及他们之间的对等关系。英语是强势语言，有很多人认为会说一口流利的英语，可以表现一个人品味高、学历高，所以在谈话中会夹杂英语以完善自身的交际活动。由于对英语的关注，使人们将说英语视为时尚品味的象征，日常工作和生活中常说的真“cool”、太“perfect”了、已经“out”了等，在“从众心理”的驱使下，大家会彼此影响追随、效仿，这在言语活动中日益普遍。例如，在交际中，“Hi，亲爱的！放心，我这里一切OK。你呢就负责打扮得漂漂亮亮的”这样的对话屡见不鲜。语言表达不能落伍，为追求时尚感，话语中常见这样的英语表达。工作场景中，“十分钟后到总部开会！over。”“Yes，Madam！”的例子也很平常，汉英夹杂无形中提升了交际者的形象和职业素质。

能够在不同社会场景恰当地选择不同语码、进行语码转换，交流相互间的各种信息，沟通彼此间的感情，是适应现代化生活的重要因素。如果人们能熟练地掌握两种甚至更多语言，就会显示出比别人具有更高的文化修养，有明显的优越性。经济的发展状况和科技水平的高低也直接影响到人们对于语码的选择和转换，并且在心理上造成对某些语码的偏见和对另一些语码的推崇。现在，语言已成为人们适应现代社会，提升自我地位的重要筹码。在日常生活中，中英文夹杂的话语常常被认为是“时髦”的表现。当然，也有人说话时不断地转换语码，炫耀自己懂好几门语言。对于掌握了多种语码尤其是多种不同语言的人来说，总希望有机会展示其会在好几种语码之间进行转换。如果一个人始终都讲方言，人们很容易把他和较低的教育状况联系在一起，懂一些英语似乎成了时尚的标志，连最简单的英语都不懂就会被认为没文化。这种做法固然不可取，但是也反映了说话人希望得到别人的接受、认可，追求成就感和能力的认可。这种炫耀性语码转换会使说话人显得有分量或觉得自己有分量。

为了进一步了解不同性别、专业、教育背景和年龄的网民在是否出于追求时尚的表达方式而进行了语码转换方面有显著差异，我们分别做了独立样本T检验和单因素方差分析，发现年龄不同的受试在该变量上存在显著差异($F[4,1410]=3.214, p<0.05$)。Bonferroni事后检验结果显示，19～24岁年龄段的受试($MD=0.33$)为增加表达的时髦性而做出语码调整的比例显著高于35～49岁的受试。这可能是因为19～24岁年龄段的受试，大多是有一定英语基础、并且经常会用到英语的学生群体，追求时尚和个性表达是他们的本性使然。相比之下，35～49岁的群体脱离英语环境的时间较长，除非是职业需要，一般很少会娴熟地进行英汉语码的切换。对他们这个年龄层来讲，要在两种语言同时被激活的状态下最终提取其中一种语言，确实很有难度。

表 3-42　顺应心理进行语码转换的动因 3 的年龄差异

	19～24 岁 (n=1044)		35～49 岁 (n=146)		$F[4,1070]$	Post Hoc (Games-Howell)	MD
顺应心理进行语码转换的动因 3	M	SD	M	SD	3.214*	19～24>35～49	0.33*
	2.95	0.97	2.61	0.90			

* $p<0.05$。

(四)活跃气氛、制造幽默

问题 q19 提出，为了活跃气氛、达到幽默效果，交际者会交替使用英语和汉语。制造幽默是语码转换众多交际效果中的一种，有意识地使用语码转换可以获得某种特殊的效果，如调侃、诙谐或讽刺等。幽默的语言能活跃气氛，可以迎合受众追求轻松、愉快的心理。社会语言学和人类学的研究表明语码转换可以通过三个方面产生幽默。第一，语码转换是笑话正在进行的信号；第二，转换本身可能变为幽默的对象；第三，大家认为转过去的语码有趣可笑。（赵一农，2002:53）我国传统的相声、小品正是运用有标记语码转换的幽默功能来达到其娱乐效果。相声、小品往往通过选择有标记语码，或采取夸张的语言和动作，或借悖境即语言和人物身份、情景不和谐的现象来创造幽默，使人们体味到语言的新颖别致和幽默风趣。

在许多文化里，非正式语码更适合于开玩笑，最容易被用来开玩笑的是那些方言和社会地位低的方言变体，方言甚至成为一些人物特征的固定模式。而英语中也有这样典型的例子，如常用的省略方法"bla，bla"，适时地出现在汉语交际语篇中，能增加语言的幽默感，创造出良好的交流氛围。一般的言语交际，语言形式需要与特定的语境保持一致，也就是说，语言形式应该与特定的场合、时间、对象、地点及上下文等因素相适应。只有当语言形式与语境一致时，语言所表达的效果才能和谐得体。但是，有时为了达到一定的语用目的，人们可以运用悖境。具体地说，就是有意违犯常规，通过看似荒唐离奇的言语表达，造成话语与语境的相悖、不和谐，这种不和谐往往会使读者在粗略一看、听者无意一听的时候感到怪异滑稽、不可思议，但很快就会使人们茅塞顿开之后、在"不伦不类"中体味到语言的新颖别致、幽默风趣。

在通常的交际情景中，说话者总是倾向于使用直接明了的表达方式，兼顾对听话者接受能力的预测，使其以最小的认知努力建立双边信息的最佳关联，达到自己的预期语境效果。但有时为了创造幽默的交际效果，却有意打破了常规，别出心裁地运用了语码转换的策略。幽默是一种较特殊的人际交流方式，幽默语码转换的生成就是利用了人们对这种交流方式的识别，实际上就是言语交际者的一方故意使受众在认知语境中经历了一个从合理期待，到对这种期待的出乎意料地被打破、被更新或者另一期待被激活而震撼失落，再到恍然大悟合乎情理的平衡和愉悦的体验过程，听话者往往需要付出额外的努力才能获得最佳关联，但这种努力是以获得幽默作为回报的。幽默语码转换的理解过程是一个寻找关联性的、从语义推理到语用推理的连续过程，语码转换表面的不和谐、不关联诱发接受者超越内部信息和字面含义到外部去检索相关信息，推导出发话人的真正用意。在经过受话人的信息处理获取足够的语境效果后，才领悟到交际主体的交际策略，达到了交际的目的。这看似简单，但却是暗流涌动的复杂过程。

每种语言里都有很多形象生动的表达方式，有时候在交际中，在汉语里夹杂英语，或普通话中混用方言的特殊表现形式，会达到一种生动形象、活泼逼真的效果，营造一种独特的风味。

为了进一步了解不同性别、专业的网民在是否出于活跃气氛、追求幽默而进行了语码转换方面有显著差异，我们做了独立样本检验。女性曾一度被认为是没有幽默感和缺乏价值合作原则的群体。众多文学作品塑造的女性多数无幽默感，谈话中极少流露出幽默的言语。Lakoff (1973)中认为女性是不讲笑话的。虽然这个观点颇受争议，并且最终被推翻，但是这篇文章首次将语言和幽默的研究拓展到性别领域，引发学者们对幽默与性别研究的关注。1995 年，Hay 的文章《性别与幽默：不仅仅是笑话》打破传统的对静止的书面幽默的研究，把动态的、生活中的幽默言语与性别研究结合起来，极大地激发语言学界对幽默与性别研究的热情（贾艳丽，2005）。尤其在 2006 年，《语用学》（*Journal of Pragmatics*）第 38 期为幽默与性别研究提供了新视角，将言语幽默和性别结合起来在语用学的框架下研究。此特刊中的文章不仅仅把性别看作是影响幽默的一个范畴，而且探讨了性别在不同幽默情景中的相对作用（杨芳，2009）。性别的不同会导致言语行为的不同，男性和女性在言语幽默的使用上可能存在一定的倾向性的差异。我们所做的独立样本 T 检验结果则显示，不同性别、专业的网民对为了达到幽默而转换语码方面并没有显著差异（$t=1.005, df=265, p>0.05$）。

（五）协商人际关系

语言是一种能动的产物，不同的语言或语言变体的使用是人们社会心理的一种反映。由于交际双方所处的环境（语言环境、社会环境、文化环境和地理环境等）、职业、知识结构等不同，他们之间自然存在一定的心理距离，因而语码转换具有一定的情感功能。问卷中的问题 q21 是关于在交际中，对方用了不同的语码，为了缩小与对方的社会距离，显示共同性，增进感情，从而进行了语码转换。语码转换在句法层次上遵循一些规则，同时不应忽视社会文化和心理因素在语码转换中的积极作用。正如Bentahila和Davies的论述："寻求具有普遍适应性的规约之所以没有成功，在于这种研究几乎只注意了语码转换的句法层面，把语码转换看成了纯粹的结构现象，而没有把它放进社会文化和心理语境中去。"（何自然、于国栋，2001：91）语码转换不仅把语言环境和社会文化环境结合起来，它还对应着不同语码在交际者的认知结构中的文化不同。这一言语策略具有文化功能，它可以改变社会文化场景以确立新的交谈性质；同时，在交谈过程中，语码转换也反映出说话者的心理以及人们对某种语言或变体所持的态度。语码转换是对人际关系的一种协商，同时利用语码转换还能对人的心理需要进行满足，主要有归属和爱的需要以及尊重需要。人们有意识或无意识地使用语码转换也是为了协调和谐的人际关系的需要。

Gregory和Carroll认为"语言不仅仅用来指称事物或表达思想，还能传递谈话者之间关系的信息"（席红梅，2006：134）。人是一种社会动物，每个人都有与他人进行交流、保持往来的愿望。每个人都有希望和他人接触、来往、相处并建立友好协作关系的内心需求。在这个世界上，我们每个人都有归属和爱的需要，"心理学认为引导行为是主体趋向目的的内驱力，需要则是动机的心理来源，归属和爱的需要是人的基本需要，这种现象多发生在陌生人之间的交往。陌生人通过试探性语码转换来找出大家的共聚量，确立'群体内成员关系'（in-group membership）。社会心理学的'相似性吸引'研究表明，增加相似点，减少不同点，有助于人们得到别人的好评和社会的接受"（甄丽红，2004：79）。当不相识的人通过询问、听对方的口音、对方的自我介绍等方式得知对方的身份后，多半会从交际语转换到另一种语码。他们的语码转换实际是在表示对某个群体的亲和（affiliation）。在特定的交际环境中，说话者可向听话者的语码靠拢，表示自己的亲和，在两人之间建立共聚量（solidarity），减少自己在达到目的的过程中可能遇到的障碍。这是赞同或讨好谈话对方的一种心理体现，这种心理越强，语言向对方靠拢的倾向性就越强。人与人之间交谈时进行语码转换实际上就是对人亲和的表现，寻找彼此之间的共聚量，相互之间表示亲和。每一个人都希望找到归属感和爱的需要，大家会自然而然地愿意与别人亲近。网民作为特殊的社会群体，同样也有这种需要，网络语言活泼灵活的特点和网络媒体的属性使网民愿意用语码转换的形式来拉近与别人的关系，表现自己的亲和力，试图缩短心理距离，实际上就是将自己归属于对方的群体，以便更好地与对方交流沟通。

王德春等（1995）认为交际者的感情、态度等主观因素与社会语境的诸项客观特征交互作用，共同制约着实际言语交际中言语的建构和理解。言语的选择主要取决于语言使用者对语境的认知和意愿。因此，语码选择并不完全是由社会规则所决定的，交际双方为满足自身主体意识的需要也会进行语码转换。

社会心理学的“相似性吸引”研究很好地诠释了人们在交谈的时候会寻找彼此之间的共聚量，相互之间表示亲和。例如，使用某一种语言的社会集团对自己的母语或方言都有着强烈的感情。在这一社会集团外部，母语或方言经常会是他们联系感情、表达相互亲和力的纽带。如一个学生与自己老师聊天时，得知老师是老乡之后，立即改用家乡话介绍自己，并用家乡话和这位老师聊了起来。这里这位学生之所以突然转换语码是受自己内在的亲和意识的影响，表示亲和，拉近他和老师之间的感情和关系，以便更好地沟通。

在另外一种情况下，说话者也可以选择背离对方的语码。语码转换不仅具有拉拢的动机，同样也可以疏远交流者的心理距离。这就是语码转换的偏离动机。语言偏离是指使自己的语言或语体变得与谈话对象的语言或语体不同，表示自己具有权势或自己不愿向对方的权势靠拢，让对方尊重自己。语码转换可作为一种交际策略，在特定关系下选择使用语码转换，可以有意偏离交际习惯，进而改变施话人与受话人的社会关系。说话者选择不同的语言或进行不同的语码转换时，是能够传递人际角色关系的疏密信息。

可以说，语码的选择与转换受说话人的临场心理控制。人们使用语码转换的动机是协商人际关系，即使是语言偏离，也不一定都是消极的，偏离有时能成为突出本民族文化的强有力的工具。

针对问题 q21，我们进一步做统计分析。首先，我们想知道是否女性比男性受试更注重语言的表达，为显示共同性，增进感情而进行了语码转换，因此做了性别方面的独立样本检验。结果显示(见表 3-43)，性别不同，在是否为了缩小与对方的社会距离和心理距离而转换语码方面，其差异有显著性意义($t=-2.629$，$df=79$，$p<0.05$)。男性(631)受试的得分显著低于女性(785)受试($MD=-0.25$)。可见，女性对语码的选择更敏感。不管是有意还是无意识，她们对语言(包括语言变体)的关注要比男性多。

表 3-43　　顺应心理进行语码转换的动因 5 的性别差异

	性别	*N*	*Mean*	*SD*	*t*	*p*
顺应社会规约进行语码转换的动因 5	男性	631	3.26	0.89	−2.629	0.009
	女性	785	3.51	0.82		

对女性来说，谈论什么话题并不十分重要，重要的是谈论本身。通过交谈，她们试图建立和加强与对方的感情，发展友谊。女性朋友在谈话时更注重感情的交流，享受谈话的愉悦。女性为了维护相互之间的关系，往往表现出宽容和理解。语言作为社会现实的一面镜子，反映了决定男女语言使用的社会因素。社

会权力结构的分布、男女劳动分工的不同以及其他的一些社会因素导致了男女语言风格上的差异。社会心理学家和行为语言学家的研究表明,一个人的成长环境对其行为模式有很大的影响。男女行为方式上的差异在语言上表现为话语风格上的差异。不管是男孩还是女孩,在他们成长过程的主要阶段,各自都有一定的交际范围和活动内容,异性间的交往相对较少。通常,女孩子的交往范围较小,但相对固定。她们年龄相仿,同伴之间的关系是平等而密切的。她们的活动讲究合作,不分上下级。可以说,女孩们在很大程度上是通过交谈而建立友谊的。因此,为了巩固友谊,获得朋友的信任,女孩子就需要学会在交谈时尊重他人的讲话权,善于听取他人意见。即使意见相左,女孩子也倾向于使用婉转的方法,以间接方式提出。由于各自完全不同的亚文化环境,成长中的男女在习得语言与交际的同时,也分别习得了迥然有别的话语风格,并将其保持到成年以后,终生难以改变男女两性在言语交际中的风格差异是客观事实。造成这些差异的原因有很多,诸如两性固有的生理和心理特征、受教育程度以及社会交往方式等,但根本原因是在传统的主流文化下逐渐形成的性别文化。

语码转换具有很高的语境暗示价值。通过转换语码,交际者可以重新定义语境,构建新的交际关系,从而达到预期的交际目的。在网络交际中,较之男性,女性更有可能根据对方的语码而做出相应的决定、选择语码,以此增加亲近感,显示共同性,协调彼此关系。

我们继续对受试做专业方面的独立样本 T 检验,结果显示(见表 3-44),专业不同,在是否出于显示共同性,增进感情而进行了语码转换方面有显著差异($t=3.329, df=92, p<0.05$),人文专业(635)受试的得分显著高于理科专业的(761)受试($MD=0.28$)。这可能是性别差异的一个延续,因为78%的人文社科专业的受试是女性,她们对语码更敏感,会根据对方的语码而调整自己的语码。

表 3-44　　顺应心理进行语码转换的动因 5 的专业差异

	专业	*N*	*Mean*	*SD*	*t*	*p*
顺应社会规约进行语码转换的动因 5	人文	635	3.55	0.84	3.329	0.001
	理工	761	3.27	0.87		

(六)强调、对照

语码转换有时是有意识的,有时是无意识的。那么人们为什么自觉或不自觉地在谈话中改变语码呢?祝畹瑾(1994)认为有三种原因促使人们进行语码转换:第一,言谈时想不起或缺少适当的表达法;第二,不想让在场的其他人知道交谈内容;第三,为了突出某些话语。

在同一语篇中，同一观点或信息同时用中英(外)文两种语言陈述，可以起到突出或进一步说明的作用。问卷设置的问题 q23 是有关进行语码转换，以达到强调或者对照的效果。双语者或多语者在具体的社会言语的交往中，有时进行语码选择和转换，其目的是为了强调、突出或说明某个问题或事情。一般而言，只有在双方可以理解和熟悉交谈中的语言并能懂得其中的语码转换时，语码选择和转换才会发生。由于文化的差异，某些英文在西方的文化传统中具有特殊的含义，能够表达特定的意义。如在遇到意外事件时，表示惊讶、赞叹、愤怒等情感时，常会说“Oh, my God!”等，可以从某种程度上达到加强语气或是渲染气氛的作用。在汉语语篇中，其他语言语码的使用能起到强调的作用。此外，当一个意思用汉语表达之后，说话人可能觉得还没能使想要表达的意思足够突出，继后会使用另一种语码重复它。有时候，为了表达和强调自己的情感，说话人也会用另一种语言进行重复。两种语言传递同一信息或陈述同一观点，或换用另一种语言进行叙述，确实有强调的作用。

在网络语篇中，可以时常看到以下的对话片段，为了突出强调某些信息，网民会采用语码转换的方式，适时转用英语形式加以表达。例如：

A：到底要写多少字啊？

B：你真不知道啊？听好了，要写，要写 two thousand！可不是 two hundred。

A：Oh, my God！这么多呀！

这例语篇中，语码转换成为一种有效的“强调”标记，英语部分所传递的信息突出鲜明，这或许比单语的音律特征(prosodic features)更为显著，原因就在于其显著的语码对比是会话中最为引人注意的语篇标记(Auer，1998)。这种运用语码转换表达强调的语用方式，若运用恰当，还可为会话增添一种“别致感”，使会话显得别有情趣。英语和汉语是两种截然不同的语言体系，一个表音，一个表意。当两种截然相异的语码并置时，这种鲜明的对比本身就可能产生一种较强的视觉/听觉冲击或语用效果：不同寻常，新异别致，引人注意。用两种语言传递、陈述同一观点或信息，更能达到强调的效果。

语码转换是言语变异现象，理解和接受语码转换离不开推理。交际者使用语码转换可以达到引人关注的目的，可以加强语气，增强表达效果。在语码转换过程中，在正常情况下仅用于一种情景的变体被用于另外一种不同的情景可以创造出另一种气氛，达到引起注意或强调的目的。例如，一位上课时使用普通话讲课的老师突然用当地方言说了一句话，这种语码转换实际上是为了活跃气氛而开的一个玩笑，并且很好地调动了学生的专注力。

针对问题 q23，我们进一步做统计分析，检测是否专业不同，在出于强调或对照的目的而进行了语码转换方面有显著差异，因此对受试做了这方面的独立样本 T 检验。结果显示(见表 3-45)，($t=-2.428,df=76,p<0.05$)，理科专业(761)受试的得分显著高于人文专业(635)受试($MD=-0.38$)。

表 3-45　　顺应心理进行语码转换的动因 6 的专业差异

	专业	*N*	*Mean*	*SD*	*t*	*p*
顺应心理进行语码转换的动因 6	人文	635	3.30	0.89	−2.428	0.001
	理工	761	3.68	0.84		

(七)动因 3 小结

人际言语交际是在特定的社会心理环境中进行的，因此，结合心理语言学和社会语言学的优势，从社会心理的综合角度看待语言问题，有助于我们更全面地了解言语交际。语言和心理之间有着紧密的关系，任何言语行为都会涉及当事人的心理动机。在交际活动中，交际者的心理制约着交际活动的方式和效果，这种制约产生了修辞动机，可以说没有心理活动是不可能产生修辞活动的，心理活动影响言语行为。因此，我们在分析言语交际时，一方面可以从语言的选择推知话语者的心理动因；另一方面，心理活动在特定的情景语境中可以通过语码转换得以展现。

语码转换作为一种以人为实践主体的言语调节现象和社会现象，其产生的动机受到话语主体意识的制约，是话语主体者社会心理在语言使用上的反映，它可能是多种语境重叠的产物，具有情感表达功能。人类的心理需要在语码转换中体现出来，但这并不等于说人类的心理需要决定人类要进行语码转换活动。而且，一项行为通常是由混合的需要引起的，只不过其中一些需要比其他需要表现得更突出而已。上文讨论的这几点心理需要在语码转换中的体现并不完全等同于人们所有的心理需要，决定人们要进行语码转换活动的通常是由很多活动综合引起，多种因素错综复杂地联系在一起，互相影响、互相作用。语码转换是一种复杂的社会心理语言现象，为达到更好的交际效果，网民通常会自觉地调整语言活动，从而出现语码转换现象。心理动机关乎情景型语码转换和喻意型语码转换、无标记语码选择、有标记语码选择和试探性语码选择、靠拢和偏离、委婉语、限制受话人、幽默、时尚、软化语气、强调和对比、文化缓冲、内部团结和身份显示等。说话人在某一特定场合使用某种语码而非另一种语码，是受上述几种心理动机的影响，需要指出的是，这些社会心理动机在语码转换中体现出来，并不等于说这些心理动机决定说话人去进行语码转换活动。语言行为的产生通常是由许多不同的动机引起的，只是其中有些动机表现得更为突出罢了。因此，我们在从社会心理角度来解释语码转换现象的同时，也不要忽视语码转换的其他因素。

第五节 语码转换动机小结

语言是一个复杂的现象、动态的过程和开放的体系，它包括语言使用过程中的语言、认知、文化和心理等方面的种种因素，它既是语码适应语境和语境适应语言成分的双向、动态的过程，也是一个策略性的选择过程。交际者不仅要操纵不同的语言，还要兼顾不同的认同模式、文化体系和处世原则。每种文化都有其独特的、有别于其他文化的核心价值观，维系和传承着其文化的发展，跨语言间的有效语码转换要求说话者和受话者同时通达词义以及依附于词语的文化内涵和价值观。换言之，跨文化人际间的有效交流不仅取决于个体的语言能力和语言适应性，也有其个人心理和社会文化的因素制约。

语言具有无穷的魅力，而语码转换一定程度上突出了语言的这种魅力，并出于一定的目的达到其特殊的交际效果。语码转换是语言文化接触和跨文化交际中的一种普遍现象，它是说话者对语言的一种能动的理性选择。对不同语码的选择体现了说话者不同的意图和目的，反映了其社会心理动机。一般而言，说话者的动机是选择语码和进行语码转换时需要考虑的重要因素之一。个体的人在语境的作用下会考虑到社会因素而进行语码转换，以达到表达交流的目的。所以人们在交流中，就会遇到必须选择一种恰当的语码的情况，即人们对语码的选择会受到社会因素这个外在动机的影响。同时，在言语交际过程中，说话者语码的选择和转换并不完全是由社会因素所决定的；交际双方为满足自身的主观动机的需要也会进行相应的语码转换。王德春等(2000)认为交际者的感情、态度等主观因素与社会语境的诸项客观特征相互作用，共同制约着实际言语交际中言语的建构和理解。因此，交际者的主观动机对语码转换的产生和使用都有极其重大的作用。这样看来，语码转换作为一种以人为实践主体的语言和社会现象，其产生的动机受到了社会规则以及话语主体意识等双重制约，两者相互影响，缺一不可。说话人对语言的选择不完全是自主的，受到外部和内部因素的多重影响。可以说，形成语码转换的因素比较复杂、难以捉摸，有语意方面的，也有心理和社会方面的。语码转换的原因无论是情感性地使用语言(using language expressively)，还是信息性地使用语言(using language informatively)，不论其中的转换是有意识的还是下意识的，也不论是出于语言内部的原因还是出于语言外部的原因，都是为了双方能够沟通的目的，实现自己的交际意图的一种交际策略。

美国社会语言学家 Fishman (1965)研究发现，双语使用者的语言选择往往由说话者自身之外的因素所决定，如参与者、交际情景及交际话题，并不是一种任意的、随心所欲的行为。研究者们还发现，在双语（bilingualism）、双言（diglossia）或多语（multilingualism）语言（或言语）共同体中，人们在相互交往中选用语码、进行语码转换是极为普遍的社会语言现象。但造成转换的原因不是随意的，是由民族或种族、社会地位、人际关系、文化背景、活动性质等固定而对应的种种因素决定的。

在现实的社交情境中，人们选择一种语码，避免另一种语码，或从一种变体转向另一种变体，本身就是言语交际的一个部分或一种形式，自然也是一种社会行为。语码转换作为一种交际策略，具有多种语言与社会功能，帮助交际者实现一定的语用目的。语码转换是双语或多语者的社会语言工具，它可以保持交际渠道畅通，同时也是扩充语言交际的手段。在交际中，转换语码不仅不会妨碍交流，反而能消除交际中的障碍和隔阂，使谈话继续进行，这有助于增强交际者的信心，克服焦虑感并获得更多语言输入。交际者为适应对方语言能力的不足或在自己表述遇到困难时进行语码转换，可以营造交际氛围，保障交谈顺利、有效地进行。

综观以上三种动机，可以说语码转换是言语主体为满足表达需要对语码选择的结果，是交际者为了适应语境、语言结构、心理现实所做出的动态性调整，是言语主体传递意图的一种交际策略。在具体的语码转换中，顺应语言现实、社会规约、心理动机也不是泾渭分明，有时可能是对其中一种或多种因素的顺应。在网络语篇中，语码转换作为一种有效的交际策略，实现着对诸多主观和客观因素的顺应，体现着强大的交际功能。我们尝试将语言的顺应性分析具体化于语码转换之上，将顺应论思想个性化于网络交际中语码转换现象的研究，不仅验证了语言顺应论的理论有效性，也为语言顺应论用于语码转换这一研究领域提供了参考。

为了更全面地了解网络交际中语码转换的动机，使问卷标准化，以便更好地处理数据，我们除了在问卷中设置 12 个固定问题和选项，列出了语码转换可能使用的原因之外，还设计了一个开放式问题，希望受试能够根据个人的实际情况提供答案。我们鼓励被调查人对相关的问题做出评论，但对所评论内容不做评判。这样，受试可以有很大的自由度，无拘束地表达自己的看法。我们可以从中了解他们的思想，以获得相对于定量数据更加丰富的信息。但同时，我们也看到，受试在问卷上回答开放式问题时会受到时间和环境等因素的限制，其效度会受到影响。而且，答案主观性强，获得的数据个性化强，很难从中找出规律性的东西。

和问卷中所涉选项接近或类似的观点在此不再赘述，仅对有亮点的答案略加总结。有的受试认为语码转换很有趣，可以娱乐心情，拉近彼此的距离。有些语码转换在网络中很流行，所以会不自觉地使用。有时是出于主题需要，情境使然，在比较正式的场合下，使用另一种语言的学术词汇，消除歧义，表达更高级、更准确。有的语码转换表达感情更准确、更强烈，符合当今年轻人追求新奇的心理需要。也有受试认为语码转换能更好地促进个人的发展与进步，适应社会潮流。

第六节　对网络交际中语码转换的态度调查

在实际交际中，交际者会有意无意地将自己的感情、态度等等主观因素加入或投射进来，并与社会语境的各项客观特征相互作用，共同制约着实际言语交际中言语的建构和理解。语码转换有时是有意识的，有时是无意识的，无论是有意识或是无意识，众多研究都承认语码转换是交谈性质改变的一种标志。语码转换的总目的可以典型地解释为交谈的重新定性（Myers-Scotton，1998）。同时，语码转换也反映人们的社会心理及对某种语言或变体所持的态度。

态度是“对待任何的人、观念或事物的一种心理倾向”（克特・W・巴克，1984：243），是个体对人和事的一种稳定的行为倾向。语言态度是态度中的一种，是在社会认同、情感等因素的影响下，对一种语言的社会价值所形成的认识和评价，是“指个人对某种语言或方言的价值评价和行为倾向”（游汝杰、邹嘉彦，2004：83）。语言态度、语言能力和语言使用紧密相连，三者存在互动关系，如图3-3所示：

语言态度 ⇄（影响 / 体现、改变）语言使用 ⇄（影响 / 影响）语言能力

图3-3　语言态度、语言能力和语言使用的互动关系

语言态度、语言使用和语言能力相互影响：语言态度影响语言使用，并且通过语言使用来体现；语言使用是语言的生命力，对语言能力有决定性影响；语言能力转而影响语言的频率，并通过语言使用的效果改变人们的语言态度。从共时的层面很难断定到底是谁先影响了谁，只能看到它们之间互为因果的互动关系。

语码转换不仅和语言知识及交际技巧有关，也涉及文化意识和态度。从理论上说，说话者的语言态度必然会影响说话者选择何种语言作为交际用语。对

它的研究，可以揭示很多语言现象产生、存在以及变化的原因。这对于语言规划和语言政策的制定都有着十分重要的意义。语言态度在一定程度上制约人们对某些语言符号的学习、选择和使用，制约人们在不同的语言环境中对语言变项的选择应用。

语言从来都属于社会而非个人，一定阶段的语言面貌总是此一时期社会生活的集中折射，或者说社会和语言是共变的关系。例如，英语这种国际影响很大的语言，在中国国人的生活中起着越来越重要的作用，升学考试、求职就业中，英语水平都是一个很重要的衡量因素，在我国学习英语也被描述为一股“热潮”，巨大的人力、物力被投入到英语教育中。日常生活、网络交际中穿插使用英语的现象也屡见不鲜。但是，人们对于使用英汉语码转换的态度如何，接受度如何，语码转换在人们的生活、特别是网络交际中的渗透如何，这些问题尚少有探究。通过社会语言学的观察视野，我们可以选择某一特定的语言文化背景，考察科学技术、社会发展对于言语行为的影响，可以观察代表了互联网主流文化的英语语言对其他民族语言所产生的渗透现象与异化作用。

语言态度显现了人们对不同语言和语言变体的认识和选择，显现了某些社会群体对持某一语言或语言变体群体的社会地位、人品特征、整体形象的判断，也能由此看到某些社会群体成员自身的价值观念和心理特征。语言态度可以分为感情方面的和理智方面的态度(陈松岑，1985)。感情方面的态度是指说话人或听话人在说到、听到某一语言时引起的情绪、感情上的感受和反应。它常常是十分自然甚至是不自觉地、下意识地出现的。这类态度，往往密切联系于说话人或听话人从小成长的语言环境、文化传统。理智方面的语言态度指的是说话人或听话人对特定语言的实用价值和社会地位的理性评价。

为了了解人们对网络交际中语码转换持有何种态度，我们设计了5个问题(q24～q28)，并通过SPSS对数据进行分析。

表3-46　对语码转换态度的调查

		频率	百分比	累积百分比
q24	非常不同意	15	1.1	1.1
	不同意	86	6.1	7.2
	不确定	320	22.6	29.8
	同意	854	60.3	90.1
	非常同意	141	9.9	100.0

续表

		频率	百分比	累积百分比
q25	非常不同意	99	7.0	7.0
	不同意	528	37.3	44.3
	不确定	335	23.7	68.0
	同意	353	24.9	92.9
	非常同意	101	7.1	100.0
q26	非常不同意	15	1.1	1.4
	不同意	118	8.3	9.4
	不确定	362	25.6	35.0
	同意	845	59.7	94.7
	非常同意	76	5.3	100.0
q27	非常不同意	212	15.0	15.0
	不同意	889	62.8	77.8
	不确定	225	15.9	93.7
	同意	75	5.3	99.0
	非常同意	15	1.0	100.0
q28	非常不同意	84	5.9	5.9
	不同意	566	40.0	45.9
	不确定	505	35.7	81.6
	同意	242	17.1	98.7
	非常同意	18	1.3	100.0

调查显示，针对问题 q24，70.2 %的受试(即 995 名)认为网络交际中的汉英语码转换很好，可以为网络冲浪带来很多乐趣。这 995 名受试男女比例相当，分别是 43.4%(男性)、56.6%(女性)，专业背景无显著性差异，人文和理工专业的受试分别为 46.3%、52.9%。

针对问题 q26，65.0%的受试认为在 BBS、Email、网络聊天中夹杂英语单词、词组或句子，为传统汉语表达添加了新元素，丰富了语言的使用，有利于沟通，避免歧义，提高交际效果。这 920 位受试男女比例分别是 43.6%(男性)、56.4%(女性)，专业背景无显著性差异，人文和理工专业的受试分别为

46.2%、52.9%。

这两道题目的设置可以反映出群体对语码转换是否持积极的态度。相反，问题 q25 和 q27 是调查受试是否对语码转换持消极态度。其中，32.0%的受试认为诸如“今天的天气很 sunny”这样的英汉语码转换很别扭，简直是语言污染，中不中、洋不洋，破坏了汉语的纯洁性。为了进一步了解性别不同，是否对网络交际中语码转换的态度有显著差异，我们做了独立样本 T 检验。结果显示（表 3-47），性别不同，在是否认为英汉语码转换很别扭、破坏了汉语的纯洁性方面有显著差异（$t=2.636$，$df=85$，$p<0.05$），男性（631）受试的得分显著高于女性（785）受试（$MD=0.19$）。这可能是因为较之男性，女性表现出更多的语码选择，对语码转换的认知感受更为全面、细腻、深刻，语码转换的频率也高于男性。这也是女性使用多种语码进行转换、语言能力强的表现。此外，受到影视文化的影响以及学习英语的需要，女性进行英汉语码转换的情况更多，有时会使语言表达更为清晰。这个统计结果在一定程度上也证明了“性别/地位模式（Sex/Prestige Pattern）假说”，女性较男性更有地位意识 Hudson，2000：193）。英语在社会中的地位较高，全民学英语的热情高涨，较高的英语水平往往与好的职业、较高的收入和地位相联系。女性在这方面更为敏感，从而对英语有更强的认同感，对交际中的语码转换更包容。

表 3-47　　对语码转换显示为消极态度 1 的性别差异

	性别	*N*	*Mean*	*SD*	*t*	*p*
消极态度 1	男	631	3.01	1.66	2.636	0.008
	女	785	2.82	1.06		

不可否认，在日常生活、网络交际中，汉语仍然处于绝对主导的地位。人们在本国语言有相应的表达法而且对此表达法熟悉时，仍不习惯换用另一种语言。一般来讲，我们只有表达某种特定的概念时，或者为了使表达更方便、意思更贴切才使用语码转换。那么，是否所有受试都认可语码转换在网络交际中的作用呢？通过问卷中的第 27 题，我们看到，仅有 6.3%的调查对象认为网络交际中进行语码转换对沟通一点帮助都没有。我们进一步做了专业方面的独立样本 T 检验。结果显示，所学专业不同，在认可语码转换在网络交际中的作用方面有显著差异（$t=-2.533$，$df=76$，$p<0.05$）。如表 3-48 所示，人文社科专业（635）受试的得分显著低于理工自然科学专业（761）的受试（$MD=-0.45$），即较之人文专业，理工专业的受试更可能认为网络交际中的语码转换，对沟通一点帮助都没有。这个结果可能是因为人文专业的网民在多年相关教育背景的潜移默化的影

响下，对语言的敏感度更高，对语言的表达要求更严谨，对语码转换的理解更深刻，从而更积极地通过语码转换进行语言形式的选择，以达到交际的需要。此外，也可能是因为较之理科生，文科生平时对英语的经典名句等更敏感、熟识度更高，在交际中一旦有表达需要时，可以更容易地提取确切的语言材料，更擅长借助语码转换来进行沟通。

表 3-48　　对语码转换显示为消极态度 2 的专业差异

	专业	N	Mean	SD	t	p
消极态度 2	人文社科	635	2.09	0.73	−2.533	0.011
	理工自然科学	761	2.54	0.80		

在回答问题 q28“没概念，大家都这样进行语码转换，我也就这样”时，45.9%的受试给出否定回答，18.4%的受试同意或非常同意。

现代语言学认为作为一种语言或方言，从它自身的结构来说，本无所谓好坏，都可以满足该交际社团的需要。因此，人们对不同语言或方言的评价，依据的不是语言标准，而是社会标准。语言本身的好坏没有客观性标准，就像对元音后[r]这个音，美国人认为好听，英国人则认为不好听。这是社会价值观念在人们头脑中反应的结果，因为美国的上层阶级发音有元音后[r]，英国上层阶级的发音没有元音后[r]。如果坚持认为某些语言是“好”的，某些是“差”的，这实际是一种社会态度，而不是语言学的观点。对语言“好”“坏”的评价是建立在社会和文化价值基础之上的，

语言态度和语言使用之间既存在一致性，也存在不一致性，说明语言态度虽然是影响说话者选择何种语言作为交际手段的一个重要因素，但并不是唯一因素，年龄、性别、职业、生活区域、语言能力等都会影响语言使用。

同样，交际者对语码转换持何种态度也取决于当时交际中的许多因素的相互作用。对语码转换的不同态度，与调查对象的职业、文化程度、年龄、性别等因素有关。例如，受教育程度高的受试对语码转换认同程度高的原因之一是学习英语时间相对长些，与英语文化接触较多，使用英语机会多，从而认同感强。调查中也发现，年龄越长的受试，思想观念越传统，对西方文化接触越少，特别是极少使用英语这样的外语，从而导致接受度、认同度低。

交际中选择的语言形式和社会身份之间没有本质必然的联系，可是职业、文化程度、年龄、性别、专业取向等因素会对人们的语言态度、语言使用产生影响。究其原因，是人们的社会生活环境和经历在起作用。现代社会心理学认为，主观态度在人的社会行为中起着调节行动的功能，它决定个人主观上受哪些外界影

响的选择性，从而出现行为上的差异。社会影响是以它为媒介对个人行为发生作用的。人们往往可以观察到，不同职业、不同文化程度的人言语特点不同，某个人的言语特点常常是判断该人社会身份的参项。对语言态度的考察可以说明，不同社会身份的人所具有的不同语言态度使他们在传达同样信息时会选择不同的言语形式。所以说，语言态度是影响人们在交际中选择使用不同言语形式达到相同交际目的的直接因素。

语码转换作为语言接触的普遍现象，有一个逐渐发展的过程，在这个过程中人们对它的态度会逐渐发生变化，而且在这个过程中，不同的人群呈现出不同的进度和特征。语码转换除了具有话语基本的指称功能外，它还是双语者具备的一种复杂而有技巧的语言策略，可用来传递社会信息。语码转换是不同文化间（主导文化与次文化、民族文化与外来文化）的相互影响渗透到语言上的结果，它不仅把语言环境和社会文化环境结合起来，还对应着不同语码在交际者的认知结构中的文化不同。

随着社会经济的不断发展，以及中西语言与文化的不断交流与碰撞，语码转换现象越来越普遍，成为了一种常见的言语现象，也是一种受人喜爱的策略，因为它可以承担很多交际功能，如回避社会禁忌等。而有人针对语码转换使用泛滥的现象，指出语码转换的过度使用会造成语言文字应用上的混乱局面，影响我国语言文字使用的标准化与规范化建设，而且有可能引发汉语危机。确实，语码转换是言语使用者主观选择的结果，具有很大的随意性和自由度，如果随心所欲、没有限度地任意使用，不仅不能有效地交流，而且会使原本富有生命力的语言失去应有的应用价值。因此，使用语码转换的过程中要把握一定的尺度，而且运用得正确、恰当，才能实现其跨语言、跨文化交际的语用功效，尤其是能结合不同语码间的共有特点或独特之处，巧妙、灵活地融洽使用，才能进一步展现不同语言文字交汇融合所产生的语言魅力。

语言文字是文化发展的结果，多语并存下的文化多样性对人类来说是一种幸运。纯洁语言的根本是呵护珍贵的民族文化基因。早期的社会语言学家们曾把语码转换看成是一种语言缺陷（如 Labov，1972）。因此，人们对网络交际语篇中的语码转换有褒有贬就是非常自然的事情了。语篇有着这样那样的问题，但是我们必须正视它的存在，它的积极的一面是主要的，我们不能一味的“堵”，而只能引导它朝着健康的方向发展。胡适先生曾说过：“容忍比自由还更重要。”能够根据不同的社会场景恰当地选择不同的语码进行语码转换，交流相互之间的各种信息，沟通相互之间的感情，是适应现代化生活的重要因素。

语码转换可同时具有积极和消极的语用效果，为避免弄巧成拙，使用语码转换和语码混合时一定要弄清新语码的内涵和把握好交际对象、交际环境、交际目的。语码转换又是受语法规则制约的，运用恰当，它才可能真正成为有效的交际策略，丰富人们的语言表达；那些随心所欲任意夹杂英汉两种语码的语言行为，则不一定是真正的语码转换，有可能对理解造成障碍，影响交际成功，因而这类不规范的运用是应该避免的。

第七节 语码转换构成成分的调查

语码转换这种“在同一个或连续几个话轮的话语中使用来自两种或几种语体的语素”的语言使用现象(Myers-Scotton，1997：217)，可发生于不同层面。在句子内部，它是指单词或短语层面上的转换。有的学者称这种现象为“语码混合”(code-mixing)(如 Kachru，1983；Sridhar & Sridhar，1980)，有的称为“语码交替”(code-alternation)或“喻义转换”(metaphorical switching)。当不同语码之间的转换发生在句子层面，即句际之间，一般称为“语码转换”。许多学者倾向使用“语码转换”这一术语以概括发生于不同层面上的转换(如 Gumperz，1982；Myers-Scotton，1993，1998；Heller，1988，1995)。语码混合和语码交替均是对这一语言现象各有侧重的功能性描述。前者强调句子内部词汇或短语层面上的转换，后者侧重语码的迁移和插入。不管如何表述，三个术语无本质差别，都体现了多语社区中语言符号系统使用上的多样性和驳杂性。

语码转换作为语言接触的结果之一，得到了众多研究领域的重视，比如人类学、社会学、心理学以及教育学等。这充分说明了语码转换的复杂性和对该现象进行研究的困难之所在。David Li 提出“在(句间)语码转换和(句内)语码混用之间存在一个灰色区域”(1996:17)。其实，这种区分在某些特殊的研究情景下(比如在寻求转换的语法限制方面)是有一定的意义的，但是这样的区分在研究转换的功能或心理动机时没有必要了。正如 Myers-Scotton 所讲“句间语码转换和句内语码混用的确牵涉到不同的语法限制，但是它们却有着相似的社会功能，所以它们属于同一框架”(1993:36)。Verschueren(1999:119)认为语码转换表示语言或语码变化，是一个非常普通和受人青睐的策略。是否要做出区分取决于具体研究者的研究目的和研究方法。我们这里谈的语码转换包括句间语码转换和句内语码混用，这样既省却了术语烦琐，也避免了“语码混用”这个术语带有的消极意义。语言、语码和风格的选择覆盖语言使用的各层次是因为语言间、语码间和风格间的差异实际就是许多组系统的选择。这些系统选择来自于构建话语的成分、话语的不同类型、话语串和话语建构原则。毫无疑问，选择的目的是为了顺应某种需求，有利于交际、有利于生存(刘正光，2000:31)。

语码转换是一种交际策略，也是一种语言机制。语码的转换不计数量，可以是一个完整的语篇、一个分句、一个词组甚至一个单词。语码转换有时成段成段地进行，有时在句子间进行，即以句子为单位进行转换；有时在句子内进行，即转换其中的部分短语甚至单个词。句间转换有一定难度，要求交际者对两种语言有较好的驾驭能力，因此出现频率较低。

网络交际中的语码转换所涉及的语言成分同样具有很大的多样性，但是，语码转换的规模和频率大不相同：小到单词或词组，大到整句或语段，并以 NP 结构为主，而且各种语言成分均以不同的频率出现其中。Gumperz(1982)认为采用目的语的语法结构是语码转换的主要特点。当语码转换以小句的形式出现时，它们通常符合目的语的语法规则；当内嵌到小句中时，其时态、大小写和主谓一致等不随上下文的语法结构发生变化。阳志清(1992)从两方面对此进行了解读：一是英汉两种语言被视作独立的系统；二是英文转换是中文同化的结果。但是，我们认为语义的相关性和连贯性是交际者转换语码的先决条件，言者试图通过这一瞬间的行为传递特定的信息或暗示自己的交际意图，这是语码转换者所做出的适应性选择。与会话相比，书面语语码转换是一种意识性更加显著的行为，形式上的不一致性可以看作交际者根据具体语境所做出的积极的适应行为，以表面上不符合外语规范的形式突出语义内涵的连贯性。

为了调查网民在进行网络交际、夹杂使用汉语和英语时，通常会用到何种形式的语言成分，我们在问卷中设计了相应问题，即问题 q32：当进行网络交际、夹杂使用汉语和英语时，通常用到以下形式中的哪一(几)种？

A. 数字＋字母的组合，例如：3Q，3KS

B. 字母，例如：OMG，你 bt(变态)啊；我很 bs(鄙视)你

C. 后缀，例如：羡慕 ing；心痛 ing

D. 单词，例如：我收到 offer 了；这件事 Over 了

E. 词组，例如：没问题，a piece of cake

F. 句子，例如：唯一好的，就是朋友多，this beats a lot of other things

下表是 1416 名受试针对此多选题的统计数据：

表 3-49　　语码转换的语言成分

	选择人数	百分比	未选人数	百分比
数字＋字母的组合	951	67.2	465	32.8
字母	977	69.0	439	31.0
后缀	995	70.2	421	29.8

续表

	选择人数	百分比	未选人数	百分比
单词	783	55.3	633	44.7
词组	458	32.4	958	67.6
句子	250	17.6	1166	82.4

表3-49的数据清楚地反映了网络交际中语码使用的一个特点：简洁明了、省时省力的表达形式更受网民青睐。多数受试的语码转换是在汉语基础上夹杂了数字、字母、后缀或单词，32.4%的受试会选用词组进行语码转换，而在句子层面进行语码转换的受试仅为17.6%。这一结果和网络交际模式的特点紧密相关。

计算机改变了人与人之间的交流方式，互联网模糊了传统的地域概念，尤其当互联网和移动通信结合在一起，移动终端的普及使人们上网的时间大大增加，网络越来越深地嵌入了人们的生活。它不仅仅直接为人们提供内容，而是成为人们生活和消费的基本构成要素（彭兰、苏涛，2013）。网络交际大部分依赖于文本的输入且缺乏面对面交际的语调、表情、动作、体态等副语言信息，所以交际的压力催生出一种特殊的语言变体，对一些汉语和英语词汇进行改造，对文字、图片和符号等随意链接和镶嵌（于根元，2001）。网民们持"拿来主义"的语言态度，对语言任意解构、混合、借用。网络语言中往往使用字母的缩略形式，表示不同内容。采用这种形式进行信息处理有如下好处：一是简短明了；二是快速省力；三是灵活无限制，可以随心所欲地使用。因此，这种形式特别适合在线交流。由于英语是支持网络技术的主要工作语言，再加上网络使用者多半属于一个特殊的、受教育程度较高的群体，所以网络话语文本中，往往出现夹杂着大量英语词语这种"中西合璧"的语言现象。借用英语的时态来表达相关概念，如"无限郁闷ing""感动ing"表进行状态，加ed后缀表过去，在名词后加s表示复数，如"亲s"（亲们），"你好""再见"等寒暄语已基本不再使用，取而代之的是西化的寒暄模式，如"Hi""Bye""CU"等。

现阶段外文字母的大量应用，除了人们主观上的求新求异的心理因素外，还有客观上表达的需要。外文字母词语用于表达特定事物的准确性是汉语词语无法取代的，同时也便于国际间的交流与沟通。语言多样性是文化多样性的表现特征之一，一定阶段的语言面貌总是这一时期社会生活的集中折射。

很明显，个体对直接借用外文字母缩略语是接受而且持欢迎的态度。这主要是由于这种形式比之其转换成汉字更加简洁明快，这也是不论英语水平如何，大多数个体甚至能接受本国自造的缩略语的原因。

网络交际中多使用字母、单词等形式的语码转换，体现了如下四条基本语用原则：(1)经济省力，讲求信息传送的速度；(2)功能为主，在保证省力原则的前提下，讲求信息传递的效度，点到为止，达意即可；(3)突出创新，讲求信息传播上的个性，在保证经济原则和功能为主的条件下，话语内容中往往糅杂着一些不合逻辑的非理性的成分；(4)话语内容虚实结合，语句含义缥缈虚幻，缺少规约性和确定性的限制，一切以说话人的意志为转移。

由于每位受试在进行语码转换时优先选择何种形式是不一样的，所以问卷中设计了相应题目，要求受试根据他们的实际、按使用的频率对这六种语言形式进行排序：

A. 数字＋字母的组合，例如：3Q，3KS

B. 字母，例如：OMG，你 bt(变态)啊；我很 bs(鄙视)你

C. 后缀，例如：羡慕 ing；心痛 ing

D. 单词，例如：我收到 offer 了；这件事 Over 了

E. 词组，例如：没问题，a piece of cake

F. 句子，例如：唯一好的，就是朋友多，this beats a lot of other things

从下面统计的频数表和直方图中可以看出，对于每个受访者来说不同的语言形式在语码转换中的使用频率是不一样的。如将“数字＋字母”组合放在最常用位置上的人数达到 413，放在第二位的有 270 人，放在第三位的是 230 人，放在第四位的是 235 人，放在后两位的分别是 155 和 113 人。

表 3-50　　语码转换形式 1：数字＋字母的组合

	频率	百分比	有效百分比	累积百分比
最常用	413	29.1	29.1	29.1
第二常用	270	19.1	19.1	48.2
第三常用	230	16.3	16.3	64.5
第四常用	235	16.6	16.6	81.1
第五常用	155	11.0	11.0	92.0
第六常用	113	8.0	8.0	100.0
合计	1416	100.0	100.0	

表 3-51　　语码转换形式 2:字母

	频率	百分比	有效百分比	累积百分比
最常用	349	24.6	24.6	24.6
第二常用	355	25.1	25.1	49.7
第三常用	309	21.8	21.8	71.5
第四常用	198	14.0	14.0	85.5
第五常用	113	8.0	8.0	93.5
第六常用	92	6.5	6.5	100.0
合计	1416	100.0	100.0	

表 3-52　　语码转换形式 3:后缀

	频率	百分比	有效百分比	累积百分比
最常用	282	19.9	19.9	19.9
第二常用	350	24.7	24.7	44.7
第三常用	358	25.3	25.3	70.0
第四常用	217	15.3	15.3	85.2
第五常用	120	8.5	8.5	93.7
第六常用	89	6.3	6.3	100.0
合计	1416	100.0	100.0	

表 3-53　　语码转换形式 4:单词

	频率	百分比	有效百分比	累积百分比
最常用	267	18.9	18.9	18.9
第二常用	241	17.0	17.0	35.9
第三常用	259	18.3	18.3	54.2
第四常用	437	30.9	30.9	85.1
第五常用	146	10.3	10.3	95.4
第六常用	66	4.6	4.6	100.0
合计	1416	100.0	100.0	

根据排序的位次，我们用条形图由高到低对各个变量进行综合汇总，可以直观地了解不同语码形式在受试者心目中不同的重要性。

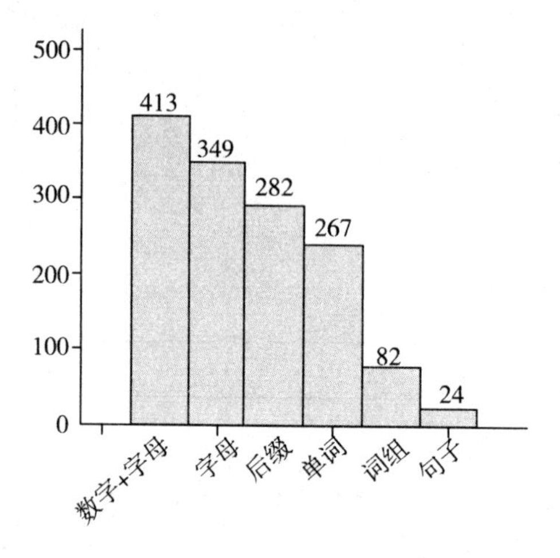

图 3-4　排在第一位的语码转换形式分布情况

图 3-4 是受试将六种语码转换形式排在最常用位置的分布情况，可以看出，认为“数字＋字母”最为常用的人数最多，其次为“字母”“后缀”，将“句子”排在第一的人数最少。与之相对，图 3-5 描述的是将这六种形式排在最后一位的分布情况。很显然，这两幅图传递了同样的重要信息：在追求速度和快捷的网络语境下，交际者一般不会选择耗时的句子进行语码转换，而是倾向“短平快”的表达，以保证交际的顺畅。

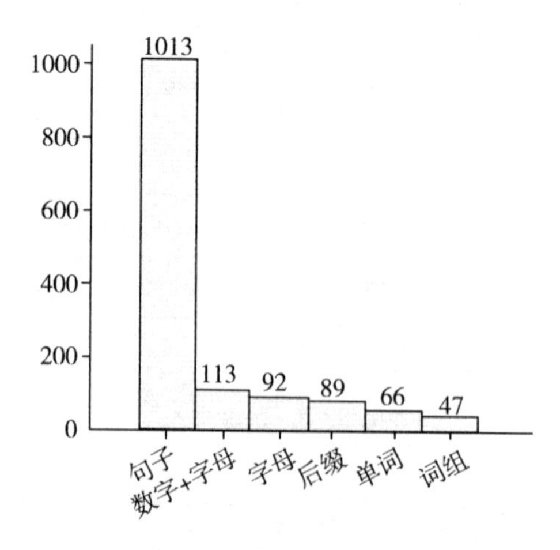

图 3-5　排在第六位的语码转换形式分布情况

社会心理学家 Robert Kraut 和 Sara Kiesler 用了近十年的时间研究互联网对社会关系的影响，认为互联网使用在不断演变，随着用途的改变，其规范和影响也会发生改变。当科技发展到一定高度，智能手机的设计更加人性化、运用更简捷，移动互联、手机上网成为了当下人们的生活常态。互联网的发展使得“地球村”这一构想成为可能，互联网扩大了人们的交际圈子，消弭了横亘在人与人之间的地域界限，也让更多的人获得了身份认同感和归属感。互联网宽松的准入条件、迅捷的传播速度、广泛的覆盖范围，促成了“拟态环境”下网络交际沟通方式存在着多面性：自由、匿名但可追踪，即时交互又可以永久保存。这种多面性决定了网络语篇呈现出与其他语篇不一样的特点。

网上交际主要是利用键盘操作来实现，受打字速度和上网时间等诸多因素的限制，交际一方总要尽量缩短对方的等待时间，用字精简，所以往往要按口语的特点来表达思想。而网络英汉语码转换正好顺应了这种趋势，它改变了汉语中某些词语约定俗成的用法，创造了一些新的形音义的结合体，使上网者能够提高文字输入速度，快速传递信息，达到节约上网时间及费用的目的。这也符合我们调查的结果，受试更常用诸如“字母”“后缀”“缩略”的语码转换形式。一个典型的例子就是汉英语码转换中添加词缀的表现类型，即在汉字后面增加英语词缀来表达自己的意思。英语的进行时是通过添加屈折词素来实现的，后缀 ing 是英文中正在进行时的表达方式，表示正在做某事，或正处在某种状态下。而汉语中每个词的时态则需要靠语序、助词和副词的帮助来表明。汉语的现在进行时需在单个词的前面加上“正在”来实现，比较麻烦。这种情形下，用英语的 ing 这种表达方式比使用中文更形象、直观，更能吸引人的注意力。在语言交际中出现这种语码混合句式是语言接触对语法变异造成影响的一个重要方面。再以首字母缩略词“DIY”为例，“DIY”即“do it yourself”代表了“自己动手做”，前者耗费了最少的时间表达了相同的内容，提高了交流的效率。实际上，绝大多数语码转换只是在单词的层面上，主要以句内转换为主，附加语转换为辅，出现在句子层面上（即句际间的语码转换）的比例非常小。这在上面图表中可见一斑：只有 24 位受试将句子作为排在第一的语码转换单位，1013 位受试选择将句子排在语码转换形式的最后一位。在语义相同而构造不同的语言表达形式中，在不影响交际的情况下人们往往倾向于选择音节简短的语言形式，即语言中使用频率最高的词也就是最短的词。这符合语言要求经济的原则，也体现了人们求简的语用心理。

毋庸置疑，网络语码转换具有鲜明的句内转换特征。中文单字在转换为英文单词时不必考虑语法结构的调整，单字的转换灵敏方便，如“你昨天做的 presentation 很棒啊！”在这句话中，“presentation”和对应的“个人陈述”在承担的语法功能上一致、比较单一，都作为名词使用。而如果把这句话完全转化为英文“The presentation you did yesterday was so great！”在转化过程中涉及了时态的转换“was”和语法结构的转换，需转变为定语从句“The presentation you did”，这无疑增加了语言表达的复杂程度。在追求速度的网络世界，这种麻烦的表达方式注定无法广泛存在。

在网络英汉语码转换中，单字的转换较为广泛。网络语码转换不是预先于交际，而是在会话序列发展中体现的，表现为日常生活的口语化。这种结果应该从更深广的社会背景中寻找动因，即“文化语境”。目前中国社会还不是一个“汉语、英语”的双语社会，汉语是中国社会占绝对优势的规范语言。为了表达简洁的需要，在汉语中适当嵌入单个英语表达的专业词汇，在附有解释的前提下基本上不影响意义的传达，但若在句子层面上出现语码转换现象，可能会在很大程度影响意义的交流，而且也不现实。语码转换行为与交际的语境、对象和内容都有关联，所以国内外的研究者一般多从交际者的主观因素和交际情境的客观因素这两个方面来分析语码转换，却往往忽略了语码自身的价值对语码转换的影响。每种语码各有其自身独特的价值，即功能，它们分别适用于不同的语境，满足不同交际者的不同需要。每一种语码都被赋予了语义价值、关系价值、情感价值和风格价值，语义价值是语码基本的价值，其他三种价值要借助于语义价值才能实现。一种语码，如果其语义价值相对高一些，则其他三种价值相对低一些；如果其语义价值低一些，则其他三种价值相对高一些(周国光，1995)。网络交际中转换使用的语码主要涉及普通话、家乡话、网络语言、英语和日语，语码转换的主体语言是普通话。在网络语境下，普通话的语义价值明显要高于其他的语码，但是在某些特定语境下普通话的关系价值、情感价值和风格价值未必很高。相比而言，网络语言、英语语码的风格价值显得更高一些，表现出在某一具体情境下语码转换所要达到的功能。

网络交际中，双方在特定的情况下选择心理感觉趋同的言语表达思维，维持二人正常的权利和义务关系，并由此达到预期的谈话结果。根据语言学家格林伯(Joseph H. Greenberg)、戈文(Talmy Givon)、克罗夫特(William Croft)对一个范畴标记项和无标记项划分标准的研究，这些标准可归纳为：(1) 结构复杂性，有标记项在结构上更复杂，形态变化更丰富，无标记项结构较简单，变化形式较少；(2) 频率分布标准，无标记项的分布频率比有标记项高得多；(3) 认知复杂性，有标记项在思维努力程度、注意力要求和认知加工时间方面更复杂，无标记项反之(张国宪，1995)。从这三个理论标准看，网络语码转换是一种无标记转换。首先，它的结构简单，多以缩略词、单词、词组等形式出现。其次，由于形式简便，易于理解和传播，所以重复出现在网络英汉语码转换中。发生网络英汉语码转换的交流过程总是会提高交流的效率，让双方在最短的时间内接受最多的信息，所以必然要求它的认知简单。

正如前文统计结果显示，数字＋字母、字母缩略词是两种最常用的语码转换形式。经过笔者亲身采访，很多被采访者表示，插入此类缩略词是为了减少时间和精力。美国哈佛大学语言学教授 G. K. Zipf 提出的心理学中的省力原则，又称为“经济原则”，就是在交际的过程中使用最少的力气来获得最大的认知效果。为了节省交流时间，提高交际效率，人们都会有省力的倾向。在网络交际过程中之所以会出现双语混合使用的情况，其中一个重要原因就是来自于人的省力心理。

我们通过对所统计的语料研究发现，汉英语码转换主要以两种模式出现：一是主体语汉语＋嵌入语英语，二是主体语英语＋嵌入语汉语。网络交际语码转换以第一种为主，主体语为汉语普通话，嵌入英语。换言之，在汉语主体语框架下，网民会插入一些与普通话表达对等的结构或词组来活跃氛围或突显意图。其次，汉英句内语码转换明显多于汉英句际语码转换。而且，汉英句内语码转换整体上遵循一定的语法规则，不是杂乱无章的随意混杂语码，主体语汉语在转换中始终起主导作用，并决定句内语码转换语句的形态句法特征。从语言成分来看，英语嵌入语可以是字母缩略词、单词、词组或短语，也可能是句子。实际交际中，出现一连串完整的英语转换成分的情形并不多见。无论嵌入的是句子成分，还是句子，我们都可以把它们看作是一个语块。Wray (2002)认为：语块是一串预制的连贯或者不连贯的词或其他意义单位，它整体存储于记忆中，使用时直接提取、无需语法生成和分析。相关研究文献揭示了语块的三大特点：结构较稳定、整体被存储和方便提取。在交际中，交际者会充分运用语码转换策略，在普通话中嵌入一些预制的语块性语码来经济地实现自己的交际目的。例如，某些相对独立的插入成分，或称为加插语，如“I know”“I mean”“really”等。

在 20 世纪 80 年代，Poplack 就提出了普遍意义的语法制约原则：等同制约(equivalence constraint)和自由词素制约(free morpheme constraint)。在前人研究的基础上，Bhatt 进一步完善了句法制约的条件：(1)中心词句法制约，中心词的语法特征在最低限度内受到遵守；(2)线性句法制约，动词的顺序必须满足变位语言的需求；(3)等同制约，最大限度地保持转换的和谐及形态完好；(4)修饰语制约，修饰语必须与中心词使用相同的语言，中心词决定词组的格；(5)应变制约，如果修饰语词组发生转换，那么中心词也应发生转换(樊建华、金志成，2006)。

从句法角度来看，网络交际语码转换的类型分为两种：句内转换和句间转换。语码转换基本符合上面提到的句法制约条件，在中心词的语法特征得以保存的情况下，转换主要以名词结构为主。其实，转换不拘数量，语码长度也不受限制，可以仅仅是一个词或是长句；转换的语码可以是没有谱系关系的另一种语言或同一种语言的两种变体。从语法角度上看，真正的语码转换应有词组、分句、句子。而汉语中出现的语言转换多为字母缩略词和单词，且转换的词汇类别也表现出一定的特点，即词性比较单一，绝大多数属于名词。名词是语码转换中最活跃的成分，因为名词最少受语法的限制，最能填补概念上的空白。从认知角度来看，句间转换的语块一般较长，需要耗费更多的认知努力，需要使用者对要换用的语码有较好的掌握，因此从理论上来说，这种转换行为较少。交际中，一些容易习得且用之有效的英语口语语块更有可能用在语码转换中。"What's up?""Are you ready?""Here we go!""It's a piece of cake."等语块，在适当的语境下，交际者嵌入自己的汉语表达中，可以更好地表情达意，使得语言更有风格。网民的英语水平，总体来说还是较低，远远不如母语——汉语普通话那么熟练，所以在进行语码转换时，嵌入的英语语言岛种类较少，他们倾向于句内词汇或口语化句式转换，具有相当大的重复性和集中性。这从一个侧面反映了在网络交际中英语使用的能力较差，全英语思维能力不通畅。另一方面，也揭示了逐渐西化的个性化语言风格和淡薄的母语文化保护意识。

语码转换是选择的结果，是交际者由于要达到某种交际目的或适应当时语境的某种要求，是为了适应语言结构、语境和心理现实所做出的动态性调整。而交际者之所以要从 A 语码转换到 B 语码，而不是转换到 C 语码，是因为 B 语码能比 A 语码和 C 语码更好地达到交际者的目的，或更能符合当时语境的要求。可以说，语码转换是策略性的语用行为，体现了转换语码者不同的自我意识。

网络语码转换现象研究不仅能系统地描绘出网络文化发展的新轨迹，帮助我们进一步认识汉语发展变化的外部动力，还能以此窥视深层的社会变化和文化发展。在本章中，我们针对交际者在两种语言同时被激活的状态下最终提取其中一种语言这一现象进行分析，以社会语言学、心理语言学、语用学中的一系列原则及假设为理论基础，对引起语码转换的动机做出了初步的解释：语码转换是理性的，并不是随意的行为，它的生成既有其社会因素，也有其认知心理因素，是各种社会心理因素和语用因素综合作用的结果。作为社会文化的全息胚，它的使用也反映出语言与社会的关系，以及语域、语体差异等言语交际规律，从中折射出社会发展的一般性和特殊性、社会价值观以及文化的民族性和共同性。

本研究采用问卷调查的方法，主要面向山东省的三所高校，也兼顾了公司、银行、医院、超市等机构。为了使样本带有不同学校、不同专业、各个级部的普遍性与代表性，我们采用随机抽样的方法从山东省的三所高校09级、10级、11级、12级大学生和部分在读研究生中随机抽取班级作为我们的调查对象。问卷的q1～q8题涉及人口学变量，从中我们可以发现不同背景的群体在语码转换方面表现出的鲜明特点。年龄模式：24岁以下的年轻人相比其他群体，进行语码转换的频率更高，有显著性差异。这一点与中国网民的整体构成和分布呈现一致的趋势。根据2016年中国互联网络信息中心（CNNIC）发布的《第37次中国互联网络发展状况统计报告》显示：网民结构中，学生网民群体始终是网民职业结构中比例最大的，截至2015年12月，我国网民以10～39岁群体为主，占整体的75.1%。其中20～29岁年龄段的网民占比最高，达29.9%。而在2015年新增加的网民群体中，低龄（19岁以下）、学生群体的占比分别为46.1%、46.4%。总的来看，这个群体有一定的英语基础，但有时受到自身水平的限制，无法实现全部用外语进行交流，所以语码转换现象时有发生也就不足为怪了。

以上数据充分说明了我们针对学生这个具有代表性的群体做深入研究是非常必要的。作为一个极具活力的社会群体和知识群体，青年大学生的语言特征在一定程度上代表着社会语言的新变化、新发展。同时，在他们走向社会之后，其语言特征也可能对社会语言的变化发展产生一些影响。因此，对大学生在网络中进行语码转换的动机、功能、态度等进行研究，对于了解大学生的语言心理、预测社会语言变化都具有一定的意义。

问卷中的封闭式题目主要采用SPSS统计，开放性题目则主要采用人工归纳概括的方法进行统计。并在此基础上，结合一定的访谈项目，以验证数据结果的真实性与准确性，进行深层次的原因剖析。

本研究采用问卷调查的方法，这种方法本身存在一些无法修复的缺陷。比如，在设计调查问题时，语言表达如何做到精准、凝练、到位，实属不易。在对受试的后期访谈时，有的网民给问卷提了建议，如果是一定要做得这么学术，那么可能收到的结果不会很好，如果做得浅俗一点，可能获得更多人的数据，那样的研究才是最有意义的。还有受试反映做完问卷感到有些累，某些题目读起来有些绕，这恐怕也会影响部分人群的答题质量。

同时，本研究的调查对象的代表性也需要提高。无论是对学生的无记名问卷调查还是对某些受试的访谈，都不能保证被调查人的回答全部属实。此外，影响网络交际中语码转换的原因可能还有很多，我们无法在问卷调查中一一查清，因此所得出的结论是否具有普遍性还有待进一步验证。以上这些局限可以成为我们今后深入研究的课题。语码转换本身是一个复杂的语言问题，需要采用更合理的方法进行更广泛、更深入的研究。

第四章　网络交际中语码转换的语言学解读

语码转换是极其常见的现象，尤其在口头交际中。它是一种受人喜爱的策略，因为它可以承担很多交际功能。网络语码转换作为一种普遍存在的网络语言现象，更值得我们研究。网络语码转换现象的研究不仅能帮助我们进一步认识汉语发展变化的外部动力，还能以此窥视深层的社会变化和文化发展。

第三章是基于数据，针对网络语篇语码转换现象的实证调查，较客观、具体地反映了语码转换在虚拟世界中的作用，揭示了其本质特点，并对引起语码转换的动机做出了初步的解释。本章将依据语言学的相关理论，进一步对网络交际中的语码转换进行多维度解读。我们研究的语料是网民们的言语输出，而且多半是自然发生的言语输出。

第一节　言语交际的制约因素

言语交际都是有一定目的的，而且总是在特定的语境中进行。所谓语境，是指语言环境。从广义上讲，语境包括与交际活动有关的一切因素。具体说来，它除了上下文之外，还包括交际对象、交际背景、交际场景、语体风格等方面的因素，网络交际的语境显然包括网络环境。交际目的和这些语境因素对交际者的话语表达和话语理解起着制约作用。

美国语言学家 Fishman(1965)提出了语域理论(Domain Theory)，打破了"语言能力缺陷说"，这里的语域即活动场所、活动参与者及话题等要素构成的规约化的语境。随着社会分工的明细化、经济发展的全球化、电脑和互联网的普及化，社会域的划分也越来越多元化，宏观社会语境和微观语境共同作用于语码的选择，对语码的选择和转换更具影响力，语码转换具有强烈的时代特点和会话参与者的主观意识。

交际语境包括语言使用者、心理世界、社交世界和物理世界。转换语码者为传递信息必须考虑相互的语言能力、社会角色、社会关系和交际目的。交际一方以转换的语码作为提示，推测另一方的真实用意。因此，语码转换的过程是交际者适应语境和语境适应语言成分的双向、动态的过程，也是一个策略性的选择过程。

一、交际目的

交际目的是各种各样的：或是陈明一种事理，希望对方明知；或是提出一种问题，希望得到解答；或是表达一种请求，希望对方照办；或是抒发一种情感，希望引起共鸣。不同的交际目的制约着交际者的交际行为，交际者总是力求选用得体的话语来实现某一特定的交际目的。网络交际者转换语码也是因为受到交际目的的制约。换个角度而言，语码转换是实现网络交际目的的常用手段之一。例如，在下面两人的网聊中，A 是老师，B 是学生。

A：哎，这个视频是怎么插进去的？

B：嘿嘿，老师，这你就 out 了吧！我教你。

B 在以一个学生的身份说这句话时，利用了这种调皮的口吻，不仅给人留下了良好的印象，而且也拉近了双方的距离，缓和了当时可能会有点儿尴尬的气氛，产生了意想不到的效果。学生 B 通过简单的语码转换实现了自己的交际目的。

二、交际对象

言语交际离不开交际对象。交际对象具有各种个性特征，如性别年龄、身份地位、生活环境、职业经历、思想性格、修养爱好、文化水平、社会心理、处境心情等，这些个性特征都会不同程度地制约着言语交际。正因为不同的交际者有着不同的兴趣、信仰、经历、语言态度和语言背景等，因此交际参与者的变化经常导致语码转换的发生。

就交际者而言，是男性还是女性，是城里人还是乡下人，是教师还是医生，社会地位是尊是卑，道德修养是高是低，生性温和还是脾气暴躁，心情舒畅还是情绪抑郁，这些都会影响到发话人的话语表达，使发话人对语言形式做出不同的选择。同样，不同的受话人由于具有不同的个性特征，因而对于言语的理解力和容受力必然会有差异，这就要求发话人在表达时要因人而异，要根据不同的受话人来选择他们所能理解并乐于接受的语言形式。如对精英知识分子讲话，就不妨书面语色彩浓些，可以选用一些典雅的词语和书面语句式；而对较少或没有受过学校教育的普通群众讲话，就应该用家常口语体，选用口语句式和通俗词语，不然就可能是无的放矢，达不到交际的目的。

再从交际对象之间的关系来看。参与交际的双方在交际中所扮演的角色是不一样的，因此会形成各种不同的关系。双方关系的不同，同样也会制约着交际者对于言语形式的选择。如果交际双方处于一种权势关系（如上下级关系）之中，双方地位悬殊，关系显得比较疏远，因而容易采用比较正式的语体；如果交际双方处于一种平等关系（如朋友关系）之中，没有地位差别，关系比较亲近，就可能采用比较随便的语体。例如，在许多语言中，单数第二人称代词有通称和尊称两种形式，如法语中的 tu 和 vous，德语中的 du 和 Sie，汉语中的“你”和“您”。就一般而言，当双方处于权势关系时，权势较低的一方指称权势较高的一方，往往选用尊称形式，反之则往往选用通称形式。汉语就是遵循这一代词的使用规则。同样，称谓词的使用也受到双方关系的制约。平辈之间、同学之间、朋友之间，是可以互称名字的；但晚辈对长辈、下级对上级，就要用亲属称谓，或以“姓＋官名”来称呼。

语码转换正是言语交际受到交际对象制约时发话者有意为之的。下面是一个主持人通过语码转换顺应交际对象的具体实例：作为主持人，汪涵在大部分时间使用普通话与嘉宾、其他主持人进行交流。但是，在场合基本固定（摄影棚采访）的情况下，也会随着交际对象的不同进行语码变换。在 2012 年 11 月 23 日的某次节目中，汪涵为新加盟湖南卫视的朱丹、邱启明介绍湖南台有名的化妆师罗妈妈时，是这样表达的：

汪（朝朱、邱）：罗妈妈要是爱上你，你就完了……她会非常非常心疼你。（众人笑）

汪（转向罗妈妈，湖南方言）：来，娘老子，你先到旁边休息一下啊。

“罗妈妈”是湖南台工作人员对化妆师罗红涛的昵称。“娘老子”在湖南方言中正是“妈妈”的意思，和话语中的“罗妈妈”基本对等。在与同是主持人的朱丹和邱启明进行交谈时，同时考虑到观众，汪涵使用了普通话进行交谈；但是与同是湖南人的罗妈妈来说，语码就立马转换成了两人都了解的湖南方言，这就是根据交际对象的不同进行的语码转换。显然，这种语码转换起到了理想的交际效果。

在网络交际中，参与者即网民之间的交际活动处于一种互动状态，双方不断进行意义协商和交互调整来促进交流的顺利进行。这是一个双方商议“权利与义务”关系的过程。在这一过程中，语码选择既是手段，又是标志（Myers-Scotton，1986）。Gumperz（1972）认为，语码转换的原因之一，是说话人中至少有一方希望借助改变交谈的社会场景重新确立交谈的性质及调整各方关系。Moyer（1998）的研究表明了语码转换的身份标志功能，即交际双方通过语码的选择和转换来建立和表征他们的特殊身份，以表明交际者之间的人际关系。

三、交际背景

交际背景是指言语交际的文化背景、社会背景和时代背景。

不同的民族具有不同的文化传统，不同的文化传统必然会给不同民族的言语交际带来深刻的影响，规范着交际者自觉或不自觉地采用适合于本民族文化传统的话语形式。例如，中华民族是一个崇尚谦让、讲礼貌的民族，把“谦以待人，虚以接物”作为为人处世的信条，视为一种美德。体现在言语交际中，交际者是以礼貌、谦虚为原则，并通过“让己受损，使人获益”的方式来表示对他人的最大礼貌和尊重。与中国人的崇尚谦让迥然不同，西方人相对自信坦率，实事求是。如果一位英国女学生受到老师的赞赏：“你的字写得真漂亮！”或者一位美国雇员受到雇主的表扬：“你工作得很出色！”那他们一定会高兴地回声说“谢谢！”毫不客气地领受老师的赞赏和雇主的表扬。因为在他们的观念里，既然做出了成绩，就应该感到自豪。

言语交际是一种社会活动，是在特定的社会和时代背景下进行的，因此，特定的社会和时代必然会对交际者的交际行为产生制约作用，交际者在进行交际时也会自觉或不自觉地与当时的社会环境和时代背景相适应。

四、交际场景

言语交际总是在一定的场景下进行，交际进行的时间和地点、交际的场合和气氛、参与交际的人物等场景因素，都会制约着交际者的交际行为。就表达来说，谈论什么话题，采用何种说法，语气是轻是重，语意是曲是直，这些都需根据特定的场景来定。此时此地对此人说此事，这样的说法也许最好，但在另外的场合对另外的人说这件事，这样的说法就不一定最好，就该换用另一种说法。

善于交际的人，往往能够巧妙地利用场景因素有效地组织自己的话语形式，求得理想的交际效果。例如，在中英香港问题的第22轮会谈中，中方代表对英方代表说：“现在已经是秋天了，我记得大使先生是春天来的，那么就经历了三个季节了：春天、夏天、秋天。秋天是收获的季节。”这里，中方代表结合会谈的时间这一场景因素来选择话题，以“秋天是收获的季节”含蓄地表达出我方收复香港主权的态度和决心，言辞恳切，意味深长，取得了很好的交际效果。此外，由于交际者的话语表达受到场景因素的制约，因此在进行话语理解时，同样也应考虑场景的因素，只有结合场景因素，才能对话语做出准确的理解。

那么，网络交际者是如何受到交际场景制约而转换语码的呢？网络交际，顾名思义，以“网络”作为特定的交际场景。首先，网络交际的语码转换本身也是对大的交际环境——网络的顺应，它迎合了随性、追求新奇的网络环境。此外，交际者都具有多重身份,特定语码往往对应特定身份。语码转换还要顺应更具体的网络交际环境。比如,某学生去美国留学深造,在班级QQ群聊天时要讲英语,在亲友QQ群互动时用普通话,在和妈妈音频聊天时又转为地道的山东方言。她经常同时打开不同的QQ群,灵活地做着语码切换。在网络环境中,不同的交流群意味着不同的网络交际空间。这种语码转换是对不同交际环境的顺应。再如,BBS上两个中国学生正津津有味地讨论某个话题,由于不想让论坛的其他人员得到他们的交谈信息,二人选择转用英语进行交流。这一语码转换用以孤立那些不懂英语的听众,为个人谈话创造更大的私密空间。这从另一个角度诠释了语码转换对交际场景的顺应。

五、语体风格

由于交际任务、交际对象、交际场景、交际方式等的不同,使得语言在使用上表现出许多不同的特点,形成不同的语体。语体对于交际者的言语交际也起着很大的制约作用。如果是口语体,一般要求选用通俗易懂的口语词,句式要简短灵活。网络交际固然属于此类。如果是书卷体,就可以选用文雅庄重的书面语词,使用结构复杂的长句。若写合同、决议,或者说明书、请示报告,要求用语简练平实,清楚准确,应多用陈述句,不宜使用比喻、夸张、借代、比拟等形象化的表达手段,也不宜使用双关、反语等表意含蓄、强烈的修辞方式。而网络交际,则要求语言清新活泼,词语容许变通使用,句式可以不拘一格,隐喻、双关、反语等也是常用的表达手段。

交际者由于各自的生活经历、思想性格、知识修养等方面的不同,在语言的运用上也会表现出自己的特点,形成个人的言语风格。一个人的言语风格一旦形成,同样也会对言语交际产生制约,使他在选词用句以及表达手段的选用上自觉或不自觉地与自己的言语风格保持一致。这也完全适用于网络交际者。年轻的网络交际者多选用时尚表达以保持生动新潮的言语风格,不管这种表达是以汉语、英语还是符号的形式呈现。

六、语境与语码转换的互为作用

符号学认为交际过程就是语码的转换过程。不同语系、不同语体间的语码转换不是简单的编码与解码过程,不是信息与信号间的简单对应,而是语言与语境彼此影响、相互作用的结果。交际本身是一个动态的过程,交际过程也是语境的构建过程。Fishman(1965)曾指出,在社会交往中,交际者需要明确何时、何地对何人说话这一前提。这正是从侧面强调了语境对语言表达方式的制约作用以及语言或言语在特定情景中的选择。因此,作为语言表达形式之一的语码转换的意义就在于其在环境中的功能。离开语境及其动态发展来谈语码转换是不具有实际意义的。反之,动态的语境也为理解语码转换的目的、成因、方式等相关因素提供帮助,言语交际者利用交际地位、言语活动的时间空间变化、情景的转换程度、交际主体的会话主题以及交际场景的适应程度等一系列语境要素所营造的交际语境,一定程度上激活了语言使用者的语码转换动机,使其有意识地考虑如何措辞及调整话语风格。语境制约了话语的结构和风格,提供了语义赖以建构的规则,对表达方式加以制约,对语言方式在特定情景中的合适与得体进行限定。交际者运用性格、信念、意图等认知情感因素有效地连接言语社团的语言惯例、所允许的语言表达方式以及与之相匹配的社交场景,能动地操纵并构造实现交际目的的语境统一体,使交际者在一定的社会心理机制作用下选择相应的表达方式,通过这种有意识的语码选择,自行构建新语境,满足交际中的自我需要。而交际对方也必须借助认知环境获得满意的语境效果。

语码转换与语境之间存在辩证关系,即语境可以由语言形式之一的语码转换来体现,而作为语言选择表征之一的语码转换也同时建构了语境。语码选择是语言与语境相互呼应、彼此激活的体现。

第二节 礼貌原则与面子理论对网络交际中语码转换的解释力

语用学对语码转换的研究主要是对语言使用者在具体语境中的语言运用和理解做动态研究,旨在发掘语言、社会、心理、认知、文化等因素在语码转换中所起的作用,对语码转换做出较为充分的描述和阐释。本节以 Leech 的礼貌原则及 Brown 和 Levinson 的面子理论为依据,结合网络交际的实例,探讨网络交际中在威胁面子的情景下,交际者如何利用语码转换这一语言策略来实现交际利益中心的转换,从而维护发话人自身或受话人的面子,达到交际目的。

一、礼貌原则与面子理论

英国语用学家 Leech 提出了被誉为人际修饰原则的礼貌原则,并将其划分为六类,即:得体准则、慷慨准则、赞誉准则、谦逊准则、一致准则、同情准则。他指出,"人们在语言交际过程中,应遵循得体、慷慨、赞言、谦逊、一致、同情 6 条准则,其目的在于说话人在讲话时应尽量多给别人一点方便,从而在交际中使对方感到受尊重,反过来获得对方对自己的好感"(郭云飞,2005:39)。而 Brown 和 Levinson(1987)提出的面子理论在众多的礼貌研究理论中是最具影响力的。"面子"可以定义为每个理性的社会成员意欲为自己争取的、公共的自我形象。

面子有正面面子和负面面子之分。正面面子是指希望得到别人的认可、赞同和喜爱，或是视为同一群体中的一员；负面面子是指希望有自主的权利，自己的行为不受别人的干预和妨碍，保证自己的独立性。Brown 和 Levinson 又提出“威胁面子行为”概念，将与面子有关的行为划分为威胁面子行为（face-threatening acts，简称 FTAs）和维护面子行为（non-FTAs）。如果发话人的言语行为威胁到了受话人的面子，就是一种 FTA，即面子威胁行为；当不得不使用 FTA 时，发话人需要对言语进行选择，以减轻对受话人的冒犯，向对方表示礼貌。这就表明在交际中，双方应尽量避免未加缓和的 FTA 的出现。

尽管被视为不礼貌行为，言语交际中的非缓和型 FTA 却并不少见。现实生活中，因语言使用不当而引起的误会甚至冲突的例子时有发生。这恰恰说明礼貌在语言使用中的重要性。在深受儒家文化影响的国家，交际者常常把一个人有没有礼貌和他所受的教育程度、个人素质的高低联系起来。例如，我们往往认为说话不礼貌的人素质低、没教养。而一个说话礼貌得体的人，往往被认为有教养、素质高。礼貌就是“典型人”（Model Person）为满足面子需求所采取的理性行为；本质上，这一礼貌概念是策略性的，即通过采取某种语言策略达到给交际各方都留点面子的目的。在言语交际中为了避免伤害双方的“面子”，人们会采取语码转换的策略。换言之，语码转换从某种程度上受“礼貌”这一社会规则的制约。

二、语码转换——实现交际利益中心转换的语言策略

在交际中，交际者的面子可能会受到某些行为的威胁。比如，命令、要求或提议等威胁到受话人的负面面子；而道歉、自我批评等则威胁到发话人的正面面子。所以在交际中，发话人会采取一定措施来维护发话人、受话人或第三者的面子。比如发话人迁就或服从受话人，从受话人的角度着想，不强求对方，这就是维护受话人的负面面子的行为，也称为“负面礼貌”。维护受话人正面面子的行为就是认可对方的观点、看法等，即强调交际双方的一致性，也称为“正面礼貌”。FTAs 可以威胁受话人的负面面子、受话人的正面面子、发话人的负面面子以及发话人的正面面子等。交际要顺利进行，就必须选择恰当的语言，否则就难以达到交际目的。Brown & Levinson 以及 Leech 的礼貌观在很大程度上要求发话人为受话人考虑。在实际的交际中，如果某人被迫改变自己的观点或做自己不愿意做的事情，他就会丢面子，也就是说其自身利益会受到影响，所以交际双方会根据自身的利益受影响的情况来做出回应。有些情况下，发话人倾向于维护受话人的利益，即交际的利益中心倾向于受话人；但是在有些情况下，发话人就会维护自身的利益，即交际的利益中心倾向于发话人。

语码转换成为交际双方借以表达自己观点、感情、目的,甚至利益的语言手段。我们观察了某大型 QQ 群聊天记录,群成员均为新加坡人。由于新加坡是一个多民族、多语言、多人种的国家,交际者日常接触的语言比较多,这使交际者具有较强的语码转换能力,交际中很容易从一种语言转换到另一种语言。群成员中有一部分人来自于四川地区,母语是四川方言。他们的普通话不太流利,更不用说英语了。所以,他们与他人进行网络交流时常常转换语码以达成交际目的。而大部分移民受教育程度较高,掌握了较好的英语技能,同时英语也是他们的工作语言。他们与同事或老板沟通时用英语,与孩子交流时用普通话,与母亲交流时则用四川方言。移民的后代对普通话的理解和使用更显困难。当他们不理解某些词汇的意义时往往用英文提问,语码转换现象也频繁出现。总之,QQ 会话中处处可见掌握两种或两种以上语言/语言变体的新加坡人使用语码转换。从中我们能观察到许多语码转换现象表现出威胁听话人以及说话人面子的行为,同时有些也违反了 Leech 的礼貌原则。所以当面子受到威胁的情境下,如何利用语码转换这一语言表现手段来体现利益中心的倾向,是交际双方不能不面对的一个问题。

(一)利益中心倾向于听话人

在交际中,说话人为了降低对听话人的负面面子的影响,迁就或服从听话人,从听话人的角度着想,所进行的语码转换是维护听话人的负面面子的行为。下例是选自 QQ 聊天群,当叫宏鑫的学生与别人打架时,他爸爸与校长之间的对话就体现了这点。

例 1:

校长:你的孩子在外面跟人打架。According to the law,学校必须记他一个大过。

宏鑫的爸爸:瓜娃子,整天跟人家打架!

校长:林先生,Violent 的家庭就会有 violent 的孩子。

Jerry 的妈妈:(@宏鑫的爸爸)暴力。

校长:Actually,parents 就是孩子的 role model。你们一定要……

Jerry 的妈妈:(@宏鑫的爸爸)父母是孩子的榜样。

校长:That's correct. 孩子就有羊学羊,有牛学牛……

冯老师:(尴尬表情符号)是有样学样。

校长:对不起哈,我在学普通话。It's difficult,but I must persevere. People say:"You're not finished if you lose; you are finished if you quit." So 请不要笑我啊!犯这样的一个错,we all have to take disciplinary action according to the law.

根据 Brown 和 Levinson 的理论，校长批评宏鑫在学校的不良表现，以及 Jerry 妈妈对校长所说的话进行翻译，对宏鑫的爸爸来说都是严重威胁面子的行为，既影响了他的正面面子，也影响了他的负面面子。可是由于校长的汉语不好，她又想与宏鑫的爸爸进行交流，不得不用她所不擅长的普通话进行交流，所以她自身的负面面子也受到了影响。因为校长所说的话中夹杂中英双语，如果 Jerry 妈妈不进行翻译，宏鑫的爸爸与校长之间的交流必然无法有效进行；如果她进行翻译，即将其中的一些英语翻译成普通话，那同时也威胁到了校长和宏鑫爸爸的负面面子。而校长讲话时进行语码转换，在一定程度上缓和了原有的紧张气氛（她完全可以用全英文的方式进行）。正是说话人的这种语码转换，考虑到了听话人的利益，使交际的利益中心倾向于听话人，从而降低了对听话人负面面子的威胁。

从 Leech 的礼貌原则的角度来看，校长的这种语码转换遵循了得体准则（尽量让别人少吃亏；尽量让别人多受益）以及慷慨准则（尽量让自己少受益；尽量让自己多吃亏），也就是以受话人或他人为出发点。校长明知道自己的普通话不好，还尽量用普通话来表达自己的观点，使交谈的利益中心倾向于受话人，让自己少受益。这比用全英语进行交谈所体现的礼貌要明显。总体而言，在会话中，发话者能选择不同的语言来协商人际关系，是一种人际交往的策略，可以间接地用来建立、加强或破坏人际关系。

（二）利益中心倾向于发话人自身

在网络交谈中，由于交际总是在不断地推进，受话人与发话人之间的角色总是不停地变换。有时候由于交际双方身份或所处的地位不同，他们各自的利益中心不同，甚至不允许对方进行破坏，双方都会尽力去维护自己的利益。所以，发话人或受话人会故意做出一些损害对方面子的行为，即利益中心偏向了自己，而这种行为会严重影响到对方的面子，最终导致交际的失败。

例 2：教汉语的冯老师在教训他的学生晶晶汉语只考了 10 分：

冯老师：晶晶，在班上忘了讲你。你的汉语测验竟然只拿 10 分？你也真客气哈！

晶晶：perfection 嘛。

冯老师：还 perfection？你看，你连跟我聊都不用普通话，你的汉语怎么进步？

晶晶：I've already tried my best!

冯老师：Try your best？不要找借口。你们知道吗？汉语在这个世界上是越来越重要了……

晶晶:Is Chinese so important? Our principal can't speak Chinese and she can become a principal. So what if I fail Chinese?

晶晶没有用普通话与她的老师进行对话,尤其是当老师质问她怎么不用汉语跟他说话时,她还是继续用英语来回答冯老师的质问。而冯老师则是用普通话来不断地进行质问。晶晶起先用"perfection 嘛"这个语码混用策略来回应老师的责备,就是想使对话的利益中心偏向自己,让老师不要太责备她的普通话成绩,然而冯老师却仍然使用普通话进行质问,让对话的利益中心又转向自己,可见他并没有遵守 Leech 的得体准则、慷慨准则和赞誉准则(尽量少贬低别人,尽量多赞誉别人)。他的所言对受话人是明显的贬损,使对方的正面面子受到了损害。而晶晶一直用英语来回答,甚至对老师进行反问,是在向老师表明相比普通话,英语才是她擅长的语言。她是在维护自己的负面面子,同时也威胁到了对方的正面面子,因为普通话老师希望晶晶能用普通话与他进行对话,即希望他的这种观点得到对方的认可。况且,传统的中国文化中,教师的观点对于学生来说一直是具有权威性的。作为普通话老师,冯老师更是希望自己关于普通话学习的观点能得到学生晶晶的认可。正是由于交谈的双方没能使交谈的利益中心偏向受话人,最终导致了对话的终止、交际的失败。再看下例:

例 3:QQ 视频聊天(Jerry 不在爸妈身边,在奶奶家住。)

爸爸:没想到你现在变得这么坏。

妈妈:竟然花了存钱罐的钱去买黄梨。还给人家吃黄梨?还带人家去看医生?真是哈戳戳!

Jerry:我是找不到你们啊。

妈妈:你还顶嘴?要怎么罚,你自己说。

奶奶:骂他做啥子,他还是个小娃嘛。

爸爸:妈,我在教育娃,你可不可以不管嘛?

奶奶:你们做父母,要看娃好的一面,不要只看他坏的一面。你是在教育吗?你们是在骂他。他会想到要买黄梨、吃黄梨,带人去看医生,很机灵嘛。

爸爸:这还有啥子好的一面?他一放学,没有通知我们,就自己去买黄梨、吃黄梨,妈,拜托你,我在教娃,你可以不插手吗?

奶奶:孙子,走!我们上楼去。

从上面的对话可以看出,语码转换主要发生在奶奶与爸爸的对话中以及他们各自的话语间。当妈妈在责骂 Jerry 时,奶奶用四川话开始表达她自己的观点，主要是因为四川话是她的母语，也是她与儿子进行交谈的常用语码，可以体现出母子间的亲情。通过该语码，她也表达自己作为母亲的一种权威，希望自己对这件事情的观点能得到儿子和儿媳妇的认可。这样，她可以很好地维护自己的正面面子。但同时这种行为也威胁到了 Jerry 爸爸的负面面子，当他在教育甚至是责备自己孩子的时候，他不希望自己的方式或行为受到他人的干预。Jerry 爸爸用四川话来回应其母亲的话语，从文化角度来看，体现了他尊重长辈的一面，维护了 Jerry 奶奶的正面面子，但是其话语内容威胁到了母亲的正面面子，因为他不认同其母亲对其教育方式的干预。交谈的双方同时违背了 Leech 的一致与同情准则，即：减少自己与别人在观点上的不一致，减少自己与他人在感情上的对立。在教育孩子的方式上，他们并没有认同对方的观点，增加了双方的分歧。在这些交谈中，发话人尽力使受话人同意自己的观点，而自己却不赞同对方的观点，使利益中心偏向了发话人自己。交谈快结束时，奶奶用普通话对 Jerry 说“走！我们上楼去”，使 Jerry 受到影响的负面面子得到了重新维护。这是因为 Jerry 想对自己的行为进行解释，可是其父母却不认可他这种行为，也不给他解释的机会，这是典型的、深受儒家文化影响的亲子间关系；而奶奶的这种语码转换正好给 Jerry 一个摆脱父母责骂的机会，直接拉近了她与孙子间的感情，也使交谈的利益中心再次倾向他们自己。由于交际双方一直坚持利益中心倾向自己，互不让步，使得交谈中分歧不断增加，对彼此的反感和抵触也在增加，话题的共同性最终消失了，从而导致交际的失败。

礼貌是一种普遍的社会现象，礼貌原则几乎存在于有言语交际的任何时间和地方。本节以 Leech 的礼貌原则及 Brown 和 Levinson 的面子理论为依据，对某大型 QQ 群中涉及面子及礼貌问题的语码转换现象进行了探讨。这些交际实例表明，交谈的利益中心发生变化会影响到交际双方的面子。当一方受到的威胁足以使其丢面子时，他便会尽力让利益中心倾向自己来维护自己的面子；当其中一方想要给另一方面子时，则会让交际的利益中心倾向另一方。语码转换正是实现这种交际利益中心转换的语言表现手段。交际双方会以什么方式来维护自己交际的利益中心，又会在交际过程的什么时刻进行维护？这涉及交际的具体语境，值得我们今后进一步探讨。随着全球化影响的进一步加深，许多中国人具备了双语甚至是多语能力，在网络交际中也会进行中英甚至是方言与外语间的语码转换，其中有些现象也涉及面子及礼貌。借助面子及礼貌的相关理论，结合中国文化对这些语码转换现象进行研究，有助于了解和阐释交际者如何有效地进行交际活动。

第三节 网络交际中语码转换表达会话含义——“合作原则”视角

一、合作原则与会话含义

网络交际中的语码转换与语境密切联系，语码转换也是为了达到某种语用目的。美国哲学家 Grice(1975)认为，在所有的语言交际活动中为了达到特定的目标，说话人和听话人之间存在着一种默契，一种双方都应该遵守的原则，他称这种原则为“会话的合作原则”。为了保证会话的顺利进行，人们在交际过程中有意识或下意识地遵守着一定的合作原则。换言之，合作原则从某种程度上制约着人们的言语交际行为。这些原则归纳为四条准则：

A. 量准则：所提供的信息应是交际所需的，且不多也不少。(a) 所提供的话语应包含交际目的所需要的信息；(b) 所提供的话语不应超出所需要的信息。

B. 质准则：所提供的信息应是真实的。(a) 不要说自知是虚假的话；(b) 不要说缺乏足够证据的话。

C. 关系准则：所提供的信息要关联或相关。

D. 方式准则：提供信息时要清楚明白。(a) 避免晦涩；(b)避免歧义；(c) 避免啰嗦；(d) 要井井有条。(何自然、冉永平，2009)

Grice 找到了日常会话中存在的一些规律。我们的口头交流通常是由一系列互相关联的话语组成的，不然就不合情理。在某种程度上，交流都是相互合作的过程。所有的人在合作过程中认同一种或多种共同目的，或双方接受同一交际方向。也就是说，似乎在遵循着某种原则，即在交谈时，使你的话语符合双方认同的谈话目的或方向这个原则，称为合作原则”。

Grice 进一步指出，在会话过程中交际者并不总是遵守合作原则，很多时候他们会有意违反合作原则，通过会话含义达到交际的意图。他把这种在言语交际中推导出来的隐含意义称作“会话含义”。Grice 的会话含义理论中并未涉及通过转换语码来制造会话含义的情形。最先尝试将语码转换同会话含义理论联系起来的是 Gumperz(1972)，他提出语码转换的语用含义可以在 Grice 的会话含义理论中找到理据。Gumperz 举了一个例子来说明通过转换语码产生会话含义的情况。这个例子说的是在一节火车车厢里，父亲对走在前面且边走边左右摇摆的儿子说：“Keep straight! Sidha jao (Keep straight)”。从会话含义的角度来看，父亲的话语违背了数量准则，因为他在英语之后又用母语对英语表述的内容做了重述。父亲之所以这么做，不是因为儿子听不懂英语，而是因为儿子对他的话置若罔闻，于是才改用印度语，希望通过母语来加强训导的效果。Gumperz 还提出了情景型语码转换和隐喻型语码转换的概念。这两种转换都有可能产生语用暗示或会话含义。尤其是隐喻型语码转换，它打破了情景与语言选择之间的规约关系，产生了话语自身以外的信息，要求交际对象付出更多的气力来对语码转换所蕴含的会话含义进行推理。Gumperz 将语码转换同会话含义联系起来的尝试得到了其他一些研究者的认同。Milroy 和 Muysken (1995)提出谈话者能够通过语码转换来传递特殊的语用信息。黄国文(1995)也指出，在交际者的日常会话里存在许多独特的语码转换情形，这些语码转换可以从会话含义的角度加以分析，其语用意图或为制造神秘气氛、或为缩短人际距离等。

二、利用语码转换表达会话含义的途径

根据 Grice 的会话含义理论，会话含义的产生源于交际者对会话合作原则的有意违反，即交际者违反合作原则是一种有意识的言语行为。根据这一原理，交际者如果要表达某种意图而又不便明说，就可以通过故意违反合作原则来实现自己的目的。就语码转换而言，交际者同样可以通过违反合作原则的方式准则、质量准则、数量准则或关联准则来表达会话含义。本节将摘取网络交际中的典型语料来加以阐释。

(一)方式准则与会话含义

网络交际中的语码转换经常是通过遵守或者违反合作原则中一条或多条准则来实现的，从而达到所需的交际目的。方式准则要求讲话要清楚明白，避免隐晦，避免歧义，简洁明了，条理清晰。为了符合这一准则以使交际顺利进行，网络交际中有时需要进行语码转换。例如下面的 MSN 对话：

A：我和 Cherry 去看电影，你去吗？

B：什么名字？

A：美国经典电影 Gone with the Wind。

遵循方式准则的语码转换多是名称的转换，例如人名、地名、影视作品的名称以及其他外文名称。很多大学生尤其是外语系的学生都有自己的外文名字。在称呼时直接用原语称呼而不用中文译名更显得简洁明了。显然，称呼对方 Andrew 或 Lester 要比安德鲁或莱斯特更简洁。而其他的名称，如影视作品的名称在引进后可能有不同的中文译名，相同的作品可能有完全不同的译名而不同的作品可能有相似的译名，为了避免歧义，在中文交际中直接使用原文名称不失为一种好办法。例如“Gone with the Wind”这部电影的中文译名有《飘》和《乱世佳人》。这两个名称看起来完全不相关，对于只知其一的观众来说，使用另

一个就可能会产生歧义。另外，除了遵守方式准则会引起语码转换外，违反方式准则也会引起语码转换。例如下面的网络会话：

A：嘿，这几天都没见你，跑哪去了？

B：家里有点事，回家了。

A：这又急着去哪？

B：Общежите（宿舍）。

在这个例子中，A问B这几天在哪里，B做出了一般性的回答，而当A问B正要去哪里时，B出于某种原因不想告诉A但又不好不做回答，便使用了俄语，因为俄语除了专业学生之外了解的人很少。通过语码转换，B用这种隐晦的方法既对A的询问做出了回应，也回避了自己的去向。

一般来说，在同一语言社区里，交际者通常采用相同的语码进行交际，会话过程中也通常是以某一种语码作为贯穿始终的交际语言。而涉及两种或以上语码的语码转换情形，则打破了常规的单一语码会话方式。因此，黄国文（1995）指出交际者日常会话里存在的语码转换情形，在实际的交际中通常违反方式准则。交际者为了实现预期的交际意图，恰恰可以利用语码转换的各种功能巧妙地在两种或以上的语码中进行切换。影片《尖峰时刻》中有一段对白可以形象地说明这一点。影片情节如下：

香港警探Lee和美国警探搭档Carter到巴黎追查杀害韩国大使的凶手，结果被三合会骨干Kenji的手下抓到巴黎一处下水道里。Kenji曾经是Lee幼年时在中国孤儿院的玩伴及好友。限于篇幅，仅摘录对话的一部分如下：

Kenji：Welcome to Paris, Lee.

Carter：Lee, you know this clown?

Kenji：Lee, tell him who I am. Don't be shy. Introduce him to your "兄弟"。

Carter："兄弟"？Your brother?

Kenji：He doesn't talk about me much. In fact, he's spent his whole life trying to forget me. How would it look if Hong Kong's great Inspector Lee had a brother on the wrong side of the law?

Lee：You are not my brother any more.

Kenji同Lee交谈时突然在共用语码英语中插入汉语语码"兄弟"，其语用意图是想通过"兄弟"两个字唤起Lee对儿时的记忆，暗示他并没有忘记过去的友情。Lee的回答没有沿用"兄弟"而仍然使用"brother"，则是在同时向Kenji和Carter暗示他将秉公执法，不徇私情。之后Kenji转而使用日语，同Lee谈起以前在洛杉矶一次追捕行动中Lee曾经私放Kenji的往事。Kenji用Carter一窍不通的日语讲述这段经历，实际上是告诉 Lee 他不想让 Carter 知道 Lee 以前的渎职行为。这符合祝畹瑾（1992）所述的促使交际者转换语码的三种原因之一，即不想让在场的其他人知道交谈的内容。后来 Kenji 发现 Lee 对他的这种保护并不领情，只好又切换回英语继续交谈，不再对 Carter 有所回避。Kenji 的两次语码转换行为中，前者是通过句内语码混用来表达会话含义，后者则通过句间语码转换不动声色地向 Lee 传递了会话含义。与前者相比，后者所表达的会话含义更加含蓄，通常在不便明说或无需明说的情形下发生。

Myers-Scotton（1998）也曾经提供过一个类似的典型实例：有一对兄妹都是 Bakukusu 人，哥哥经营着一个批发商店。有一次他的妹妹来买盐，哥哥用第一语言 Lubukusu 向妹妹打招呼，然后又马上转用当地的商用语言斯瓦希里语（Swahili）问妹妹买什么。哥哥的语码转换违反了兄妹之间常规的交流方式，向妹妹传递了特别的会话含义，即提醒妹妹他是在做生意，希望妹妹不要指望从他那里免费得到食盐。

其实，网络交际及各类影视和文学作品中存在的诸多语码转换情形，大都可以归入违反方式准则的行列。

（二）质量准则与会话含义

质量准则要求交际者不说自己认为是不真实的话或缺乏足够证据的话，但在实际生活中，交际者为了表达特殊的意图往往故意违反这一准则。违反质量准则的常见方式有夸大其词或说谎，而被夸大的内容或谎言完全可以通过其他语码来表述。试看下面一则网络对话：

甲：你还有几篇作业没写完呢？

乙：哎！Uncountable nouns！

此例中，乙在用汉语发出感叹之后，转而使用一个语义夸张的英语名词词组作为答语。“uncountable”一词夸大了实际情况，违反了质量准则，却形象地向甲表达了“作业太多、永远做不完”的无奈心情。

说谎是生活中常有的事，但说谎并不一定产生会话含义。说谎有真说谎和假说谎之别。真说谎是为了制造假象，蒙骗他人，这种对质量准则的违反只会造成误会，并不产生会话含义。假说谎则不但故意违反质量准则，而且还有意让听话者知道交际者违反了质量准则，这就使得听话者去思索交际者的用意，因此能够产生会话含义。利用其他语码表述假谎言不仅可以产生会话含义，还会起到额外的语用效果。下面是两位英语教师之间的 QQ 对话：

甲：你星期天上午能不能帮我监考英语专业八级考试？我碰巧有事。

乙：要多长时间？

甲：从早上八点到十一点半。

乙:Oh, sorry! I have an appointment that time.

本段对话中,乙显然是听说要监考三个多小时才要找借口拒绝。此时如果用汉语直接拒绝可能会伤及对方颜面,如果用汉语表述谎言又有些羞于启齿,毕竟说谎不是美德。乙巧妙地利用了语码转换的委婉功能,违反了质量准则,表达了会话含义,既达到了间接、委婉拒绝的目的,又缓解了双方的尴尬程度。

(三)数量准则与会话含义

语码转换的多种功能中有一种可以称之为复言的功能,即对刚刚说过的内容用其他语码再重复一遍,这种复言具有突出语义的交际效果。复言功能通过同义转换,提供了额外的信息,实际上违反了数量准则,因而可能产生会话含义。例如,某高校教师 QQ 群里的私聊:

因为 Dale 留过洋,是博士,Ph. D.。我没有到过美国,不熟悉他毕业的那个学校,据说很有名,在纽约,叫什么科尔杰大学。

此语是发话人在解释为什么 Dale 的薪水比其他老师高时说的话。通过附加 Ph. D. 这一英语语码,说话人传达了明里羡慕、暗里不服气,同时又对学校薪金制度不满等多重会话含义。

(四)关联准则与会话含义

当交际一方对另一方的问话不想正面作答时,除了沉默之外还可以采取顾左右而言他的策略。这种"言他"的行为同样可以通过语码转换来完成。例如以下 QQ 对话:

甲:呵呵,你英语考试怎么又不及格!

乙:Go to hell!

乙的回答表面上看与甲的问话不存在关联,但实质上却表达了对甲及其话题的不满。此例虽然违反了会话的关联准则,但却体现了语码转换的委婉和回避功能,减弱了答语的不礼貌程度,实属会话合作原则和礼貌原则的巧妙结合。

三、语码转换产生会话含义的理据分析

社会语言学及语用学领域的研究成果可以为语码转换能够产生会话含义提供理据。Myers-Scotton(1986)提出的标记模式理论把语码转换看作是交际者协商双方权利与义务的一种手段,认为会话交际中语言的选择是社会因素和自身动态考虑相互作用的结果。该理论将语码转换划分为有标记转换和无标记转换。做出无标记的选择意味着交际者在协商遵循社会规范、维持各自的权利与义务现状;做出有标记的选择暗示着交际者在常规化交际中违反无标记选择准则,试图协商一套新的权利与义务均势。此处涉及的为表达会话含义而进行的语码转换就属于有标记转换。有标记的语码转换意味着说话人试图偏离和改变

所预期的、现有的权利和义务关系。这种偏离和改变会迫使听话者思索说话人的用意。后来，Myers-Scotton 等人对标记模式理论进行了修正扩充，认为交际者是理性的行为者，特定会话中的语码转换是基于认知基础上的，是交际者以最低的代价获得最高利益的一种算计行为（Myers-Scotton，1993）。

另外，我们也可以从语用学家 Verschueren 提出的顺应理论中获得依据（详见本章第五节内容）。无论是社会语言学家还是语用学家都认为语码转换是一种交际策略，网络交际者通过这种策略，产生了话语自身以外的信息，要求交际对象付出更多的气力对之加以推理，会话含义即由此而产生。利用语码转换表达会话含义是网络交际者将语码转换的特殊语用功能和社会功能同会话合作原则巧妙结合的一种有目的、有意识的交际手段。迄今为止，从会话含义角度对网络交际中语码转换进行的研究还未见系统的理论模式。本节在现有语码转换研究成果的基础上，尝试着将语码转换同会话含义理论结合起来，探讨通过转换语码来表达会话含义的具体实施途径，并试着从已有研究成果中找到理论依据。

第四节　经济原则对网络语码转换的解释力

一、语用学的经济原则

经济原则是指导人类行为的一条带根本性的普遍原则。作为人类行为的一种，语言应用领域也同样受到经济原则的影响。语言经济原则又称"省力原则"，简单地说可以概括为以最小的认知代价换取最大的交际收益。

交际者在保证语言完成交际功能的前提下，总是自觉或不自觉地对言语活动中力量的消耗做出合乎经济要求的安排。要尽可能地"节省力量的消耗"，使用比较少的、省力的、比较习惯的、具有较大普遍性的语言单位，即力求用最小的努力去达到最大的交际效果。从信息传递角度看，简约、缩略的语言表达要比复杂、累赘的表达更能迅速地传递交际者的思想或情感。信息传递不仅要准确，而且应该在最大程度上既快速又节省。在高速运转的信息社会，交流变得简约化。为了提高信息传递的速度和效率，必然要求语言符号形式上的简化。人类言语的创造运用存在着经济学中效用最大化的驱动原理，即经济原则，又叫"省力原则"。按照 Zipf(1949)的说法，我们在用语言表达思想时感受到两个方向相反的力的作用，即单一化的力和多样化的力，它们在说话时共同作用，一方面希望尽量简短，另一方面又要让人能够理解，要使每个概念都能用一个对应的词来表达，从而让听者理解起来最省力。

在当代语用学研究中，第一个明确提出省力原则的是美国语用学家

Laurence Horn(1984)。他把 George Zipf 的省力原则(Principle of Least Effort)和 Grice 的会话准则结合起来,提出 Q 原则即"听话人省力原则"和 R 原则即"说话人省力原则"。他认为交际者交际时总是趋向于选择既能满足言者完整表达、又能满足听者完全理解所需的最少的语符,这就是语言的经济原则。国内语言学家也对语言的经济原则展开了研究,郭秀梅(1985)认为语言经济原则即如果一个词足够的话,绝不用第二个。向明友(2002)从语用层面将经济语言界定为经过优化配置,实现效用最大的言语。在他看来,语言的经济性体现于语言的优化配置。我们基本同意向明友的观点,认为交际者在言语交际中遵循着经济原则,寻求效用最大化。网络语言的简约充分体现了语言的经济原则,因为网上交流主要依赖网民用键盘输入文字来完成,为了节省时间、突出重点,交际双方都不约而同,能简则简,反正在特定的语境中,依靠上下文的联系和判断,交际对方准确理解是没有问题的。将已知省略,有助于突出未知,加强交际效果,这同样符合语言的经济原则。

二、网络语言的经济原则

网络语言是一种特殊的语言变体,它不同于口语和书面语,是一种以电脑键盘提供字符的符号系统,以电脑软件中文拼音输入法为编码工具。网络语言充分体现了语用学中的经济原则。网络用语如语码混合、符号表情等,充分发挥其功能特殊性,避免汉语输入不及拼音文字以及数字输入快的缺陷,不再通过拼音组合或笔画分析确认所需汉字,而以最方便快捷的方式创造新的词汇,此举最大限度地解除了打字速度对信息传播的限制,体现了经济省力的原则。网络语言中语言经济原则体现于编码上还包括句法的简约。网络电子语篇不注重句法,大量使用省略句式、不完全句子、不规则句子以及单句,具有明显的口语化特色。

网络语言的语码解构中也体现了语言的经济原则。信息传递过程是一个编码、解码的过程,在网络语言的编码中,说话人总想用最小的代价取得最大的收效,所以其编码很简约,这是语言经济原则的体现。同样,在网络语言的解码中,交际对方也想尽可能而且也可以付出最少的认知努力,取得最大的交际收益,也体现了语言的经济原则。解码中语言经济原则是借由网络语言的象似性来实现的。

语言的象似性是指语言结构与人的经验结构之间有一种必然的联系,语言不是任意的而是有理据的,语言的能指和所指之间,即语言的形式和内容之间有一种必然联系,两者之间的关系是可以论证的,是有理据的。语用学上的象似主要包括语音象似、形态象似、语义象似等。从语用的角度来看,网络语言在其编码中呈现高象似度的特征,借助网络语言的象似性形成网络用语的迁移图式,网民可以通过很少的认知努力,实现网络语言的快速准确理解:如借助语音象似,在一定语境条件下"8807701314520"寓意为"抱抱你亲亲你一生一世我爱你"。另外,借助语义象似将"286"理解为反应慢、智商低、落伍了,更不要说兼具有语音以及语义象似的语码混合形式,如特定语境下借助语音以及语义象似"F2F"被理解为"face to face"。象似度越高,交际者理解时付出的认知努力越少,这本身符合语言的经济原则。网络语言的主要构词方式中渗透着高度的语音象似、形态象似和语义象似,所以理解起来非常容易。

总之,在网络语言中,语言的经济原则体现于一方面,网络语言的编码总是尽量简约,以减少网民交流时的打字负担,但同时其编码是有一定理据的,以方便交际对方理解为最大原则,其编码中渗透着语言的象似性;另一方面,网络语言的解码过程中,借助网络语言的高度象似,交际者总是可以以极小的认知努力获取最大的交际回报,同样体现着语言的经济原则。

三、语码转换的经济原则

语言的经济原则要求交际双方以尽可能少的话语达到最佳交际目的,加之英语的特殊性,就产生了许多特殊的网络英语和符号。双方交流时语码转换的网络交际模式有很多,概括起来有缩略词、双语并行、特殊符号与数字和字母组成的具有特殊意义的网络词汇等,这使得网络语言的经济性显得尤为突出。换句话说,网络语言的语码转换现象充分体现了语用学中的经济原则。如"面对面",用汉语拼音输入法要敲击键盘 11 次,用英文输入需要击键 10 次,而网语"F2F"只要击键 3 次就行了,确实经济实用,既缩短时间,又简单易写,还能给人印象深刻。所以,网络语言的这种变体是对纸笔媒介语言书写的创新。网络语篇的语码转换主要涉及以下类别:

(一)缩略形式

概念用英语表述相对简单、打字更方便时,网民会趋向于使用英语,于是网络语言中便有了各式各样、形形色色的英文缩略词,这样网络语言在使用时就更为方便了,这是语言的经济原则在起作用。

这种缩略主要包括首字母缩略、拼截法缩略、数字与字母混合缩略及表情符号的使用。(1)首字母缩略,如:"下载"英文是"down load",网上常用"DL"代替;Interact Service Provider 是指网络服务商,用"ISP"代替;"IMO"表示"in my opinion"(以我之见),而"MYOB"意思是"Mind your own business ",即"管好自己的事,不关你的事"等;(2)拼截法缩略,如:Internet encyclopedia(网络百科),为节约打字次数和时间写成 Interpedia,而 education entertainment(教育娱乐),可以缩略为 edutainment 等;(3)数字与字母混合缩略,既经济实惠又有趣，例如 Good9 = Good night（用 9 的发音代替 night）等。

网络语言的首要原则是"快速传意"，并不多考虑书写的准确与规范。在不影响沟通交流的情况下，各种形式的缩略都是可以接受的，久而久之，这种约定俗成的网络新字眼以其新颖活泼、个性鲜明的特点被大家接受而流行开来。

（二）双语并行的语码转换原则

双语是社会发展的普遍现象，也是语言发展的总趋势。网络是比较特殊的交际媒介，有完全不同的交际环境，交际范围相当庞大，会话者众多，而且互联网用户中英语背景的使用者为数不少，那么交际当中不可避免地会出现双语言的语码转换。如"I 服了 you。""你在哪个 city?""你昨天在 party 上玩的 high 不 high 啊?"等，这些双语语码转换的使用既能让交际更加便捷愉快，又节约了时间和空间资源，同时还使网络语言的独特魅力和时代性得以充分体现——时尚、个性、年轻化。

这种语用现象把不同的语言、方言杂糅在一起，主要体现于中英语码夹杂。交际者在英汉两种语言间游走，哪个好表达又打字简便就用哪个。因此，语言传递信息的功能被无限扩大，中文也好，英文也罢，一切可以省时、省事、简练、快捷表达的词汇都可以拿来。再如，"小 case（事情）""你真 in（入时）""It's 4 U(for you)"等大量语码混合的词汇和表达登堂入室，在虚拟世界的交流中广为流行，而其产生以及流行的动因为"使交流省力"。

（三）谐音

这里的谐音大致包括数字谐音和汉字谐音两部分。用数字的谐音或转意来表达各种意思是数字谐音，例如 9494（就是就是），1573（一往情深），8807701314520（抱抱你亲亲你一生一世我爱你）等。谐音还包括汉字谐音，其生成过程如下：网上交际中，如何在最短的时间里以最快的速度输入信息是所有网民对己对人的基本要求。鉴于网民用得最多的输入法是智能拼音输入法，其优点是拼音输入，易学易会，缺点为重码率相当高，重码使得网民必须有所选择，而且拼音输入法提供的选项排序不一定合乎网民在一定时间、一定语境中的意愿。为准确用词而仔细斟酌会影响快捷交流，这是网民们不情愿的。由于追求输入速度，懒于选择，很多时候网民将无可选择的唯一选项或排序在前的词语迅速敲定，将就使用，于是以"油菜"表"有才"，以"油饼"表"有病"，也就不足为奇。而接收信息者对此也心知肚明，默契接受，进而约定俗成，广泛应用。以上这类词以数字形式或同/近音词形式出现，运用谐音效果实现表达意义的功能和任务。其产生的根源在于人类行为有惰性，总想尽可能轻松和省力。

(四)表情符号

表情符号即将本身毫无任何意义的符号叠加在一起,表达出各种实在意义的编码方式。表情符号的使用既体现了经济原则,也同时具有可视化效果,这也是网络语言所独有的,而电脑上符号的设置更方便了这类语码转换的发挥。此类表情符号的特点在于易于创作,打字快速,形象生动、诙谐易懂,一经流行,网民们可以信手拈来,需要时随时复制,方便快捷。

回顾以上网络交际中语码转换的类别如语码混合、字母缩合、谐音、符号表情等,其特点都是以键盘、鼠标为输入工具,充分发挥其功能特殊性,避免汉语输入不及拼音文字以及数字输入快的缺陷,不再通过拼音组合或笔画分析确认所需汉字,而以最方便快捷的方式创造新的词汇,此举最大限度解除了打字速度对信息传播的限制,这表现了网络时代信息传递中交际者争分夺秒的意识以及崇尚简约的理念。

语言的经济原则要求交际双方以尽可能少的话语达到最佳交际目的。本节从经济原则的视角阐释网络语言尤其是网络交际中的语码转换现象,而语码转换的诸多实例充分体现了语用学的经济原则。语码转换的网络交际模式有很多,概括起来有缩略词、双语并行、特殊符号、数字和字母组成的具有特殊意义网络词汇。这种语码转换经济实用,即缩短输入时间,还能令人印象深刻。这也使得网络语言的经济性显得尤为突出。

第五节　网络交际中语码转换的动因及其社交功能——“顺应论”视角

近年来,从不同视角研究语码转换的论著有很多(如于国栋,2004;魏在江,2007;赵一农,2012;王瑾,2013),而具体针对网络交际中英汉语码转换的心理动因及其社交功能的却不多见。在日益频繁的网络交际中(如 Email、MSN、QQ 聊天、微博互动、BBS 聊天等交际形式),英汉语码转换出现的频率越来越高,因此有必要深入剖析网络语境中英汉语码转换的特征、内在动因及其社交功能。

就网络语境中语码转换的特征而言,通过对网络语言语料库的观察,我们发现网络交际中英汉语码转换具有两大鲜明特征:(1)非正式、即时性。也就是说,网络交际中的语码转换不是“约定俗成”,而是“应急而发”。(2)以句内转换为主,较少涉及句际转换。下面,我们以顺应论为视角,具体分析网络交际中英汉语码转换的动因及其产生的社交功能。

一、网络交际中语码转换的动因

语码转换是一种交际策略，这是社会语言学家和语用学家的共识。在理论语言学中，乔姆斯基将人的语言能力分为语法能力与语用能力。交际策略是社会语言能力的一部分，而社会语言能力是语用能力的一部分。在应用语言学中，交际策略是策略能力的一部分。策略能力与语言能力和心理—物理机制一起构成交际能力(Bachman,1990)。关于语码选择和语码转换作为交际策略的内涵，社会语言学家 Giles (1980), Coupland 等(1991)和语用学家 Vershueren (1999)的观点是相同的。语码转换作为交际策略，具体表现为言语趋同、言语趋异和语言保持等策略，它们都是适应或顺应的结果。

本节我们从"顺应论"的视角来阐释网络交际中英汉语码转换的动因，即交际主体进行语码转换的内在动机或目的。"顺应论"的核心观点是：语言的使用就是语言的选择，这种选择可能是有意识的也可能是无意识的，受语言内部的(比如句法结构)以及语言外部的因子共同驱动。而顺应性指交际主体从可及的不同语言项目中做出适切的选择，以实现交际目的。网络交际主体做出语码转换的选择正是为了顺应语言内、外部因子，从而顺利完成交际。概括而言，网络交际主体转换语码是对交际语境和结构客体的动态顺应。具体来说，语码转换要顺应交际对象，顺应网络交际环境，顺应交际目的，顺应语言结构。

第一，顺应交际对象。语码转换往往是针对受话人，在网络动态交际环境中发话人与受话人的身份在不停转换。这种情况下，交际主体要根据不同谈话对象动态地选择不同语码，根据受话人的特征、心理、身份等转换语码才能使语言更容易识解。例如，网友"怕瓦落地"和"动力火锅"在某学院 QQ 群中聊天，"Alice"为外国留学生。

怕瓦落地：今天的 quiz，要求翻译"水滴石穿"。

Alice："水滴石穿"? What does it mean?

怕瓦落地：It means constant dripping wears away the stone.

动力火锅：你这个"中国通"，这也不懂？哈哈。

这是典型的由于交际对象改变而进行的英汉语码转换。"怕瓦落地"意识到 Alice 无法理解汉语成语的意思，为了顺畅交流，便转换成英文回答。而当交流者变为"动力火锅"时，"怕瓦落地"将会重新切换为中文。上文中 QQ 群的常规语码为汉语，"怕瓦落地"考虑到交谈对象的母语为英语而从汉语语码转换成英语，这正是对交际对象的顺应体现。

第二，顺应网络交际环境。语码转换也取决于具体的交际环境。首先，网络交际的语码转换本身也是对大的交际环境——网络的顺应，它顺应了随性、追求新奇的网络环境。此外,交际者都具有多重身份,特定语码往往对应特定身份。语码转换还要顺应更具体的网络交际环境。在网络环境中,不同的交流群意味着不同的网络交际空间。这种语码转换是对不同交际环境的顺应。此外,交际者可以利用语码转换来孤立那些不懂英语的听众,为个人谈话创造更大的私密空间。例如,BBS上两个中国学生正津津有味地讨论某个话题,由于不想让论坛的其他人员得到他们的交谈信息,二人选择转用英语进行交流。这从另一个角度诠释了语码转换对交际环境的顺应。

第三,顺应交际目的。交际目的从多方面影响着交际主体对语码的选择,下意识或有意识地选择不同语码是顺应主体的社交目的。从这个角度看,语码转换有两个维度:语言靠拢和语言偏离。语言靠拢是指发话者调整自己的语言或语体,以趋近谈话对象的语言或语体,这种行为反映的是发话者赞同或讨好受话者的心理。一般说来,交际双方都希望自己的语言与对方相似,这样能增强彼此之间的吸引程度和理解力。语言偏离无疑是为了拉开交际双方的距离。

第四,顺应结构客体。顺应结构客体指语码选择和话语构建成分的选择,也就是对语言现实的顺应。参与语码转换的语言或语言变体其语言成分和语言结构具有各自的特征。受文化背景、人情风俗等因素的影响,一种语码中存在的词语未必能在另一种语码中找到对应,比如汉语中存在许多英语中没有对应的词语,这种语言结构或成分的差异只有通过语码借用来解决。这种现象即体现了语码转换对语言结构的顺应。例如,两人的MSN聊天:

WCCEO:明天轮到我做 presentation 了……

帅得惊动了如来佛:恭喜哈!这门课期末要考试吗?

WCCEO:不考,最后要交一篇 paper。

帅的惊动了如来佛:Oh,Yeah!

会话中两人用母语——汉语讨论英语课程。WCCEO 用了“presentation”“paper”等英文语码。因为这两个概念很难在汉语中找到恰切的对应表达。此处语码转换正是为了顺应语言结构。

二、网络交际中语码转换的社交功能

语言在具体的社会场景中的功能是不同的,所以每个语码也相应地具有不同的功能。下面我们具体来看网络交际中英汉语码转换的社交功能。

首先,网络交际中英汉语码转换有助于取得生动鲜明的修辞效果,具体包括幽默、夸张、委婉等效果。如很多网民在表示惊讶、赞叹等情感时,常脱口而出或“脱手而出”:“Oh,my God!”“Wow!”。除此之外,网络交际中的语码转换还可以避免社交性尴尬,比如在谈到与性有关的内容时,交际者经常用对应的英语词汇代替汉语来解释，如 homosexuality（同性恋），sex，gay 等。因此，语码转换可以起到委婉语的交际功能，使交际双方会于心而不羞于色，从而完美实现交际目的。

语码转换能够应对词汇空缺。文化差异造成了大量的词汇空缺，通过语码借用可以弥补这种空缺，使表达更精确。由于文化差异导致某一概念在某种语言中出现空缺时，就会采取英汉语码转换来解决。如在汉语科技文体中往往会使用一些外来术语如 bug，Java 等词，这样可以防止翻译过程中造成歧义。各国经济文化的接触与交往势必带来对本国语言的冲击与改造，而语言是一个开放的系统，为丰富自己的词汇系统，一种语言往往会从外来语中吸收或借用词语，形成不同文化的兼容与互补。

语码转换能够达到省时、简洁的效果。网络交际的快捷性、休闲性和虚拟性等特性使得网络语言呈现出新颖独特、经济简洁、生动活泼、幽默随意等特点。网络交际中的语码转换也符合网络语言的这些特点，可达到省时、简洁的效果。如汉语网络聊天中频繁插入的 IC（＝I see，我明白了），BS（鄙视），3Q（＝Thank you，谢谢你）等。再如上文提到的 Java 等术语，很难用汉语简洁地表述清楚，而直接使用英语语码，省时、简洁。

语码转换可以使交际者彰显个性，表达文化认同。网络交际以年轻人居多，他们大多具有双语基础，更重要的是他们不拘泥于传统的生活方式，追求时尚、新奇、个性等。网络英汉语码转换不遵循传统的语法规则，具有创造性、新奇、跳跃的特点，与青年人追求新鲜和个性的特征相吻合。例如，网友“女娲补锅”和“福尔牌摩丝”于网络聊天室中相识。“女娲补锅”对“福尔牌摩丝”说：“我平常喜欢 shopping，超爱美剧，没事 KK 歌，是 Lady Gaga 的 fans”。在这一句话中出现了多次英汉语码转换，“Shopping”“fans”与中文表达相比给人耳目一新的感觉。“女娲补锅”在介绍简单信息的同时，把自己时尚、个性的特点展示出来。在虚拟的网络空间，语言已成为展现交际者与众不同的一种方式，大量网络语言变体的出现与流行给了他们彰显个性、释放自我的空间。

第六节　语码转换的码值因素

周国光（1995）认为语码转换是由三方面的因素决定的：（1）主观因素，主要指交际者自身的因素及其交际目的。（2）客观因素，主要指语境、话题、交际者之间的关系等。（3）语码因素，即语码自身的价值（或曰“功能”），简称为“码值”。每种语码各有其自身独特的价值，它们分别适用于不同的语境，满足不同交际者的不同需要。对一种语码在交际中的使用（而非结构）方面的功能进行分析，其码值大致可分为四个方面，即语义价值、关系价值、情感价值、风格价值。这是语码码值的类的区别。一种语码的码值，根据在交际中所显示的功能的强弱程度来分，又可分为不同的层级。这是一类码值中量级的区别。码值的类型和码值的量级结合起来就构成了码值的坐标系统。

每个语码都有自己的语义价值、关系价值、情感价值和风格价值，其中语义价值是语码基本的价值，其他三种价值要借助于语义价值才能实现。

码值这个概念的引入，可以解释交际者为何在语码转换时从 A 语码转换到 B 语码，而不是转换到 C 语码，原因是因为 B 语码能比 C 语码更好地令交际者达到目的，或更符合当时语境的要求。语码的价值是相对而言的，它们在相互比较中显现出彼此价值的区别和各自的价值量。在交际中，每种语码的价值得以实现；而在语码转换这种特殊的交际现象中，语码的价值因相互比较而显得更加明显。

从以上分析可以看出，网络语码转换是一种有意识、有目的的语言行为，是人作为实践主体所做出的一种语言和社会现象，它的产生受到社会规则、话语主体意识等多重制约。网络语码转换有助于实现交际的目的，满足交际的需要。二者为因果关系，同时二者相辅相成。语码转换的动因偏重交际者心理层面，功能偏重社交层面。另外，网络语码转换整体上是遵循一定的语法规则，不是杂乱无章的随意混杂语码。在网络英汉语码转换中，主体语汉语始终起主导和决定作用。几乎所有的嵌入语如单个词汇及语言岛，都遵循网络主体语汉语的句法框架约束。网络英汉语码转换的结构是通过一个插入（insertion）的过程来实现的。只有与相应的网络主体语汉语成分结构一致的英语单个词汇和完全符合英语语法的英语才会被插入到网络主体语汉语句子框架之内。这种合法性需要成分之间具有内在的结构依赖性。而有时候我们也会看到，在网络英汉语码转换中，英语水平较低者或双语水平较低者，随心所欲地将英汉两种语言成分任意排列组合，不合语法地随意混杂两种语码，这不是真正的网络英汉语码转换，并且是我们所要尽量避免的。

第五章　网络交际中语码转换对语言规范的影响

语言学家David Crystal认为20世纪90年代在世界范围内显现出“革命性”的三大语言趋势:英语成为全球性语言、语言危机加重、互联网成为第三交际媒介,而且这三大趋势已从根本上改变了全球的语言生态。当今世界,语言竞争的确存在。同时,随着互联网普及率稳步提升、网民数量的激增,网络交际越来越频繁。网络推动语言的变异已成为不可阻挡的潮流,网络语言接触是新世纪全球语言变异的主要推动力,是语言和社会共变的必然趋势。

社会语言学认为社会是第一性的,语言是第二性的,社会发生了变化,作为中介的语言也会反映这种变化,尽管它们的发展是不同步的,却是“共变”(co-variance)的关系(戴庆厦,2004)。从哲学角度看,社会是客体,语言为主体,客体决定主体,主体能动反映客体。语言是一个变量,社会也是一个变量,社会是动态的,不断发生变化,语言也不是静态的、封闭的,语言会跟随着社会脚步,以其独有的方式描写现实世界。因此,语言和社会相互反应、相互制约、相互接触,从而引起互相变化。语言的发展是历史的潮流,随着社会的发展和互联网时代的发达,网络中的新词汇不断出现,语码转换、语码混杂现象也不少见,这些对“纯洁”现代汉语的负面影响也无法全盘查杀。因此,对于虚拟世界的、以“无声”语码进行交流的网络社会需要重新认识,需要科学、合理地看待网络词汇、语码转化,客观地描述、阐释这种超文本对语言规范的正负影响。

在社会语言学家眼里,语码可以指“任何一种用来交际的符号系统”,或者“只供自己使用的一种秘密的符号系统”(郭熙,2004:169)。不像方言、标准语那样具有区别特征,语码是中性的,不同的语码有不同的社会交际功能。在现实社会里,一方水土养一方人,说一方话。在虚拟的网络社区里,言语交流常是无声的。由于性别、身份处于无知的状态,虚拟的身份一方面影响语码的使用,另一方面语码的使用本身也随时塑造身份(doing gender),这种变化的过程,使得网络交际中语码转换的研究更具挑战性、复杂性。在网络言语社区交际中,语码的转换是一种策略,是说话人随着交际环境的变化而变化,是说话人用无声语码来表示态度的变化,如语言优越感、个人幽默、讽刺、逗乐等。可以说,网络语码的转换表现了十分复杂、微妙而有趣的社会行为。真实世界里,人们交流时带有地域"音",如纽约中产阶层 r 音、伦敦贵族调、中国南方音、北方调。那么,网络言语社区交流与真实世界中人与人之间形成的言语社区有何不同?网络言语社区的构成有什么特色?网络语码又是如何影响语言规范的?本章将应用社会语言学中的言语社区理论、语言接触和语言演变理论、语言规划理论,了解网络言语社区、网络交际、网络语码转换,描述不断涌现的网络新词、形象符号、网络新语法对语言规范的冲击,探讨网络语码静态与动态规划的可行性、网络言语规划的符号学依据,并在此基础上预测网络语言的发展和趋势。

第一节　言语社区理论

语言学家进行社会调查常以言语社区(Speech Community)为单位,言语社区是语言的社会环境的一个具体表现形式,也是社会语言学的主要理论,是社会语言学家为了联系社会进行语言研究而采取的分析工具。关于言语社区的概念,不同学者从不同角度赋予了不同的理解和内涵。如何定义它的概念,语言学家、特别是社会语言学家纷纷提出不同的标准,如布龙菲尔德(Bloomfield,1933)、拉波夫(Labov,1972)、甘柏兹(Gumperz,1972)、莱昂(Lyons,1970)、海姆斯(Hymes,1974)、赫德森(Hudson,1996)等,他们从各自研究视角阐明了这一概念。在 Ronald Wardhaugh 所著的《社会语言学引论》(2000:116－122)第三版第五章 Speech Communities 里详细介绍了以上诸位学者的观点,也对他们的看法进行了评论。这里,我们只想简单回顾一下国际学者的观点,梳理一下言语社区理论的形成、发展及完善过程,以期读者对语言调查的基本单位——言语社区有个较为清晰、宽泛的了解。

Wardhaugh(2000)认为 speech community 这个术语来自于德语 Sprachgemeinschaft。Bloomfield(1933)较早定义了这个术语:"A speech community is a group of people who interact by means of speech。"这个定义过于笼统,只涉及了一群人和交往。社会语言学家的代表人物拉波夫(Labov,1972:120)在其定义中强调了人们之间的交往需要遵守语言规约(linguistic norms):

"The speech community is not defined by any marked agreement in the use of any language elements, so much as by participation in a set of shared norms; these norms may be observed by overt types of evaluative behavior, and by the uniformity of abstract patterns of variation which are invariant in respect to particular levels of usage."

拉波夫的定义既强调了语言变异或地域影响，也强调了使用共享规约。这里的规约可以认为是一种社会习惯，这种习惯不是一天形成的，而是千百年来深入人心的、恒定的价值观、礼仪习俗、思维方式等，形成一些隐性的标准，约束人们的行为举止，迫使人与人交流时注意自己的社会身份，遵守社会规约。这个定义显示了研究言语社区应该包括人的因素、社会环境的因素，因为语言是现实生活中的种种差异、变体的集散地(戴庆厦，2004)。拉波夫的观点与他的《纽约市英语的社会分层》(1966)实证研究息息相关，指明了语言研究离不开丰富多彩的真实的社会现实，语言变化与社会发展紧密联系。

另一位美国社会语言学家甘柏兹指出言语社区的划分可大可小，可以是面对面交往的伙伴，也可以是不同地区组合的国家，或者是同业行会、地段团伙。只要他们交际时表现了独特的语言特色，就值得专门研究。在甘柏兹的定义中强调了语言与行业、职业的关系，社会行业影响着人们的语言使用情况。某一行业为了内部的交流，形成了适合自己特点的语言模式，或一套自己的交际规范，也成为这种职业身份最明显的语言标记。下面是甘柏兹的定义(Gumperz，1972：114)：

> Most groups of any performance, be they small bands bounded by face-to-face contact, modern nations divisible into smaller subregions, or even occupational associations or neighborhood gangs, may be treated as speech communities, provided they show linguistic peculiarities that warrant special study.

比较前人的定义，甘柏兹这里所增加的社会语言学的内容有两方面：(1) 言语社区是一个言语互动的环境；(2) 作为交际活动的语言运用受到社会规范的制约。甘柏兹的定义将语言使用者与社会结构、阶层的关系引入到言语社区理论中，拓展了该理论适用范围，对语言的阶层变体的调查、描写和分析，不仅利于对真实语言现象的理解和认识，而且有助于目前和未来语言生活的建设和规范工作。

美国人类学家、语言学家海姆斯(Hymes，1974：47)认为言语社区的研究不能只考虑语言规则(linguistic criteria)，人们交际的方式、交际能力、选择得体的语言进行交流的态度、为什么选择这种语码进行交流等方面，也应该包括在内。语言的研究必须涉及语言的"交际能力"的研究，即语法的正确性、语言的可接受性、得体性、可行性。

对于这样一个充满争议的概念，我国学者徐大明(2004)在国外学者论述的定义基础上，明确提出言语社区五要素标准，指出鉴定言语社区可以从人口、地域、互动、认同、设施五要素入手。这个界定言简意赅，简化了关于言语社区定义的争论，同时将抽象的言语社区的定义变得具有可操作性、可对比性。学者杨晓黎(2006)提出：确定言语社区只需三元素，即大体圈定的区域、相对稳定的人群、由区域群体成员共同认可并使用的语言变体。杨晓黎认为互动和认同在一切言语交际活动之中都存在，而设施同言语活动没有直接关联，可以看作是言语社区的语言变体的构成基础和立体参照物。

在人类的交往中，语言与非语言符号都发挥作用，但使用最频繁、最有效的是语言。人们在交际中会形成相对固定的社会环境和交际对象，就有可能构成一个言语社区。这一术语在实际运用中具有不同的所指，言语社区是个相对的概念。一个人可以属于多个言语社区，好比一个人可以加入不同的社会团体一样，这样一个社区的每一个成员都有一大堆身份。在交际中一个言语社区也不一定是单语的，可以是双语，甚至多语。

一、言语社区五要素的基本特点

言语社区五要素来源自社会学的社区理论，徐大明综合了许多语言学家的观点，认为言语社区是一个言语互动的场所，言语社区要素的特点也都与互动相关，甚至强调“社区第一，语言第二”(徐大明，2004)。

第一，地域(或区域)是划定社区的首要因素。社会学的社区范围不存在绝对界限，但边界是相对明确的，依河、依街、依自然村落等为界，都可以成为社区的分界，如浙江有很多方言岛。言语社区的划定要复杂、困难得多。大多数情况下，许多不同的社会学社区常常被某一个言语社区所覆盖，即有效的言语互动会覆盖空间地域。特别是当今信息时代的到来，为人们的互动提供了便利，通过网络、电话、视频可以参与互动，甲乙两地远隔千里甚至重洋都可近在咫尺，所以，言语社区的地域的概念是不能用自然疆界来划定的。

第二，人口是言语社区的另一重要因素。言语社区是一个聚集在同一地区的人口保持频繁的互动关系的社区。没有聚集在一个地区的人口，没有言语互动就不能构成言语社区。就个体来说，就要视其用哪种语言符号进行互动来判定其属于哪个言语社区的成员。

第三，设施在言语社区里是言语知识库，主要表现为两个方面，一是互动言语的言语符号体系(或者语言变体体系)，一是与互动言语相关的语言规范。语言作为一个音义符号系统，可以视为社区的公共财产。有关的语言权威机构、语言典籍、成文标准、舆论压力等元素构成语言规范，服务于整个社会，带有官方运作的浓厚色彩，语言符号和语言规范都具有公共财产和设施的特点。

第四，言语互动是言语社区的关键要素。世界上的人之所以能被划分为属于不同的言语社团，主要是因为他们的言语行为受到不同的社会规范的制约。语言的本质是社会性，而社会性就是在互动中体现出来的。言语社区的互动性是不言而喻的，互动应该是言语社区的重要构成要素。

第五，认同是言语社区不可缺少的因素。语言的意义、特点、用法都要以社会成员的认同来确定，没有认同就没有语言，就不可能有言语社区。社会的认同程度又称“语用显著性”(pragmatic salience)。最容易被识别的是语言的约定俗成(stereotypes)，语言标记是社会认同的另一个识别码。虽然语言标记具有地域方言性，但并非是令人鄙夷的(stigmatized) 语言变体。

二、言语社区要素间的辩证关系

言语社区的五要素并不是并列在一个平面层次上，而是构成了一个立体层次。徐大明(2004)认为：人口要素是言语社区构成的主体，地域是言语社区的交际场，互动是言语社区形成的连接链，认同是言语社区形成的催化剂，设施是言语社区形成的符号系统、言语变体以及语言规范。

五要素的相互关系是：地域、人口是划定社区范围大小的依据；认同、设施是言语互动的基本条件。前者体现言语社区的社区性，后者体现言语社区的语言性。因此，言语社区的确定应“社区第一，语言第二”。总之，人口是稳定性和流动性的统一，地域是时空性与超时空性的统一，互动是同一性与变异性的统一，认同是群体性与自我性的统一，或社会认同和个体认同的统一，设施是显现性与隐秘性的统一。

第二节 网络言语社区的形成与发展

虚拟空间是社会空间的一种新形式。网络言语社区是随着计算机的诞生、普及以及互联网的运用而形成的。1994 年中国大陆以域名“cn”正式加入世界互联网，成为地球村的一员，中国互联网上的语码交流呈现多语码并存情况。虚拟世界里的无声交流具有数字化特有的交流语码和交流方式，这种“比特(bit)”数码语言是一种动态的、多维的、直接呈现的具象符号。网络社区里语码交流，其功能和组织形式上都与现实世界中的言语社区有明显的差别，不再具有一般意义上的地域，而是一个数字化技术支撑的现实之外的拟想空间。虚拟的板块构成了虚拟的言语社区。因为网民之间的语码交流通常是无声的，无法使用地域方言、社会方言、民族共同语来确定说话人的地域、性别、阶层、教育背景等信息，但我们可以通过互联网中网民交流的平台了解网络交际环境下网络言语社区的特点，而这些特征则刚好符合甘柏兹提出的言语社区的特征，即通过人们频繁交往而形成的、并且在运用语言方面自成体系、具备与其他类似共同体明显差别标记的社团。虚拟社区成为言语社区的一种新形式，不仅具有语言传播所需要的属性，而且表现在网络交际中的交际能力方面。海姆斯认为，交际能力是通过人的社会化过程获得的，并且认为交际能力包括编码和解码能力，体现在言语行为的各个方面（祝畹瑾，1994）。

虚拟社区以计算机网络技术为基础，强调社区成员之间的互动、交流与联系，进而建立友好的关系。在虚拟社区中，成员之间的知识共享是社区繁荣发展的一个重要因素。根据目前我国各大网站页面设计，按照功能可以将互动的网络言语社区分为以下几种类型：(1)电子信箱社区；(2)电子公告板（BBS）社区；(3)新闻组社区（夹带图片和视频）；(4)网络聊天社区（如 QQ 群，MSN 群）；(5)用户讨论组社区（USENET，某厂产品、服务发表评论）；(6)游戏社区（ONLINE GAMES）；(7)专业网络社区（如招聘网站社区、书店社区、房地产社区、专门领域的学术论坛等）；(8)综合网站大社区；(9)微博、微信社区。

在这个虚拟的言语社区，尽管其参与者可能是具有不同的社会、文化和阶层背景，但是他们具备共同的特点：具有进行网络交际的知识或能力，能够运用网络语言进行交际，认同并且遵守同样的网络交际规范。人们创造的各种适合网络交流的语码，可能超出了原有经典语言的规范，但是让具有相同爱好的网民更容易找到彼此，以共通的互动规范来推动网络交流良性化。网络语言表达方式也会随着社会的变化进程，发展得更加丰富多彩。

第三节　网络言语社区的基本元素及其关系

网络语言正是在网络交际这种特殊语境下，由一群具备网络交际连贯能力的特殊群体在网络所构建的虚拟社区里所使用的语言。网络使用者在网络交际中打破了地域限制、性别限制、年龄限制，不同地域的老少男女都能够通过网络进行匿名交流。这种交流方式使网络语境具备公平性、行为与责任分离、角色扮演随意等特点，为各种网络语码转换提供了语境条件。

言语社区理论明确提出，现实社会里的言语社区是一种符合社会学定义的社区。人口、地域、互动、认同、设施，这些元素在现实世界交往中不可或缺。这里的人口、设施都受地域性限制，如我国吴方言区，客家方言区、粤方言区等。从实际调查中可以发现，为社区成员共有的各种语言变体和语言使用规范，跨过一定地域，各种方言区认同感为真实世界里的交流带来了不便。而在虚拟的网络言语社区里，人口为无穷大，地域无边界，设施为全民通用的汉字、英语、网络符号，网络交流普及全中国、全世界，完全没有地域限制，交流非常方便。

这个虚拟的言语社区的地域是绝对超时空的，人口是稳定性和流动性的统一。它跨越了时间、空间距离，足不出户就能够不分白天黑夜用“标准语”“乡音”“土话”“洋调”和世界各地不相识的人交流。虚拟的网络社区是由网民共识形成的想象中的交往处所，这里的交往通常是无声的。在虚拟的言语社区里，网民可以随自己的个性爱好申请一个账号，加入自己喜欢的论坛、聊天室，或跟帖，或静静地浏览。即使是“互动”因素，在互联网世界里也与真实世界里面对面的交流有所区别，网民可以跟随对方语码，也可以使用不同语码交流，还可以发送各种表情符号发表看法，幽默、诙谐、讽刺都依自己的心情敲打选择；甚至有自由选择隐身，观看网友聊天，这种互动让人避免了很多麻烦，心灵放松。虚拟社区的言语互动不仅是同一性与变异性的统一，而且可以是无声的“同一和变异”。

无论现实社会或虚拟世界，认同和互动这两个元素都是构成言语社区的最基本的元素。自我认同，从初级阶段来看，的确存在于一切言语交际活动之中，因为互动的产生必然要以一定的认同为基础，从这个意义上说，认同可以说是互动产生的催化剂，但认同在言语社区中的作用并不仅限于此，它还是言语社区最终形成的重要标志，因此认同在现实社会中应该是鉴定某个言语社区的重要因素，而不是可有可无。在虚拟的网络言语社区里，认同为网民 ID 身份，是一个网民能够进入他想加入的论坛、聊天室通道的钥匙，注册了 ID，网民才能登录，进行交流。

在日益普及的虚拟空间交流里，人们表达思想、情感的方式的确与真实生活中的表达方式不同，有可能导致网络语言特质影响书面语和口语语言结构，甚至网络特色语或特殊用法逐渐延伸到真实世界的语言使用中。例如，有人创造出令人费解的另类书写和看不懂的键盘符号“网语”，如键盘符号组合“-I”，表示吸烟一族；“：-’)”，表示有点感冒；表情符号“”“”具有现实世界的意义，“”表示“笑”，“”表示“赞”。大部分的“网语语码”是网民为提高输入速度，将一些汉语和英语词汇进行近似性缩短，对文字、图片、符号等随意链接和镶嵌。从规范的语言表达方式来看，网络语言中的汉字、数字、英文字母混杂在一起使用，会出现一些怪字、错字、别字，甚至完全是病句。但是在网络世界中，它却是深受网民喜欢、标新立异的“语言”。网上“聊天室”，如 qq 即时消息、MSN 即时消息，是一种相对隐秘、随意、宽松的交际空间，彼此之间在心理上较为接近，语码之间的转换很快，网民可以使用非声音图片、表情符号、谐音字、数字、键盘符号等“认同的设施”交换信息，发表高论。网络言语社区的设施比真实生活中设施要素复杂，更加多元化，不能简单地通过其文字、符号将网民“语域”化，如律

师、医生、教师、记者、农民工等。

关于真实世界言语社区案例，中外社会语言学家都从理论和实际方面进行了广泛细致的探讨，他们认为五要素的相互关系是：地域、人口是划定社区范围大小的依据；认同、设施是言语互动的基本条件。在虚拟的网络言语社区里，五要素关系更加多元、立体，网民的ID身份认证是最基本的一个因素，以ID认同为特征的网络世界里人口、地域无限大，或无限小，设施更加具象化、多元化，互动也可以包括跨时空的书面语阅读，或以隐身的身份静观交流。网络平台是虚拟社区范围大小的依据，是流动性大、比较松散的社区，而ID是这个社区言语互动的基本条件。

社会语言学认为社会与语言之间的影响是双向的，强调社会结构对语言具有限制和制约作用。在现实世界中，具有不同生活背景的人们，在交际过程中受到性别、年龄、阶层、职业等因素的影响，语言呈现不同的差异或变化。在我国，普通话作为全民通用的语言，具有较高的"威望"，能说流利的普通话，被认为具有较高的社会地位。

从社会语言学视阈看，网络交际中语码转换拓展了语言的运动过程研究，因为社会生活中实际使用的言语构成了社会语言学研究的主要对象。语言变异、语言接触与融合、语言历史演变，皆是一种动态的探索语言的过程。这与静态的语言本身构造和语言诸要素的规律研究相互依托，构成语言研究的立体图。语言与社会因素不再是先在的、相互独立的、具有线性的因果关系，而被视为相互建构的关系（张荣建，2011）。

第四节　网络言语社区交际

网络交际作为一种新型的交际方式，不同于面对面的交际方式。网络交际凭借无声音媒介进行，也没有体态语的辅助，因此需要网络交际参与者具备一些独特的交际能力，如掌握电子版的副语言，如笑脸符号或表情符号等语码。另外，在网络会话中参与者往往不遵守Q—A—Q—A（一问一答）的话轮转换模式。在真实世界里我们采用无停顿、不抢话（no gap，no overlap）的话轮规则模式进行面对面交流，而在虚拟世界里网络交际打破了日常会话中的话轮规则，形成了网络交际独有的两条话语主线或多条线交叉并行的局面。因此，要求参与者必须掌握网络交际连贯的能力，从纷繁的交际对话中找出配对的信息。网民只有具备了网络交际的基本能力，才能顺利地通过网络进行交流。因此，网络语言正是在网络交际这种特殊语境下，由一群具备网络交际连贯能力的特殊群体在网络所构建的虚拟社区里所使用的语言。新的互动方式（ID身份交流方式）

改变了人际沟通模式，是人性与心理的解放，按照去中心化的方式联结和组织起来，改变了传统工业社会中从中央核心向边缘的信息传播模式和人际互动模式，这使得边缘的人处在一种自由、平等和直接的交流中心。

一、现实社会的熟人社区交际网

日常生活中，一个人与他人交往通常有一定的对象或范围，交流的对象可以是家庭成员、街坊邻居、朋友同事等，我们将其称为"熟人社区交际网"。这种交往方式对这个人的语言行为和语言演变会产生很大的影响。这种交际可以是很密切的，也可以是陌生的。美国社会学家米尔罗伊(L. Milroy)曾用三个术语来分析真实社会网络："密度"(density)、"复合度"(multiplexity)、"聚合度"(cluster)(游汝杰、邹嘉彦，2004:18)。

"密度"指网络成员之间的实际联系系数与全部可能联系系数的比率。"复合度"指网络成员之间的角色关系是单一的或是多元的。"聚合度"指一个社会网络中的某一个高密度、高关系的多重型的人群，他们对整个网络的成员具有强大的聚合力，对整个网络的规范具有强大的影响力。英国社会语言学家沃德霍(Wardhaugh，2000)用四个几何图形表示现实社会中人与人之间交流的模型：在这四个交流图表中，A 都处于统治地位，是这个网络的中心人物，他与其他人之间的互动关系都属于熟人之间的交往，他们的语言方式会互相影响，语言变体或许趋向一致，因为语言接触与语言演变会通过交际圈子扩散，同属一个阶层的人群会有相同的语言变体。在图(1)和图(2)中，发话人 A 与其他人关系密切，或是家人、亲戚，或是同事、同学，同时 A 与 B、B 与 C、C 与 D、D 与 E、E 与 A 都有机会交谈；在图(3)和图(4)中，A 与其他人的交往不太密切，可能是老板与员工，也可能同僚、生意人之间的交往。在图(3)中 A 与其他人有机会交流，而其余四人交流机会很少；在图(4)中，A 与 B、C、D 有机会交流，与 E 没有机会交流，C 与 E 有机会交流，B、D、E 很少有机会交流。在图(3)和图(4)中，复合度单一，聚合度不如图(1)和图(2)紧密。因此，在社会网络影响力方面，图(1)、图(2)比图(3)、图(4)大。语言的社会网络对一个人的语言行为和语言演变会产生很大的影响，对于儿童的影响就更大。

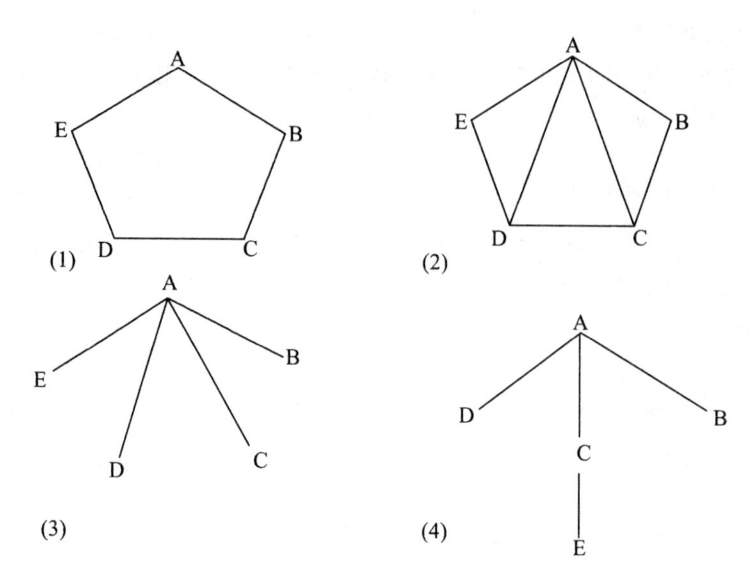

图 5-1　真实社区人际互动关系网

引自 Wardhaugh(2000)

二、虚拟社区 ID 认同交际网

计算机作为一种新型的交流手段，给人类的交往模式带来了巨大的冲击和改变。网络作为一种新兴媒体成为网民之间交往的中介，形成了一种独特的，区别于传统社会交往、互动的模式——虚拟网络社区交际网。这种交际形式与传统社会交往中面对面互动的形式不同，是以"点对点"的双向交流或"一对多"的多线性交互方式进行实时交际(real time interaction)和非实时交际(postponed time interaction)。实时交际很典型的例子就是聊天室、游戏娱乐空间等，交际双方进行同步实时会话，即点对点的交流；而非实时交际有电子公告板 BBS (bulletin board system)、专门论坛社区、新闻组社区、微博，是一种异步的交流形式，即进行点对面的交流。第三种网络 ID 交际模式兼有上面两种功能，可以发送即时消息(instant message)，也可以在线聊天，如目前时尚、盛行的 QQ 交友社区，携带方便的手机微信交友社区等。

较之传统的垂直互动方式，即信息是从单一或少数人那里向外发送，网络 ID 互动方式属于水平传播信息模式。在网络虚拟社区里，网民共享一个大众话语平台，以文本或超文本为媒介，网民是接受者，也是发送者，信息来源是多种路径，发出也是多渠道。网民能够将相关意义的建构和呈现的主动权掌握在自己手中，虚拟身份增大了网民的自主性、创造性和话语权。网络互动不再是熟人交际网,而是兼有了熟人和陌生人交际网,以匿名性、广泛性、有缘性、心近性特征在下面图表中的不同平台张贴特定主题的一己之见,或交流思想、或答疑解惑、或闲聊交友。

图 5-2 描绘了以网民为中心、在虚拟社区进行的 ID 身份注册的交往模式图。一般来说,网民上网意图大致有以下几种情况:(1)通邮行为;(2)获取信息行为;(3)聊天行为;(4)游戏行为;(5)交友行为。单箭头表示交际方式为非即时方式,包括异步的电子邮件、BBS 公告版、论坛和同步的聊天室、游戏;双箭头表示交际方式可以即时对话,也可以留言,如 QQ、MSN 交友社区。在这个流动性大、比较松散的全交互式的电子平台,所有参与者凭借 ID 身份登录,改变了传统的面对面人际沟通模式,使得边缘人处在一种自由、平等和直接的交流中心。所以,虚拟社区是社会空间的一种新形式。

在这里,很多人把自己伪装起来:虚构名字、身份、年龄和性别。网上冲浪、交友时人们遵循的是开心准则。为了简便省事、凸显个性,网民在即时沟通过程中形成了特点鲜明的网络语言,有很多非文字键盘符号和动画插入进来,这类网络语言的使用使网络交际更加独特。在聊天中会话者有时会在谈话中加入一些表情符号,例如“:—)”(笑脸)、“:—D”(大笑)、“:—(”(悲伤)、“@_@”(醉了、晕)等。

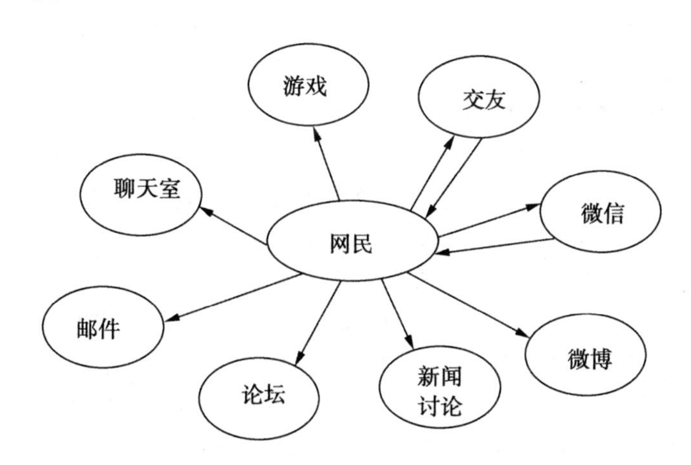

图 5-2 虚拟社区言语互动交际模型

在虚拟社区交往中,网民都是以自我为中心,以口语化的书面语交往,超文本的发送凸显了网络交际与真实社会的不同。网络上的交往行为自由、开放,人性及心理比较解放,同时解除了权威性,具有草根性和全球性。这种想象的空间具有现实社会中言语社区属性,但交流空间超时间、超地理位置限制,通过语码转换显示互动者的部分真实信息。互动中多问多答的方式，或小窗口的一问一答的方式，使网民试验“在线民主”，以短句、拼贴、戏仿、另类书写形式实现在一个双语或多语社会中的人际沟通。网络语言与传统的现代汉语之间实实在在存在差异，但也属于社会语言学研究语言变异中的一类，网络语言变异也是虚拟与现实相互影响、相互作用的结果。

第五节　网络语言的发展和趋势

语言是社会现象，社会生活的任何变化，都需要有语言来记录。无论社会中发生了什么新变化、新现象，产生了什么新思想、新观念、新事物，在词汇中早晚都会产生与之相应的表达，以满足新的社会生活的需要。这样看来，语言变异、语言接触与融合、语言历史演变，皆是一种动态的、发展的、探索语言的过程。它与静态的语言本身构造和语言诸要素的规律研究相互依托，构成语言研究的立体图。语言与社会因素不再是相互独立的、具有线性的因果关系，而被视为相互建构的关系。社会语言学认为社会与语言之间的影响是双向的，社会发展越迅速，语言越会不断地被丰富、被更新。语言的发展和社会的发展是异步的、但却是共变的。考察社会变化的一条行之有效的方法是研究同时代词汇发生了什么变化，因为任何新的变化都需要用词汇记录下来，历史才能延续。词汇是不同时期积累起来的，具有不同的历史层次性。

互联网是继报纸、广播、电视之后的 E 媒体，亦即“第四媒体”。由于它具有强大的媒体容载和共享的信息资源，这种无纸交流具有了将文字、数字、图形、动画、音频、视频融为一种超文本进行传播，历史进入了后传播时代。在这样的时代背景下，网络语言不断地丰富和发展，同时也遭受了诸多批评，如极大地破坏汉语规范化，影响了汉语纯洁性等，也经历了被斥之为“语言垃圾”的时代。在五千年中华历史长河中，汉语曾多次以借词方式丰富了自身的词汇，使得词义的区别更加细微。不同民族、不同国家之间的借词是语言发展、接触的自然现象，是文化传播的结果。考察历史，有利于客观、科学地看待目前网络时代的新兴语词、新的交流方式，从而合理规划网络语言。

一、汉语借词的三个时代

世界上任何一种语言都不是孤立存在的，总是与别的语言发生不同程度的互相接触，如法语对英语的影响，英语对汉语的影响，汉语对闽南话、客家话的影响。这种影响有深有浅，有长有短，有口语型，也有书面型。借词是语言词汇层面产生新词语，用以满足新的社会生活需要。这种语言演变来自两个方面：一是语言自身结构的矛盾、整合引起语言变化；另一种语言变化是由社会生活变化、语言外部的社会接触引起的。这种变化既有语言结构的变化，也有语言功能的变化。这里，我们简要地从语言接触和语言演变视角分析汉语曾经历过的三次大量吸收外来词语的时期，说明在互联网多媒体时代网络新词语不断产生是历史发展的见证，是21世纪社会现实的一面镜子，不必夸大其对汉语纯洁性的负面效应，历史已经证明汉语具有很强的过滤外来语的能力。

汉语输入西方语言成分的第一时期与东汉末年的佛教东传有关。大批西域僧人来到汉朝，大量佛经被翻译成汉语，形成了一股强大的佛家语潮流，如"佛""禅""罗汉""罗刹""塔""瑜伽""菩萨""菩提"等大量反映佛教的词语就是在那个时代借用到汉语中来，时间长了，进入汉语核心，完全汉化。

第二次是从19世纪中叶开始，西方列强凭借武力侵入清朝，到"五·四"运动前后，大约一百年。西方科学文化大量传入中国，以英语为主的印欧语词语开始被大量借用到汉语中来，其中以反映西方思想观念和科技成果的词语居多，像音译词"德谟克拉西"(democracy)和"赛因斯"(science)就是当时进入汉语的，它们后来分别被从日语引入的"民主"和"科学"所替代。这类音译词如fair play(费尔泼赖)，telephone(德律风)，penicillin(盘尼西林)后来被汉语同化为"公平比赛""电话""青霉素"，中国人比较容易接受汉化了的借词。

汉语借词涉及面广、数量大、速度快的时期始于20世纪70年代末期的改革开放时期。汉语第三次大量借用外来词语不仅是这场重大社会变革的产物，也从一个侧面反映了我国改革开放的丰硕成果，用词语见证了历史和社会的发展。改革开放以前，极具中国特色的"票"在老百姓的日常生活里很重要。由于生产力落后、物资贫乏，政府实行凭票定量供应，人们所必需的日常食物和生活用品不得不用票购买，大量以"票"为词缀的词语应运而生，如"粮票""肉票""蛋票""豆腐票""糖票""布票"等。

改革开放以后，中国人的生活方式、娱乐都发生了很大变化，如"麦当劳""三明治""汉堡包""比萨饼""可口可乐""百事可乐"等走进了中国老百姓家里，与玩乐有关的词语也大量进入汉语词汇，如"蹦极跳""保龄球""随身听""卡拉OK"，这些借词连同汉语词汇层面的其他新词新语一起，如"收录机""电视机""微波炉""抽油烟机"等，构成了一个反映我国人民生活水平已经有了很大改善的万花筒，是改革开放伟大成果的一个缩影。

二、汉语借词的信息时代

汉语词汇第四次发展时期与计算机信息时代息息相关。随着电子计算机行业的出现，电脑和网络逐渐深入人们的日常生活，与计算机行业有关的行话大量涌现，新兴产业、专业的发展必定会产生很多新表达。当这些词语经过了普及、规范化、标准化后，逐渐为大众接受、熟悉、掌握，最终成为全民语言的通用词汇。计算机与网络发展促使许多新词产生，这既是一种语言现象，又是一种社会现象，我们可以认为网络语言是一种新的语言实践。

网络语言——信息时代的言说方式，是伴随着计算机技术高端发展以及网络的发展而兴起的、在虚拟社区交流的多元语码，是一种有别于传统语言的语体形式。一般来说，网络语言涉及以下五种情形：(1)计算机行业的行业用语和计算机专业术语，如软件、界面、下载、操作系统等；(2)互联网有关的专业术语，如登陆、主页、病毒、域名；(3)网络新闻使用的语言；(4)网络文学使用的语言；(5)网络聊天室以及论坛中使用的语言，如“东东”(东西)、“恐龙”(长相不好的女网友)、“B4”(从前)、“8147”(不要生气)等。正是网民在聊天过程中创造和使用的这样的语言表达形式、信息符号和表情符号使得网络语言在开始阶段被认为是语言生活中的混乱现象，而没有较为客观地称之为聊天族“秘密语”。所以，我们从语言社会变异角度进行客观研究，语言是用来交际的社会工具，社会交际是制造和改变这种工具的“车床”(戴庆厦，2004：64)。

三、网络时代语言变化与发展

网络语言，指“以汉语为传输载体，网民在互联网上进行沟通交流和信息处理时所采用的一套不同于现实生活用语的交际符号”(汤玫英，2011：232)，是在特定的场景和文化背景之下的产物。由于在文字、词汇、语法等方面的特点，网络语言已经成为一种新的语体形式或社会方言，具有形象鲜明、简洁高效、个性凸显等特征。网络时代语言对现代汉语的影响，首先体现在文字和词汇上：文字上突破原有书写符号的局限，创制新的形音义结合体，如字母词、数字词、图形符号等；词汇上则体现为对已有词语的变异使用及新词新语的创造。

有人将网络语言的特征归纳为个性化、主观化、形象化、符号化、数字化和字母化六个方面，也有的文章将其特征归结为简约、具象性、新奇有趣、随意性、幽默诙谐。网络语言——比特(bit)数码语言，正是凭借自身所具有的简洁实用、生动形象、幽默风趣的特点，同时也具有解除了现实世界“面具焦虑”的特性，以一种自由、平等、真实、感性的“大话”模式在网络文化环境中广泛地传播开来，并迅速成为一种语言时尚。

对网络语言以及语码转换进行深入系统的研究可以通过理性地描述，来分析网络词汇、语法、符号是在什么情形下使用的，对汉语影响表现在哪些方面，如何合理评价这些影响，以顺应时代的发展。网络语言的出现在语言历史上具有划时代的意义，有人称之为“语言史上的一场革命”。

(一)网络时代的语码变化

陈原先生说过,语言变化确实有一些是来自复杂的社会心理因素。新词语的大批涌现,不仅是社会生活的镜子,同时也可以折射出社会心态(陈原,1983)。网络新词中存在截然不同的类属。一种是信息时代术语词,即随着网络科技的发展,通过译音、译义或音义组合而成的新增语汇,如"博客或微博"(blog)、"在线"(online)、"木马查杀"(trojan killer)、"微信"(Wechat)等;一种是新闻造词,如"囧""给力""正能量";一种是网络流行语,即网民们在网上发帖、跟贴等交流中使用的非正式词汇,如"顶"(支持)、"果酱"(过奖)、886(再见)、3Q(谢谢)、BT(变态)。因网络传播而出现的新词在属性、功能、用途方面相差甚大。术语词、部分新造词丰富了汉语词义系统,意义增值。而流行语属大众文化的范畴,是网友在交流中认同的约定俗成符号,构词方式杂乱,缩略、谐音、仿造、数词、字母或表情符号等,以短促简捷替代冗长晦涩。这种超文本的远距离、无声交流变得栩栩如生、幽默风趣。

1. 网络新造字

网络新造字是发生在虚拟世界的信息符号,它与全民通用的汉字在形式上以及产生原因上都存在一定的差异,带有一定的感情色彩,意义否定,是新造词的形象化延伸,无论复合造词、谐音造词、仿拟造词、假借造词都是一种"另类"语言,在字形、字音和字义上都有自己独特之处。一种是从无到有的新造字,如靐字,"雷"是近几年的网络热词,表示吃惊,三个"雷"叠加,表示"非常吃惊";另一种是古字被赋予新生意义,例如"囧",古义"窗户亮",网络意义指窘态;又如"槑",古字同"梅",网络义"很傻很呆"。网络新造字的读音对于网民来说并不重要,聊天的时候不需要把它读出来,知道它所表达的意思就行,如"嫑"把"不要"两个字快速连读 biào,"嘦"把"只要"两个字快速连读 jiào。

网络新造字可以被认为是一种"语言游戏"行为,是网民对现实社会的一种特殊认知方式,网络新字的存在不会对汉语体系产生大的影响。因为这些字音不规范,不具权威性;虽然网络新汉字遵循了音形义规律,但在字形、字音和字义上,表现出很大的随意性。另一方面,网络新造字的创造者和使用者大多为年轻人,为了追求诙谐而幽默的效果,喜欢自由、机智而轻松的交流。这些"火星字"赋予网民一种可以辨别的身份,凸显这一群体的特殊精神风貌和气质。网络新造字现象反映了一部分网民所特有的观念和生活方式,在宏观上仍然要受到汉语体系的影响和制约,它只是一种体系内的"异类"。

2. 网络流行语

信息时代网络媒体的迅速发展大大加速了信息的传播,网络语言也呈现出事实性、事件化、通俗化的特点。全民共同关注的各地热点成为网络语言进入现实语言的客体渠道。从“神马都是浮云”，到“亲”“有木有”“童鞋”“I服了U”“hold住”，网络新词层出不穷。第二，网络语言总是以迅速、崭新的视角去看待社会事件，十分精辟地概括热点事件，有时带讽刺、戏谑的特色，让人过目不忘，迅速成为现实生活中的热词，如“犀利哥”“凤姐”“芙蓉姐”“我爸是李刚”“打酱油”等。作为特定时期的产物，网络流行语在一定程度上反映出了相关群体的社会心态和社会情绪。

网络是个思想高度活跃的平台，为人们提供了一个用语言无所顾忌地释放情绪的平台。新闻报道和网络论坛上出现了“馒头门”“铜须门”“解说门”等，“××门”泛滥现象，是语言变异的结果，也是网民情绪基调、社会价值观的一面镜子。一定时期的语言变异是一定时期群体社会心态的反映。在新潮的网络平台，每隔一段时间，就会有新流行语产生，一夜走红。网络语言是时代的记录，我们应该尊重，不该排斥。

美国学者布赖特(W. Bright)在他的《社会语言学》一书中提出了“语言和社会结构共变”理论：当社会生活发生渐变或激变时，作为社会现象的语言会毫不含糊地随着社会生活进展的步伐而发生变化(宗守云，2006)。当今中国处于社会转型期，社会结构和社会生活都在发生变化。随着社会城镇化转型深入，突发的社会事件会越来越多，而开放的互联网平台为人们评价、讨论社会事件提供最便捷的平台，加之新闻事件本身的震撼力和影响力，网络流行语的爆发不可阻挡。这些网络流行语总是与各地的新闻事件、新闻人物密切相关。无论“范跑跑”“做俯卧撑”等网络流行语，还是汶川大地震、瓮安事件等新闻事件，这种浓缩和概括的背后都是一种形式的民意表达。例如“我爸是李刚”，蕴含的讽刺意义——“爸(霸)社会/爸(霸)意识”，淋漓尽致地表达了老百姓对某些人仗势欺人的痛恨与无奈。这样的网络流行语，表明中国社会的发展仍待完善，国民教育有待加强。

3. 网络语言中的英语字母词

网络语言中英语字母词的出现是网民追求方便、有趣的结果，能迅速拉近人与人之间的距离，增进交流的亲切感，普遍流行于即时聊天。QQ聊天崇尚以简约的语言表达丰富的韵致，以短促简捷替代冗长晦涩，而语码转换有时使一词涵盖多义，使语言经济简练。用汉语表达的信息有时候用英语表达更经济、更便利，特别是那些在汉语词库里很难找到或根本没有对应词的英文词，直接用英语来表达既省时又能准确地传情达意。人们对KTV，MBA，VCD，CEO等此类的英语缩略语持欢迎态度。汉英语码转换这一反映现实的语言表达形式，因符合大众的心理需要而容易获得读者的认同感，增强交流的流畅程度。

例1：

A：Hi，你有无 QQ？

B：No，我发不了 message。

例 2：

可不可以把文件 Email 给我。

例 3：

A：昨天 K 歌好 high 啊，你觉得吧？

B：你唱得好 cool。

从聊天者的角度来看，语码转换能为他们追求便捷的语言表达方式提供极大的便利条件。QQ 聊天语言是在敲击键盘中创作的，这个活动中“心想”与“手写”的动态几乎同步实现，大大提高了聊天者捕捉稍纵即逝的意识流的能力。

4. 表情符号

1982 年 9 月 19 日，美国卡耐基·梅隆大学的斯科特·法尔曼教授在电子公告板留言的时候，一时兴起在文本上第一次输入了这样一串 ASCII 字符：“：-)”(横着的笑脸)。人类历史上第一张电脑笑脸就此诞生。从此，冰冷、漠然的电脑“笑”了起来，网络表情符号在互联网世界风行。由此产生的网络独享语言，逐渐得到网民的一致认可，为社会广泛接受。以 BBS、网上论坛、虚拟社区、聊天室、ICQ、网络游戏为主要载体的网络交流逐渐成为现代人生活的一部分。早期的表情符号主要以键盘符号组合来传达交际者心情。为了使网络会话更加生动有趣，在网络语言中有很多非文字符号和动画，这类网络语言的应用使网络交际更加独特。由于网络交际不是面对面的交流，没有了眉目传情，在会话中插入一些形象的表情符号或者动画，可以生动地表现出会话者此时此地的心情、语气，很多网民习惯使用相关的符号语言来表达自己的感情。有些网民也运用数字及其谐音表达自己的想法，例如 55(哭泣)、88(再见)、1314(一生一世)等。而汉语、英语字母的使用也大大提高了交流的效率，例如 GF，即 girlfriend(女朋友)的缩写。这些形式上不一样的符号化、数字化、字母化网络语码，通过网络进行交流时，使得寂静无声的虚拟社区有了如现实社会的栩栩如生的交流。从这些超文本的表现形式中，交流者对无名者可以有些了解，窥探对方或幽默、或讽刺、或诚实、或虚假的特点。语码混用使得网络空间交流具有了自身特征，评价这种语码交流不能完全使用真实社区的言语社区理论，需要变通借用社会语言学里这一重要的理论，客观合理地考察这种语码对汉语规范的影响。

德国哲学家恩斯特·卡西尔指出：“符号化的思维和符号化的行为是人类生活中最富于代表性的特征，并且人类文化的全部发展都有依赖于这种条件。”(1985：35)网络表情符号的演变集中体现了这一特征，它的出现必将进一步激活人们创造性的语言思维。作为社会语言的变体，交流中的网络语码转换丰富了一般书面语言单一的表达形式，巧妙地将日常交际中的身体语言、手势和面部表情等非语言交流形式转化成用各种数字、字母和符号组成的表达符号，使看似冰冷没有直接感情交流的键盘交际变得充满人情味，显得生动有趣，这里好像有了“官话”“方言”，交际者有了个性差异，无声的虚拟空间有了色彩。

网民为了提高输入速度，对一些汉语和英语词汇进行改造，将文字、图片、符号、表情符号等随意地链接、镶嵌在一起，创造出大量的汉字、数字、英文字母、表情符号等混杂的新词汇、超文本，出现了完全不符合传统语言规范的语码表达方式，即一种新型网络语言形式，也有许多文章将这种形式称为“火星文”。“火星文”起源于我国台湾地区，是在汉语基础上所产生的特殊的文字符号系统，运用于网络环境。这些文字符号看起来很怪异，对于不经常上网者或年龄稍大的人来说，就如同阅读来自“火星”的文字一样，因此得名。这一文体主要由符号、繁体字、日文片假名、冷僻字、简笔画等非正规的文字组合而成，例如符号与汉语组合而成的超文本，“╰☆ぷ猫儿”(小猫儿)、“ˋ莪ˇ只嬉歡◆ ＊ 一 ＊”(我只喜欢)等。它是网民为了方便、快捷、形象而采用的特殊的文字输入手段，这种创新在年轻网民中较为流行。

目前，在腾讯 QQ 交流空间更加盛行的是由表情符号连接的超文本交流。这种表情符号加汉字组合的网络语码是互联网技术发展下人际交流的产物，是规范语言的变体，就其本质而言，它也是一种特定的社会方言。中国网民在即时通信里喜欢用不同的符号来传达祝福、喜悦、风趣、调皮、调侃等语气，众多围观者可以随时发送个人的心态。下面一贴来自于某高校 QQ 群，某网民以各种符号加汉字的形式祝福同事在中秋节时吃好、玩好、心情愉悦：

> 中秋节将至，愿大家(包括我)在一生中有用不完的，以后的日子风和丽，风调顺，偶尔有人请，平时经常有人给你送，有人逗你，想谁就谁，永远有个最善良的亲，在你最需要的时候出现。提祝中秋节快乐！

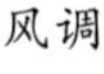

这一超级文本只有在网络交流环境中才能实现。自然世界的实物符号，如太阳、雨水，日常生活里实物符号，如白米碗、大礼包，以及更多的表情符号，都风趣幽默地表达了这一网民的快乐心情：团圆节来临，阖家高高兴兴地聚在一起。

再例如，下一贴从中学生家长 QQ 群复制过来的，所谈之事为日常生活，众多网民在网上你一言我一语谈论烧茄子，这种多对多语码交流形式与真实社会一问一答的语言交流存在着明显不同，汉字夹杂表情符号很传神地描述了这几位网民打趣心态，尤其是各种笑脸符号的应用让网民神态跃然纸上，有大笑的，有浅笑的，有不好意思的，仿佛这些人正坐在一间客厅里谈天说地：

03—翟艾复(156855966)　10:54:23

插句话，谁给说下烧线茄的好法子

13—左手倒影(1783024646)　10:55:08

家庭妇男

03—秋上连波(475110932)　10:55:28

超级全能

03—翟艾复(156855966)　10:56:14

俺骄傲吃过，不会做

06—小猪滚滚(805629513)　10:56:36

俺看成了你傲娇

21—小熊(412744671)　10:57:11

对于这种网络语码交流，网民都会开心一笑，也会跟上更加别致的贴，至于具体如何运用，实无法估量。这种违反语言规范现象的超文本会不会在学生作文里、汉语出版物中出现，能不能对规范的现代汉语形成负面影响呢？对此我们持否定看法。象形文字是汉语发展的开山鼻祖，读图时代是原始文明时代，人类发展的车轮不可能倒转；普通学生也不可能以这种模型写一篇课堂作文，手工很难速写这么多的图片；正式汉语出版物里严令禁止这种形式。如 2010 年年底，为了规范出版物文字，国家新闻出版总署下发通知，要求在汉语出版物中，禁止出现随意夹带使用英文单词或字母缩写等外国语言文字；禁止生造非中非外、含义不清的词语；禁止任意增减外文字母、颠倒词序等违反语言规范现象的创新。国家政令法规犹如达摩克利斯之剑，能净化网络空间，约束各大新闻资讯类网站，确保汉语纯洁。

语言是记录历史，用来社会交际的工具。网络语码作为语言生态系统的一支新生“物种”，无论表情符号如何演化，“火星文”如何怪异，一方面，反映出了语言的多样性和与时俱进；另一方面，它又反映了语言的社会性和环境观。米尔豪斯勒认为：“语言多样性和生物多样性的相似之处在于，二者都是有功能作用的。”(张力月、肖丹，2008:5)人类社会的文明与发展丰富多样，社会交往复杂性也只能依靠多种多样的语言才能充分反映；减少语言的多样性与发展变化，就会缩小人类文明，知识库也随之变得单调。“环境—知识—语言”是人类生命的基本链条，三者紧密相关，相互依存。网络世界中人与人的语码交往是科技时代的新事物，与网络环境匹配的各种超文本知识也是新知识。只要想在网络社会里漫游、交际,就不得不学习,从而适应网络自然环境。

(二)网络时代汉语语法的变化

相对语音、汉字简化来说,汉语语法的变化在汉语改革历程中较少发生。在网络时代,网民复古了古代汉语中较为常见的状语后置现象,使得网络语言中的词类转换现象频繁,再比如将网络语言中粘着语素转化为自由语素,或自由语素转化为副词状语,这些借用英语词汇方法对现代汉语表达可能产生负面影响。对这种逆语法化现象必须尽可能收集、考证,限定其使用范围,肯定并推广网络语言中有益的语法形式,纠正和抵制其中不合理、生造的语法变异现象。在网络语言的语法规范问题上,应坚决减少其对语言规范的破坏。

汉语语法历经数次汉文字改革和语音改革,变化相对来说较小。组词造句方面汉语一直遵循意合法则,语法呈现隐性规律,与英语的形合差别较大。但在虚拟网络社会里,由于受英语的强烈影响,青年网民追求新潮,爱耍酷,这样的心态促使相对自由、无权威的网络环境成为青年网民放飞精神的理想家园,自创新汉字、英汉糅合、特殊句型使用等,使汉语语法也不再中规中矩,发生了一些变化。经过近两年的收集,我们发现汉语语法在网络言语社区里的变化主要表现在以下几个方面:副词超常使用、语码混用、词的重叠、特殊句式的应用、词类转换、句子省略等。

1. 副词超常使用

网络语言中副词的超常使用是少年、青年网民的个性,他们喜欢时髦、乐意跟潮,例如英语 super(汉语“超”)、英语 huge(汉语“巨”),表现了青年网民的夸大心态。这种粘着语素成为副词性自由语素或自由语素成为副词状语,折射出当今青年网民开放的心理,也是他们这一族现实生活里真实语言表达的写照。如:

(1)红红姐这次表现超好、supernice。

(2)这部电影巨恐怖。

“超”“巨”等转性副词的使用,合乎规范且贴切生动,在现实生活里也很有市场,可以说经受了时间的考验,在一定的社会群体、尤其是80后以后的群体中,已经成为约定俗成的用法了。像这样的用法,应该积极对待,加以研究和引导。

“狂”“严重”在汉语里都是独立词语,有着固定意义。在网络里,有网民因自由语素“狂”“严重”替代副词状语“很”,如“他今天狂搞笑”“我严重同意你的看法”。对于这种转性副词用法是否匡谬正俗,是否能被更多的人接受,尚有待研究。

在规范的现代汉语中,汉语副词“很”一般不用来修饰名词,主要修饰动词和形容词。但在网络语言中,“很+名词”却十分常见,如“很范儿”(很大腕)、“很女人”(很有女人味儿)、“很军人”(有军人风度)、“很爷们儿”等。

2. 语码混用

英语后缀,如-ing,-ed 等是英语屈折转化的一种表现形式,不能独立使用,必须附加在动词之后,构成进行时态、过去时态。网民借用英语这种形式,附加在汉字后面,表示动作的状态,如“生气 ing”(生气中)、“打游戏 ing”(打游戏中)、“吃 ed”(吃过了)。再比如“哥 s”(哥们),把英语复数构成法直接移植到汉语里。也有把汉语语气词的拼音置于英语句末的用法,如“busy ne”(忙呢)、“going la”(走了)、“cheating de”(骗你的)等;还有英文单词的穿插,如“I 服了 U”(我服了你),“我 find(找)一下你”“跳最 in 的舞”(in 来自英语 in fashion:跟得上潮流的、时尚的)等。还有将汉英语码与数字混用的情况,如“3Q”(thank you,谢谢)、“8 错”(不错)等。网民为了新奇好玩,常常将英汉语码混用,形成洋泾浜语言,在即时通信、微信里都很普遍。但是,如果在学生作文,或在出版物里,或在网络新闻资讯里,则应该加以杜绝,因为这些表达形式严重破坏了汉语语法纯洁性。

3. 词的重叠

词的重叠是汉语极其普遍的现象,可以是动词、名词、形容词甚至副词,有各自重叠的规律,如亮晶晶、白茫茫、高高兴兴、三三两两、心心相印、多多益善。在网络语言中,名词的重叠现象很多,主要表现青年网民卖萌、逗趣的心态,如“东东”(东西)、“车车”(车)、“虫虫”(虫子);形容词重叠也不少,如“我好怕怕”(我好害怕),“她不漂漂”(她不漂亮);此外,词的随意叠用也很普遍,如“你的帖子会火火啦”(你的帖子会流行),“爱爱爱死你了”。

4. 词类转换

汉语词类转换很常见,动词、名词在汉语里词性不是固定的,是由所处位置判定,如学习、研究等。“今天学习数学”和“数学学习需要开动脑筋”,前一个“学习”是动词,后一个是名词。汉语的这种词性灵活性是由意合特征决定的,许多论及汉英语言差别的文章都认为汉语句子结构像竹竿,英语像棵树、像一串葡萄。不过,词类转换在网络语言中不仅常见,而且更多地使用网络语词。名词、形容词、动词之间转化也具有网络语言特色,例如:“你百度一下”(你搜索一下百度),“你最近 KTV 吗”(你最近去 KTV 吗),“你 out 了”(你过时了),“你不要黑我”(你不要害/破坏我),“别忘了短我”(别忘了给我发短信)等。这些例子中有两个典型的语码转换,英语单词 KTV 和 out 都改变了原来的词性,被自由嵌入到中文里了。

5. 特殊句式

网络语言中还风行一些不同于现代汉语的句式,有些网民为了突出地域特色，故意用土话、方言交流。因为语码能够显示说话人之间的心理距离，当交际者贴近对方的语码或转到另一种语码，他们之间的亲近或疏远就凸显出来。周国光强调："语码的风格价值与语码的层级成反比，即语码的层级越高，其风格价值就越小。例如方言比普通话更能显示一个人的地域特征，行话比日常语言更能显示一个人的职业特征。"（周国光，1995：22）普通话是中国人的国语，风格价值较小，语义价值较高（指使用范围广）；方言、行话则相反，它们的风格价值都比普通话高，而语义价值比普通话低。南来北往的中国人在一起交流时，为了便于沟通，选择国语；当老乡见老乡时，方言则居上。网络交流虽然是书写的电子话语（e-discourse），但网络书面语码转换的创造性不会低于口语中的语码转换。下面的例子受到粤语语法影响，网民在输入文本时突出了"粤音"，其中使用频率较高的有"……的说""……先""……死掉了"。例如"谁看到我的课本的说"（谁看到我的课本），"今天晚上想去看电影的说"（今天晚上谁和我一同去看电影），"有急事，走先"（有急事，先走），"强帖啊！留个名先"（强帖啊！先留个名）。"……死掉了"与汉语口语词"饿死""渴死""困死"功能是一样的，是用来强调一种状态"……极了"，例如"难过得死掉了"（难过极了），"高兴死掉了"（高兴极了）。语气词的使用就更无法归类，只能说网民已经将汉语的语气词使用到了极致，例如"……喔、噢、啊"，形成了特殊的句式。有一个典型的例子是："听说，在深圳 shopping 时，David 连 under 都是女同学帮忙挑选的喔，是 Polo 牌子哦，啊，哈哈哈哈！"

6. 句子省略

网络交流方式是书写形式，但交际原则采用如面对面一样的"口语"方式。在网络即时交际时，为了提高交流速度，网民一般很少使用长句和复杂句式，多用短句，甚至一个表情符号，省略现象是常态，具有典型的口语特征，如"小窗 E 我""短我" "有时间电我"之类。

在社会语言学里，口语语料的研究得到国内外学者的普遍关注，真实社区里语码转换的交际角色、转换功能、结构限制、语用功能都被详细阐述。在网络虚拟的社区里，口语型的"书面语料"是第一位的，是一块等待开垦的新天地。网民每时每刻都在互联网上进行着书写语码转换交流，这种网络特有的超文本电子话语越来越吸引更多感兴趣的学者进行深入综合研究。在虚拟网络世界中，现代汉语会受到字母词的冲击，完全避免是不可能的。字母词具有两大优势：其一，使用方便，避免一串词的翻译，如 KTV，DNA；其二，利于简约地表达反映科技、生活等方面变化的新事物，如 MP3（Moving Picture Experts Group Audio Layer III）、USB 接口、T 型台、ATM 机等。从语言接触与演变历史来看，字母词的存在不是网络时代的产物，是长时间、自然现象。一种语言接触另一种语言，随后吸收营养，丰富自己的表达法是所有语言发展的途径，汉语也不例外，我们应该合理地对待汉语中的英语首字母缩写词，不能“一刀切”地加以否定，对那些朗朗上口、形象生动的音译词应予接受。同时，我们也应该警惕字母词的泛滥使用，防止各类交友社区使用的语码，如“3Q”“I 服了 U”等出现在严肃的新闻资讯类平台上，及时防患于未然，确保汉语的和谐发展，既要维护汉语的纯洁性、规范性，也要客观地对待汉语的与时俱进。语言最接近心灵深处，失去语言的多样性，我们将永远没有机会欣赏人类心灵的各种创造力。虚拟社区的网络语码具有自身的交流特质、语用功能，科学规范网络语言以及语码转换很重要，不能强行阻止网络新词语、字母词的产生和应用，应该确定网络语码适用空间，引领网络语言健康发展。语汇规范化与词语的吸收和创造似乎是一对矛盾。解决这一矛盾，必须以现代汉语语汇系统为前提。

第六节 网络语言的科学规范

语言规划的范围很广，涉及现实社会的方方面面，如政治经济、文化教育、科学技术、宗教信仰、道德伦理。语言规划不仅反映社会生活变化，体现国家的意志，符合民意，而且能积极发挥语言的交际功能、传播媒介的作用，还必须能引领语言健康、和谐发展。

语言的标准化、规范化是国家大事，语言政策的制订是一个国家“语言法”的核心，与国家利益、民族感情、基本人权等息息相关。语言冲突可能导致社会动荡，甚至战争。因此，许多国家都利用法律的手段在政府领导下进行语言规划，确保全民共同语(national language)或官方语言(official language)的语言地位。1969 年加拿大通过《官方语言法》，规定英语和法语为官方语言；新加坡的官方语言有三种：华语、马来语、泰米尔语。汉语是世界上方言分支最突出的语言之一，56 个民族，几乎都有各自的方言，语音差别最大。现代汉语历经标准音、书面语、汉字规范化的修正、完善阶段，形成了目前汉语普通话适用于全国各地的局面。

世界上各国政府对本国使用的共同语言都进行规定，且规范其书写形式，学者、专家将政府所采取的这种措施称为“语言工程”(language project)，又称“语言规划”或“语言计划”(language planning)。为推进语言规范化的工作，许多国家都使用立法确定全民共同语的推广和使用。语言规范计划涉及两个方面：语言的地位规划(language status planning)和语言的本体规划(language corpus planning)。

汉语的语言规划涉及现实社会的标准语的选择和使用，也涉及语言内部结构的规划，一般包括语音、词汇、文字、语法，甚至涉及编制科学术语、人工语言等。汉语语言规划的一个重要工作是推广汉语普通话和文字改革，涉及整个文字系统的改革和文字系统内部的个别改良。例如中国的汉字改革，将繁体字简化为简体字。在语法方面，语言工程的工作比较少，主要是规范语法。

一、网络语言规划

关于语言规划的含义，自其提出以来就有不同的解读，解释也逐渐明确。语言规划就是对语言的鉴别。郭熙(2004)认为，语言规划是国家或社会为了对语言进行管理而进行的各项工作。于根元(2003)认为，语言规划是指国家或社会为了管理社会语言生活而进行的各项工作。陈章太(2005)认为，语言规划是政府或社会团体为了解决语言在社会交际中出现的问题，有目的、有计划、有组织地对语言文字及其使用进行干预与管理，从而使语言文字更好地为社会服务。

网络语言是随着时代发展而形成的。网络语言中蕴藏着大量生动活泼的表达形式，这些表达形式是网民大众在长期使用网络语言中逐渐积累下来的。网络语言在丰富现代汉语语言形式、增添现代汉语表现力方面往往能发挥积极的作用。事实上，现代汉语在其发展的过程中，也的确从各种语体形式或社会方言中吸收一些有益的成分来充实自己，使自身更臻丰富和完善。因此，我们应当一分为二地对待网络语言现象：一方面，实事求是地来考虑网络语言的可接受性，做好有条件的“择优录取”的工作，让那些生动活泼的、无损于语言规范的网络语言表达形式能够在社会应用中发挥积极的作用，使语言的交际达到更佳的效果；另一方面，网络语言的适量使用，是以不影响语言的交流作用、不破坏语言规范整体为前提的，选取用例、总结规律必须慎重而客观，不能只凭个人语言喜好随意地判断什么可以说或不可以说，要以现代汉语基本标准为规范，排除网络语言的消极影响。哪些网络语言能进入全民的、全社会的话语系统，还需经历一个优胜劣汰、约定俗成的过程，要经得起语言发展规律的考验。

网络语言的规划需要法律法规的支持，需要国家政策的制约。网络语言的地位规划(online language status planning)和网络语言的本体规划(online language corpus planning)也具有自身的特质。在真实世界中，语言地位规划是使一种语言或语言变体的功能发生变化，因而也会使说这种语言或语言变体的人的权利发生变化，主要涉及语言政策的制订和官方语言的选择，如新加坡、印度、菲律宾、巴布亚新几内亚等国采用英语作为官方语言，我国认定普通话为官方语言。在虚拟世界中，针对网络语言的地位规划，国家应该加强管理，制订相关法律法规和语言政策，从行政上保证网络语言、网络文化健康发展，确保普通话、现代汉语是网络交流的统治语码。对于对网民影响较大的百度、新浪、腾讯、搜狐等平台进行管理时，国家需用法律保障现代汉语纯洁化，像对待报纸、电视、汉语出版物一样，国家新闻出版总署也应该下发通知，禁止出现随意夹带使用英文单词或字母缩写等外国语言文字；禁止生造非中非外、含义不清的词语；禁止任意增减外文字母、颠倒词序等违反语言规范现象，确保汉语书面语在这些主导传播媒介中的引领、统治地位。

同时，网络语言规划也要分场合、分层次地有序进行。任何事物的发展都有时代性，对网络语言的规范也要遵循这样的客观规律，实事求是、与时俱进，这样才能促进网络语言的丰富活泼发展，甚至形成语言发展的新方向。

二、网络语言本体规划

在真实世界中，语言本体规划是一种语言或语言变体的自身结构或内部状况改革。语言本体规划的目的在于使一种语言或语言变体标准化，即采用一切必要的手段，使它能够充分履行其各种社会职能。本体规划一般都牵涉编制标准词典和语法、扩展词汇和用法、扶植用被规划语言进行的文学创作以及确立各种文体等方面的工作，如我国推行普通话，马来西亚使用马来西亚语，印度尼西亚使用印尼语等。推行一种由国家选定的共同语，更能适应社会生活的需要。字母与拼写法改革、字符改革、术语的规范化与标准化、为无文字的民族创制文字等诸如此类，都属于语言本体规划。

在虚拟世界中，网络语言的本体规划并不十分复杂。书面语的普通话是静态阅读空间的语码交流手段，同时也是动态交际空间的主要语码交流手段。网络语言本体规划的基本含义也应该是政府或各大资讯平台为了解决网络语言在网络社会交际中出现的问题，有目的、有计划、有组织地对网络语码及其使用符号进行干预与管理，使网络更好地成为网民获取资讯、进行社会交往的平台，更主要的是确保为社会服务（戴庆厦，2004：168）。

网络语言作为信息时代的强势语言，对现实语言的影响越来越大，一些网络高频词的渗透能力不能轻视，如“潜水”，旧词赋予新意，表示在论坛里只看帖不发帖；“菜鸟”指代新手等；“冒泡”，指偶尔上网发帖。这些清新简洁的网络新词大有走出虚拟网络、走进现实生活的趋势，极有可能从网络热词变为生活热词、社会热词。网络语言进入现实语言具有不可阻挡的趋势，我们要充分认识网络语言性质，认识网络语码交流功能，同时也要研究网络语言进入现实语言的渠道，探索科学、合理的规范对策。其一，政府部门应该制定相应政策，颁布相关法律，实施严格的管理措施，约束网络媒体这个源头，引导网络语言健康发展。要求著名的、示范性强的门户网站，如百度、新浪、网易、搜狐、腾讯等以及各级政府网站在发布信息、新闻、公告时用严谨、标准的现代汉语，树立标杆，引导网民的规范意识。其二,制定政策、法规,加强对传统媒体的管理,因为传统媒体是网络新词快速传播的途径。网络语言对社会热点事件总能快速、简洁地进行精辟的概括,带有讽刺、戏谑的特色,让人过目难忘,会迅速成为现实生活中的热词,对传统媒体具有十分强大的吸引力,报纸、杂志应用这些热词也不可避免。比如,绿豆、大蒜等生活用品价格飞涨,网民创造了"豆(逗)你玩""蒜(算)你狠""糖(唐)高宗""将(姜)你军"等,利用汉语谐音创造了讽刺意味十足的表达,反映大家共同关心的社会事件。这些热词不断地向现实语言渗透,一方面反映了某一时期的社会现状,折射出人们对物价飞涨不满的心态,另一方面也让现代汉语更加充满活力,满足了人们的交际需要,在现实生活中媒体竞相使用也是顺理成章。

三、静态阅读空间的网络语言规划

我们认为在静态的阅读空间,网络语言规划主要是政府行为,兼有社会行为,政府主持、主导,新闻咨询类门户、社交网站、微信、微博、手机客户端以及网民积极参加。这里的静态阅读空间指的是网民阅读各类资讯的平台,以单方向交流方式点击、阅读自己感兴趣的各类信息,其功能相当于读者阅读传统媒体信息,如报刊、杂志等,只不过网络资讯更加繁杂,涉及面更加广博,严肃性相对于传统媒体要低一些。社会分分秒秒在变化,网络语言也如影随形,分分秒秒都会有新的表达法产生。哪些网络新词能够成为全民共同语言,从热词变为字典里的"冷词",的确需要相关部门和语言学家进行收集、调查、分类和定性,因此网络语言规划也是有目的、有计划的系统工程,是一项长期的社会实践活动。

互联网上每一秒都有海量的信息在传播,网络语言规划的任务主要是确定网络语言在虚拟社区、各大网络门户的语言权利,提高语言声望,强化网民、媒体的语言规范意识,加强网络语言文字的规范化、标准化,充分发挥网络语言的社会交际功能,促使虚拟社会的语言健康、和谐地发展,更好地为现实社会服务。为了净化网络平台,各级管理部门应下发通知,要求政府语言行为和社会公共语言行为必须使用规范的汉语表达,拒绝流行词的侵扰。这样,不规范的网络流行语就不会对语言造成肢解和危害。

关于规范传统媒体汉语言文字,国家多次组织专家学者进行研讨,从普通话的音到汉字的简化,在不同时期都下发了通知,并颁布相关法律确保汉语规范。如 2001 年 1 月 1 日施行的《中华人民共和国国家通用语言文字法》规定:"国家通用语言文字是普通话和规范汉字……汉语言出版物应当符合国家通用语言文字的规范和标准。汉语言出版物中需要使用外国语言文字的,应当用国家通用语言文字作必要的注释。"(汤玫英,2011:233)

网络语言创新快，更新也快，在快速逼迫一批汉语词汇下岗的同时又使一部分汉语词汇获得新意，更加便于快速引进外来词。网络语言吸引了传统媒体，使得汉语言出版物的表达方式更加时髦、简洁而丰富。在媒体的表达中，网络语言与规范的主流语言并存不可避免。但是，哪些符合国家通用语言文字的规范和标准，并能够进入固定的汉语词汇不好判定。目前，我国还没有专门的“网络语言规范法”来明确网络资讯以及网络交流文字的规范，尽管有些省已下发通知禁止使用网络语言。2006 年 3 月 1 日，上海市在实施《中华人民共和国国家通用语言文字法办法》时规定：“国家机关公文、教科书和新闻报道中不得使用不符合现代汉语词汇和语法规范的网络语言。”（汤玫英，2011：233）上海市开创了中国第一部地方性法规，避免网络语言侵入传统媒体。之后，福建、辽宁、黑龙江等省也纷纷出台了类似的规定，就如何预防网络用语侵入官方语言进行了立法讨论。

字母词是网络语码交流的主要类型之一，也是高新技术催生的一支汉语借形词，学者赵一农在其编著的《语码转换》一书中，用“中间语码”（intercode）（赵一农，2012：48）称呼这类英文字母缩写形式，又称之为“借形外来语”（morphological borrowing），认为现代汉语存在中间语码，这种趋势是汉语词汇的新发展。面对字母词的泛滥，2010 年 4 月 7 日，国务院办公厅秘书局印发了《关于加强对行政机关公文中涉及字母词审核把关的通知》，要求各级行政机关制发公文时一般不得使用字母词。教育部、国家语言文字工作委员会发文要求加强对本地区、本单位其他政府机关公务活动、各级各类学校教育教学活动、媒体宣传及公共服务业，使用国家通用语言文字的指导、监督、检查，对不符合要求使用字母词的情况予以纠正。国家广电总局也下发通知要求在电视节目中进一步规范用语，不能使用 NBA、F1 甚至 GDP 等英文缩写词。2010 年 12 月 21 日，新闻出版总署下发《关于进一步规范出版物文字使用的通知》，规定在汉语出版物中，禁止出现随意夹带使用英文单词或字母缩写等外国语言文字，生造非中非外、含义不清的词语，任意增减外文字母、颠倒词序等违反语言规范现象（汤玫英，2011：234）。

我们认为静态的新闻资讯阅读空间，如同传统报纸杂志，是读者学习的窗口，了解各类信息的渠道，各级政府部门应该高度重视网络语言的负面影响，网络媒体有责任规范语言的使用，避免误导网民的学习。网络是活跃的、新潮的，每隔一段时间，就会有新词生成，一夜走红。经常泡网的人都知道这些网络新词的含义，但如果各大新闻资讯平台滥用网络语言，则是不严肃的，它们比传统媒体更具扩散性，因为中国的互联网行业发展格外迅速，中国网民规模正逐年大幅度增长。互联网已充斥着每个人生活的方方面面：除了了解各类信息、阅读新闻，网民更喜欢在线购物、购票，在线娱乐、聊天，在线理财等。下图来自于百度调查，2005～2013年间，中国网民数即已跃居世界第一，互联网正在深刻地影响着中国人的生活、学习，虚拟的空间正在成为人们天天离不开的活动场所，虚拟的社区造就了许多宅男、宅女，他们喜欢“火星文”，这种语码转换在网络交际中非常普遍，表现出网民对这种语码的认同。

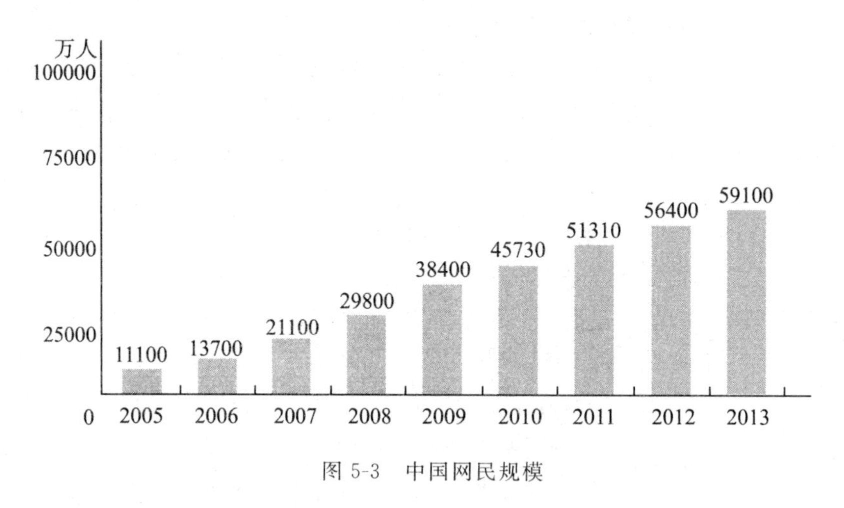

图5-3　中国网民规模

2013年前，新闻资讯类各大门户存在一种追随网民的心态，不规范的汉语、不规范的英文字母缩写，还有汉语夹杂英语单词频繁地出现在这些平台上，这一现象表明网络语言的规范化工作应该提上日程。语言是社会的产物，能及时反映社会的急剧变迁。在静态的阅读空间应该如何对待日趋活跃的网络语言，人们所持的态度不可以莫衷一是，应该用对待汉语出版物的法规限制新闻资讯类各大门户，严禁网络语言的无规范发展影响汉语语言的纯洁性。

四、动态虚拟社区的语言规划

言语社区理论是社会语言学中十分重要的理论，是一个动态发展的理论，不但可以分析现实社会中个体选择不同语码交流的种种动机，而且对于国家的语言方针政策的制定、语言规划的实施、国家语言战略的研究和开展，都会起到极大的推动作用。在目前中国现实社会中，各地都在急速城市化，不少人提出城市化带来的方言保护问题、农民工语言问题；在农村言语社区，也有人研究留守农民的言语生活、言语冲突、方言保护；在留学生言语社区、外资公司员工言语社区，涉及外国人与中国员工互相交往时的语码转换，还有人提出少数民族地区的语言保护等。对这些真实社区的研究有助于完善言语社区理论，同时言语社区理论反过来又会更好地指导这些研究。

在互联网平台，网民交往是通过计算机这个媒介，彼此相识或不相识，有了

ID身份就可以进入虚拟社区，世界各地的网民任意交流。这个社区不是用语音语调这个标签来决定身份，是由互联网技术加以支撑。互联网技术本质是开放、分散、分权、扁平化。与传统纸媒体、电视媒体、电台媒体相比较，互联网的分散化、分权化更加突出。互联网的技术特征，造就了应用这种技术的群体的开放性，赋予网民自由可以谈天说地，大到评论和监督政治人物、辩论海内外大事，小到家长里短、明星八卦。在这个全新形态的虚拟社会里，网民的ID身份认证是最基本的一个因素，然而ID身份假的多，无地域限制，设施更加具象化、多元化，互动可以是包括跨时空的书面语阅读，或以隐身的身份静观交流，更可以是一对多交流。与传统社会比较，言语社区理论的五要素中只有人口、设施在网络社会里发挥着重要作用。因为人的身份不真实，没有了恐惧心理，网民参政议政更加积极；同时互联网也凸显人的阴暗面，暴民文化也败坏了网络的生态环境。如何对虚拟社区语言进行规划？如何净化社交网站、微博、即时通信、微信？在这个匿名社会里，对网民之间语码转换进行何种程度的规范，尤其是对动态的网络语码交流如何进行科学规范，是十分棘手的课题。总之，因为人的ID身份是虚拟的，互联网技术特征又是开放的、自由的，所以在虚拟社区里语码转换规范很复杂，需要灵活运用言语社区理论，对无穷大"人口"因素要进行客观的分析，希望形成网络群体的自律。

设施包括两个方面，一是言语符号体系（或者语言变体体系），一是与互动言语相关的语言规范。语言作为一个音义符号系统，服务于整个社会，带有官方运作的浓厚色彩，语言符号和语言规范都具有公共财产和设施的特点。在虚拟社会里，网络语言没有"音"系统，是口语化书面语，绝大多数是写出来的。相对于真实社区里的南腔北调来说，网络语言的沟通较为简单，不存在听不懂的现象。网民几乎都能看懂，无论是汉语拼音缩写，英语字母缩写，以及数字、英文字母混杂在一起使用，或是文字、图片、符号等随意链接和镶嵌，都不会阻碍网络交际，网络语言交流方面比较流畅，正是这一优势吸引了全世界人们，年轻人更喜欢在网上参与政治和社会管理，或者交朋友。互联网的开放性和扁平性释放了人性的光辉，同时也为互联网的监管带来麻烦：与全民通用语——普通话推广相比较，网络用语推广是自发的，随意性较大，因此，要对其进行科学规范也比较难。这主要是因为无法对即时聊天进行强求规定，如不能禁止网民使用"火星文"、汉英词汇混合、汉语拼音缩写、英语字母缩写，以及数字、英文字母、表情符号混杂在一起使用等行为，对出现的怪字、错字、别字也监控不了。对于虚拟网络社区里网民们的交际应该合理归类，认识到它存在的合理性，因为在网络日益普及的虚拟空间里，人们表达思想、情感的方式应与现实生活中的表达习惯有所不同。

此外，网民们大都是中青少年，生长在一个读图时代，伴随其左右的是卡通、漫画、电视、电子游戏、电脑和网络等。他们熟悉生动形象的图像信息，不太喜欢那些乏味的传统语言文字，他们创造出的网络语言具有很强的形象性，甚至创造出令人愤怒和不懂的“网语”，从规范的语言表达方式来看，“网语”中的汉字可能完全是错字、病句，种种情形在网络交际社区很常见，但也没有引起混乱。

网络是个思想高度活跃的平台，这里充满着创新。网络语言追求的是方便有趣，能迅速拉近人与人之间的距离，增进交流的亲切感。网络语言是时代的记录，时代在变化，语言也在变化。语言是时代的印记，也是人类社会不可缺少的构成因素，是人们感知、认识世界的具体表现形式，它既维系着人与真实世界的各种联系，又传承着文明。语言随着人类社会的发展而不断发展变化，新事物出现了，新的表达也就孕育而生。例如，Orz——“我服了你”，多像一个人在鞠躬，这个符号是年轻网民所发明的一种象形字符。这三个字符所组合的图画形象犹如一个人在做“五体投地”的姿势，因此“Orz”实际上是在表达赞同、佩服的含义。所以，对于虚拟社区里网络语码交际不必强求形式规范，我们应该尊重网络自身属性，引导网民自律，约束脏话，而用法律手段禁止动态虚拟空间里种种符号的互动不符合索绪尔提出的符合性质原则。

五、学者之间观点争议

学术界存在着两种观点：有人认为网络语言是语言垃圾，应该严格限制；更多学者认为网络语言是一新生事物，应该宽容对待，积极引导。持否定态度的学者认为网民们文化水平低，词汇贫乏，所以才乱造词汇；不懂语法，所以要超越语法；没有文化才轻慢文化。这种网络语言是文化垃圾，是对几千年传统汉语的破坏，应该清扫这些语言垃圾。冯骥才在 2001 年 3 月曾说：网络语言给我们的民族语言带来了冲击，甚至造成了一定的烧伤度。他认为这是受美国式文化影响，如汉语语法的英语化倾向。还有的文章批评网络语言的美国化倾向，认为网络语言影响了中国传统文化的含蓄、严谨和精致。文章指出美国化的观念，即追求简便省事、开放直接，凸显了网民强烈的自我表现欲，失去了国人的儒雅风范。

也有许多学者对网络语言的产生与流行持积极、肯定态度。他们认为语言是鲜活的、发展变化的。人类每一种新文化的兴起都会带来大量新词汇，网络中出现新的语言现象是当前这个网络时代的留影。网络语言如果能历经时间的考验，约定俗成后就完全可以为社会接受。复旦大学中文系语言学教授申小龙说，“网络语言本身并不是一种坏语言，它只是现代人掌握的无数种语言表达方式之一，这只是语言的运用问题，好比文言文和白话文、书面语和口头语，甚至普通话和方言等，只是运用时的环境不同而已”（转引自吴传飞，2003:104）。在分析原因时他指出，网虫们使用网络语言聊天，语码频繁转化是为了增加娱乐性和标榜个性，是现代人宣泄压力的一种方式，有一定的存在合理性。他同时还强调了网络语言的使用者大都是已掌握正规语法的成年人，只是在网络聊天这样独特的氛围中才使用。比如，键盘符号“$_$”表示“见钱眼开”，“@_@”表示困惑，好比面对面说话时人的面部表情，像这样的符号只有在虚拟世界里存在，网民风趣幽默的个性跃然视窗上。汉语的历史表明，只要坚持中华民族文化，我们无需担心汉语被污染。汉语有很强的净化能力，不必担心汉语的词汇被符号、中间语码或外语词汇所替代。

张德鑫（2000）认为语言根本不存在污染问题，像“哇噻”“帅呆”这样的粤语口语词在老人们眼里或许被认为是污染，可是在“新新一族”眼里就是血肉，精神气儿十足，更能表现年轻人的心理需求，因而语言无所谓绝对规范。对新生词语的输入和自产自销，国人应该采取宽容的态度，正如吕叔湘先生所倡导的那样，在汉语词语创新上要“宁滥毋缺”。《中国网络语言词典》的编纂者、学者于根元认为：词汇系统如果只有基本词，永远稳稳当当，语言就缺少了鲜活的生命力。语言在不断发展，语言需要规范，但是规范是为了推动发展，限制、阻碍了发展，谈不上是规范。于先生指出，对网络语言的规范要尊重约定俗成，因为约定俗成是无法代替的客观伟力，可以体现语言物竞天择、适者生存的自然法则（于根元，2001）。

语文保守主义和语言净化主义是静态语言观的机械反映，都是违背语言规律的。语言从来都不是在真空中发展的，只有在接触中不断提升汉语的语言竞争力才是保持汉语活力的正确途径。在网络语言接触中，英语是强势语言，英语的交际范围和功能的扩大是不可争论的事实。但是在全球一体化背景下，脱离现实空谈英语威胁论、汉语污染论或灭亡论等都是不切实际的。各国语言在接触中相互竞争和变异是必然的，随着网络技术的进一步发展，网络语言接触会更加深入，语言变异程度也将进一步加深。而未来世界语言格局究竟呈现何种面貌，根本取决于各国的实力，语言的博弈归根到底是经济文化的博弈。制定合理的语言政策，提高汉语的竞争力，保护语言资源，同时也要传承多元文化。

六、网络语言科学规范的理论及原则

在虚拟言语社区里的网民互动方式是多模态的，有语言交流，也有非语言交流。无论使用火星文，还是非声音图片、表情符号、谐音字、数字、键盘符号，都是在运用符号交换信息。陈宏薇认为“世界是由符号组成的。万事万物都可以看作是各类符号系统中的一个符号”。她还指出“交际过程其实是符号代换过程。”(陈宏薇,1998:57－58)现代符号学的创始人之一、美国哲学家皮尔斯认为符号不仅包括语言符号,还包括非语言符号。胡壮麟在《社会符号学研究中的多模态化》一文中指出计算机是媒体,媒体只是表达信息的物理工具,“物质的媒体经过社会长时间的塑造,成为意义产生的资源,可表达不同社团所要求的意义,这就成了模态”。“非社团成员不能全部懂得这些意义,因为模态和意义具有社会的和文化的特殊性。”(胡壮麟,2007:3)口语模态、书面语模态和其他模态往往交织在一起,在信息传递语境下同时存在、同时操作,通过互动产生意义。在互动的过程中,使用者经常改变模态,以适应社会信息的传递,从而已有的模态被改造,新模态被创造。例如,在面对面交流时,我们使用言语、手势、体态语、面部表情,接近或凝视的方式与他人交谈。在互联网互动时,网民面对的是机器,是静态的表达媒体,只有提高技术识读能力,才能模拟现实社会情境,实现生动的人机互动。所以,各种键盘符号和表情符号在虚拟言语社区互动中占有自己的位置,蕴含网络社区的文化特色。

将网络语码转换的科学规范置于符号学理论框架下研究是因为语言是全部符号事实中的一个特殊系统。符号学有广阔的目标,它的理论旨在探索意义的生成,符号学具有深厚的哲学基础,已经成为语言学、文学理论、美学、历史学、人类学以及计算机符号学等有效的分析工具,为这些学科的深入研究提供了一种新视角和理论基础。它与相关理论的关系密切,而且能够连接多种理论,可以用来分析网络社会里出现的种种符号现象,合理解释我们提出的分层规划网络语言原则:对于静态的阅读空间,禁止网络言语对现代汉语的侵入,而相对动态的即时交流空间和留言板功能的BBS等空间,则允许网民使用多模态的言语进行交际。

(一)网络语言规范的符号学理论解释

符号学是一门新兴交叉学科。现代符号学的创始人是索绪尔与皮尔斯。在20世纪初,两人分别提出了自己的符号学基础系统,即索绪尔的“两元符号理论”和皮尔斯的“符号三分法”,即“图像符号、指示符号、象征符号”,这组三分法只是皮尔斯符号分类思想中的一种,却是基于符号与客体之间的关系之上,是现代符号学最广泛运用的方法(郭建中,2000:105－106)。但是,皮尔斯忽视了作为社会成员的人,因此仍不能摆脱形式主义的研究方法。皮尔斯理论的发扬光大者——莫里斯,在其著作《符号理论基础》里提出符号的完整意义包括三个方面:“符号载体、符号的所指、解释者”(陈宏薇,1998:59)。莫里斯的观点重申了索绪尔的“意义即关系”的著名论断,更升华了这种关系,意义的理解因为人的因素而立体化了。莫里斯认为符指过程含有三种成分，符号载体(a sign vehicle)、所指(a represent of a sign)、解释者(interpreter)。莫里斯对符指成分的这一重要补充是划时代的突破，揭示了符指过程的本质，完善了我们对符指过程的认识，阐述了符号学与人的关系:是生活在符号世界的人赋予了符号之间的关系，赋予符号以意义。后来的语言学家韩礼德(Halliday)突出强调了语言现象本质是社会现象，认为词汇的意义只能从使用它的活动中获取，这些活动又具有一定的社会目的，是在一定的社会情境中进行。韩礼德提出“语言是社会符号”的理论，关注的是特定于某一文化某一社团的符号实践。这一理论推动了符号系统的功能与社会用途研究。在社会实践中，符号系统相互作用是复杂的，确认符号意义必须充分了解符号所在的系统，考察符号活动的参与者是如何在具体的社会情景中以多种方式彼此联系、相互作用的。韩礼德从社会符号学角度出发，认为符号系统应为一个异质的、多元性、开放的结构。它通常并非单一的系统，是由若干个不同的系统组成的系统，比如意义还存在于视觉、听觉、行为或其他代码中，这些系统互相交叉，部分重叠，在同一时间内各有不同的项目可供选择，却又互相依存，并作为一个有组织的整体而运作。(Halliday,1978)

尽管人们发现皮尔斯的符号学关注哲学，索绪尔的符号学是形式符号学，意义为形式意义，与真实社会环境中使用的意义有一定的差别，但是他们的理论指明了语言学研究的对象即“符号与符号之间的关系”，为后人研究成功的交际和跨文化交际提供了丰富的理论基础。

符号系统如何应用于社会实践？符号意义与社会是分隔的，还是不可分割的？对于虚拟的网络社会，人们使用文本、超文本进行交际，独特的网络符号交际顺应了无纸“e时代”变化，我们认为交际时语码的多次转换由符号学理论来解释更具有说服力，网络流行语对规范汉语的影响可以参照语言学家索绪尔提出的“一般原则”。他的“符号任意性”原则以及“符号的不变性和可变性”观点能够论证、支持我们提出的观点——分层规划网络语言原则，维护现代汉语的传承、宽容、渐进，发展语言的社会性、人文性、可塑性，从而实现汉语动态发展与纯洁性的统一。

索绪尔(1996)指出“语言在任何时候都不能离开社会事实而存在，因为它是一种符号现象，它的社会性就是它的一个内在特征”(115)。他强调“语言符号是一种两面的心理实体”(101)，由能指(Signifier)和所指(Signified)两部分构成，能指亦即“音响形象”，所指即“概念”。“能指和所指的联系是任意的”，但是一个社会能共同接受的任何表达原则上都以集体习惯为基础，即“以约定俗成为基础的”(103)。能指与所指的结合开创了符号学发展史有名的“两元符号理论”。索绪尔认为“符号的任意性是第一个原则”，这个观点为后人创新表达、顺应社会发展，淘汰旧的，拓展语意提供了依据，保证了语言的生命力和活力。所以，对于网络新词新语不断涌现，专家学者和大众都应该持较为客观的态度，社会发展了，言语不同了，就好比煤油灯时代结束了，“煤油灯”这个词语被淘汰，“电灯”取而代之。传统的交际形式需要人们踏出家门，网络时代的人们可以守着计算机广交地球人，使用何种语码畅聊取决于网民素质。心灵碰撞在没有眉目传情、悦耳声音帮助下，无声的符号组合就成为网民喜欢的沟通方式。网络上的“火星文”或者流行语能否成为全民共用语需要时间检验。索绪尔认为“一定的语言状态始终是历史因素的产物”，语言从其产生以来始终是前一时代的遗产，“拒绝一切任意的代替”(108)；第二，任何民族一般都满意于它所接受的语言，更需要认真学习、深切思考才能了解复杂的母语；第三，我们每时每刻都在使用它，它同大众的生活结成一体，改变言语可能，但是改变语言是不可能的，因为索绪尔提出集体惰性对一切语言创新的抗拒，即语言具有稳固的性质，语言不仅被绑在集体的镇石上，而且是因为处在时间之中，变化的原则是建立在连续原则基础上的。能指和所指关系的转移体现了符号任意性原则，赋予大众在声音材料和观念之间建立任何关系的自由，同时符号在时间上的连续性又与时间上的变化紧密相连，语言现实性既要考虑说话的大众，也要考虑社会力量对语言的作用。任何一种语言的魅力在于它的生命力，活的化石经过文字代代相传，记录了人类社会的发展。一个新词，一个时代，互联网使得人类进入信息时代，“无纸 e 时代”改变了人类的交往方式、学习方式、工作方式。但是，我们使用的现代汉语并没有改变，确保汉语纯正不是拒绝那些由于现代技术更新、为了满足交际需要而生成的新语词，也不是那些由于网络流行而成为全民通用的新鲜表达，如“正能量”“盲驾”“电商”等新词汇。

索绪尔关于语言符号的性质是任意性以及符号的可变性与不变性的论述，虽然距离我们现在所处的时代遥远，但是它引领了后人用发展的观点来看待语言的变化，从语言学视角阐释了语言是人类文明能够世代相传的基石。人有创造符号的自由，但是“符号拒绝一切任意的代替”(索绪尔，1996：108)。语言是“社会力量的产物”，而“社会力量是因时间而起作用的”“时间保证语言的连续性”(111)。这就是学者普遍认可的观点，语言具有自身的保洁性，无论多流行的网络符号想成为现代汉语的全民共用语言，都必须符合汉字造词的基本规律：一个汉字是音、形、义三维的完美结合，这与二维音、义结合的英语有很大差别，英语有几百万个单词，汉语利用意合的优势就可以生成新的表达。例如，“盲驾”这个 2014 年的流行语，不是指传统意义“盲人驾驶”，而是指“一边开车，一边看手机视频或一边发短信”，但是比喻意义一样，均表示“很危险”“致命”。

无论汉字、数字、英文字母混杂在一起使用，还是文字、图片、符号等随意链接和镶嵌，都是网民们约定俗成的表达方式。作为一种奇特的语言现象，必有其存在的合理性。网络语言并非仅仅是网民的语言文字游戏，而是现代汉语的积极变化，在整体上是符合语言符号发展规律的。从规范化角度说，不少网络言语是对现有语言规范形式的一种突破，这种突破包括有益的突破，反映了信息时代语言发展的新变化。如灵活搭配的“给力”“超”“巨”等副词的超常使用，合乎语法规范，也贴切生动，同时经受了时间的考验，在青少年群体中已经成为约定俗成的表达。当然，对于网络语言中无益的变异形式，如某些语码混用现象，我们应限制使用范围，让这种形式服务于动态的即时交流空间，从而减少其对语言规范的破坏。

（二）网络语言的规范原则

网络技术赋予符号更快速、便捷的创新，也使得网络语言有着巨大的发展前途。它是现代汉语与网络这种载体的精彩结合，继承了现代汉语极具表现力的一面，给现代汉语的发展注入无限的活力。同时，字母词构成的中间语码也给现代汉语词汇带来了困惑，地方语法对规范汉语语法的影响也不能视而不见。这种影响无处不在，有利有弊。因此，对于网络语言，应该注意多搜集例子，合理规范，积极引导，具体分析，分清不同的层面，然后分别对待，使其能更好地服务于社会交际。对于静态的新闻资讯阅读空间（如百度、新浪、腾讯、搜狐等），国家应该尽早制定网络法规，要求其严格遵守汉语规范标准，树立媒体引导形象，引领和规范国内众多互联网的建设，促进中国网络语言的健康发展。对于动态的即时交流空间，监管政策性要灵活。面对网络新词、语码混用、怪异的符号不必大惊小怪，要引导网民自身意识，加强自律，不能传播伤风败俗的东西，文明使用符号，让虚拟社区成为普通网民获取信息的最好路径。关于网络规范的具体原则，我们认为可以从以下几个方面考虑：

第一，分清网络新词中的不同类属。术语的规范化和标准化应该严格遵守。在科学技术飞速发展、各学科术语大量涌现的今天，术语的规范化、标准化对于国际政治军事、经济贸易、科学技术、文化交流以及语言的发展起着至关重要的作用。它们涉及范围十分广泛，如我们前文所提到的计算机的行业用语和专业术语，与互联网有关的专业术语，网络新闻使用的语言，如“博客”“在线”“网页”“服务器”“视图”等。

第二，分清流行词使用的场合。随着网络功能的扩展，各种新闻已实现了网上传播，网上的正规文字同样不能使用流行词。许多文件、文献、事务文书、科研资料等，都会通过网络传播，这些文稿、文书必须拒绝流行词的侵扰。为保证语言教育和信息传递不受干扰，应当把网络流行词限定在网上聊天、发帖、个人邮件、手机短信等范围之内。

第三，坚持网络语言的动态规范原则。语言是不断发展的，所以不能把语言的规范看作死的教条。某些词语在历史的发展过程中曾经被看作不规范，但在今天来看，似乎已没有不规范的感觉。所以，我们应该理解规范的动态性：词语的规范与否会随着时间的流逝和社会的发展而可能发生变化。

对网络语言的规范应有一定前瞻性以及适度超前性，相信语言系统的自我净化能力。静态阅读空间的零容忍不是要全盘否定新颖、幽默、含义丰富的网络流行语，而是要对其进行了解、记录、研究，吸收那些约定俗成的、规范的网语。国家语言文字改革工作委员会曾在2001年专门开会，专题探讨汉语网络语言的规范问题。专家一致认为：对网络语言应采取宽容理解、积极引导的态度，因为约定俗成是无法代替的客观规律，体现了语言物竞天择、适者生存的自然法则。

动态互动空间应该百花齐放。网上的空间十分广阔，交流的渠道、方式丰富多样。它比纸质有更大的自由性和灵活性，要允许百花齐放、百家争鸣，不宜采取硬性的方式打压不同的思想与不同的形式，更不应该上纲上线。网上的即时交流，是人际沟通的一种新形式，人与人之间距离未知，性别年龄未知。在即时聊天时，阅读与面谈结合到一起，文字具有口语语体的特点。零星片断、实物符号、笑脸符号、键盘符号，表达出轻松活泼、情绪宣泄、调侃逗笑等情绪，没必要追求书面语言的典雅、庄重。当然，对于那些不文明粗口现象，或传播黄色图片和视频就应另当别论、严令禁止了。

从远距离即时交流技术看，互联网是一个倡导自由、平等的虚拟社区，对网络语言进行严格的限制与互联网精神相违背，将遭到广大网民的强烈反对。另外，网络语言纷繁复杂，网民们在不停地创造着新的网络表达，规范标准不好制定。目前，网站如雨后春笋，即使制定了规范，也不能对网民进行有效的监管。

第四，坚决清理静态新闻阅读空间、动态的即时聊天、留言板BBS等网络语言中的污言秽语。在2013年前，网络语言的粗口不断侵入传统媒体，有些粗话甚至成为传统主流媒体的新宠。在2014年国家开始净化网络环境后，有关部门加大了网络语言监控软件的研究开发力度，通过技术手段过滤那些网络低级趣味的图片和视频，及时清理那些不文明粗口、黄色图片和视频。

汉语是一个成熟、稳定的系统，同时又是一个动态、开放的系统，随着社会生活的发展，新造词、外来词、方言词不断充实到汉语词汇中来，语言规范总是处在动态发展的过程中。我们要正确看待汉语语言的交际性、社会性、人文性、可塑性，采取科学、动态、系统可行的方法，以群众性、稳妥性、经济性策略充分肯定新词新语和有益的语法形式，并加以推广。同时，也要制定相应的管理规范，引导网站自觉净化网络语言，形成文明、清洁的语言风气。

"语言是一座城市，每个人都可为这座城市添砖加瓦。但这座城市的健康和有序，纯净和美好，更需要我们大家的共同努力。"著名作家爱默生写下这段话时，还没有网络。但是，这段话之所以仍显美丽，是因为作家用精美的语言述说了一个朴素而深刻的道理。（谢泽明，2002：161）

七、网络语言规范的意义

2015 年 10 月 15 日，教育部在北京发布了最新的《中国语言生活状况报告》。《中国语言生活状况报告》自 2006 年开始发布至今，已是教育部、国家语委连续第十次向社会发布年度语言生活状况报告。互联网俨然成为语言生活的重要领域。教育部陆续设立国家语言资源监测与研究平面媒体、网络媒体、有声媒体、教育教材、少数民族语言等中心，每年采集逾 10 亿字数据，为社会语言生活监测与研究提供基础。一直以来，这个报告十分关注网络语言对青少年语言发展和使用造成的影响。教育部语言文字信息管理司副司长田立新表示，一大批反映社会百态的词语活跃在社会语言生活中，成为社会变化的记录仪，同时语言生活热点频发，网络语言粗鄙化确实存在，需要治理，规范网络语言非常必要。《报告》显示，目前我国已经走入接入国际互联网的第 21 个年头，网络语境中孕育出的网络语言已成为汉语系统中比较活跃的一部分，但由于网络"虚拟社区"和自媒体"缺少把关人"的特性，网络低俗语言大量出现，并从网上蔓延到网下。以丑为美、以低俗为流行的价值取向将伤害汉语数千年的根基，使千年流传下来的中华文明变味儿。

中国传媒大学教授侯敏分析，网络低俗语言泛滥，在一定程度上是因为自媒体缺少把关人。有专家称，"人艰不拆、喜大普奔、童鞋"等词不算粗鄙，只是造词不太符合规范，或仅是谐音戏谑，适用场合受限而已，像"山寨、给力、秒杀、点赞"等是很好的网络新词，一般来说，使用应该不受限制，得体就好。至于生命力是否长久，需要时间检验。

中华民族要安身立命，汉语是根本。现代汉语是我们思想表达的家园和民族思维方式的寄托。语言是一个约定俗成的东西，其发展应该以引领为主，但是语言规范需要制定相应的法律、政策法规来保护母语。汉字是形、音、义的统一体，三维的汉字与二维的英语有很大的差别，有人说"看汉字，犹如看一幅内涵深邃的山水画"。以形表义是汉语造词的理据。网络语言中利用语音上的关联、谐音来随意更换字形，将汉字当作纯粹的表音符号，这显然是对汉字本质的破坏，伤害了汉字作为一种表义文字的尊严。汉字是汉文化的传承者，是中华文明忠实的记录者和中国文化源远流长的基石。维护网络语言规范具有深远的政治意义：静态阅读空间的清网对于维护本国家、本民族的语言纯洁发挥着十分重要的作用。强化国家文字统一意识才能利于民族团结、社会和谐发展。

静态阅读空间的汉语规范十分必要，官网与民网的示范作用必将引领网民文明上网。在全球网络化时代，信息网络技术为网民提供了自由、开放的技术支持，人们借助各种信息工具和社交网站，无限地扩大交往范围，更充分地行使表达权利，能够把任何地方的任何东西链接起来并予以重组。无地域限制使得全球建立起共同管理的超国家组织成为可能，也使得国家政府、地方政府、非政府组织之间在公共事务行为上的协作和信息共享成为可能，所以虚拟的网络世界同现实生活的联系不能割裂开来，互联网中静态阅读空间应该遵守广播、电视、报刊、杂志等传统媒体接受的法律法规的制约，严格运用并积极推广规范的语言文字，营造一个良好的社会语言环境。通过引导和规范国内众多互联网网站的建设，促进中国网络事业的发展，正面引导，形成网上健康文明的道德规范，创造一种全新的网上生活方式，在全社会形成文明上网的风气。同时，规范的汉语能促进经济、文化、教育、科技的发展，对语言信息处理、自然语言理解以及人们的社会交往都具有深远的影响。

虚拟世界是一种生存场域，动态的在线行为不仅是“言说”，更是“生活”，是人类在网络空间的存在方式，是第四传媒时代网民交际的方式。有了互联网和多媒体，人类的交流是超链接式的，符号的自由组合也是超链接式的，因为网民很容易将所有实践领域中使用的声音、图像、语言、数字、键盘符号以超文本的方式发送给众多看客、说客，在网民的意识里容易造成单向度的网络自由观，误将言论自由、网络表达自由等同于网络自由。网络技术改变了人们的学习、工作、生活等物质层面的方式，也改变了人们的思维定式、认知习惯、评价观念等精神层面的方式。在线的语码转换突出了虚拟环境的开放性、技术性、多元性，也突出了很难监控、或阻止在线行为的“言说”方式。因此，对于动态的即时交流空间，我们应采取引导和疏导的方法，应编纂规范词语的词典来敦促网民使用规范和标准的现代汉语。静与动分层管理清楚地划分了语码可以混用的场域、网络语码规范的场域，对于网络法律制定或许有借鉴的意义。至于成年人与青少年在线行为，我们可以采用分流管理方式：成年人依靠自我约束，而青少年处于学习科学文化知识的阶段，正确的语言习惯是通过传统的家庭和学校教育而习得的。对于青少年沉溺网络，喜欢所谓“火星文”的表达方式，必须限制其使用范围，禁止使用这样的语言写书面作文，消除不利于普通话推广的根源，从而维护现代汉语的纯洁性。

第七节 研究的局限性和进一步研究建议

本章借助社会语言学里的言语社区理论，对比分析了真实社区与虚拟社区在基本构成因素方面的相同与不同之处，指出虚拟社会是真实社会的延续，是社会生活发生变化的微观景图，比较详细地分析了网络空间交往具有的独特性和创造力，例如即时交流中各种符号的独特运用、信息的多维和庞杂、参与者的多元与匿名、点对点式的水平传播路径等。关于超时空、超地域、超文本的语码规范，我们提出了分层与分流管理模式，即静态的阅读空间汉语规范与动态的即时交流空间的技术限制与网民自律。但是，我们的论述存在着一些明显不足，具体表现为以下三个方面：

第一，我们只是梳理了中外社会语言学家的观点，没有提出新颖、说服力很强的观点。认识到了以“无声”语码进行交流的网络社会需要重新认识，对网络每时每刻都在产生新词语的社会心理分析缺少理性化和纵深化方向的研究，重复他人的观点较多，创新不足。

第二，实证范围局限于国内，缺少对像 Facebook 和 Twitter 这样在英语世界有影响的即时交流空间的考察。在考察字母词语码转换对于语言规范的影响方面，没有对比分析汉语交流中英语字母词、缩略词是否为西方人所理解，是否符合西方人的表达习惯。另外，英语国家的网络语码转换中不规范的现象又是如何，是怎样互相影响的等方面，都没能做具体分析。实证范围不宽泛，有待进一步的研究。

第三，实证对象局限于教师、学生、家长 QQ 群，而微博、微信、社交网站材料较少。本章对于匿名交往中网民的语言态度缺少科学的调查（第三章的部分内容是有关网民对语码转换态度和语言态度的具体调查），只是借用了其他人的例证，得出的结论存在一定局限性，用这些例子进行分析，不能描绘网络语言的全貌，研究方法有待于优化。

综上所述，由计算机、互联网支配的虚拟网络社区是一种新的社会现象，多元的语码转换是人类交往发展史上的新模式，社会生活的变化必然引起语言的变化，社会与语言互相接触、互为影响。动感十足的网络语言为语言学增添了新鲜血液，网络交际中的语码转换拓展了语言的运动过程研究，丰富了语言学的研究内容。随着网络技术的发展，我们可以开展涉及若干专业领域的语言现象的实证研究,还可以进行基于语料库的网络语言探究,进行更加科学、客观和精确的研究。

网络语言如何发展很难预测,语码转换如何翻新也不可能掐指算到。但是,符号的本质告诉我们:符号与意义关联是任意的。这使得网络语言规范不能使用行政命令手段,强行单一化。毋庸置疑,网络语言立法化具有重大意义:既要维护汉语纯洁性,让互联网成为国家及其各级政府机构舆论宣传的"正能量喉舌",又要保证普通网民网上冲浪和聊天的自由。所以,进行网络法律制定的研究,开展网络语言规范的规章制度研究,网络自由与民主限定范围的研究都具有现实意义,既能保护隐私,更可保护国家安全。

语言符号与非语言符号在网络交流中被人们广泛使用,使得网络交流在用词、表意、传情等方面都具有自身的独特特征。这个角度的论述很多,我们认为在非语言交际方面可以进一步深入研究。例如,在网络环境下,由于缺少真实面对面的无声动姿(如微笑、点头、皱眉等),也看不见无声的静姿(发型、衣着、装饰),以及有声而没有实际意义的"类语言",网民如何利用表情符号技术支持、实现即时交流空间的畅谈是值得研究的课题。因此,进行网络语言的跨学科、多视角研究很有必要,能丰富和发展静态身势语的研究。

第六章　结　语

人类历史上，语言融合浪潮大致出现过三次：第一次源于技术发展，人口大规模迁移；第二次发生于欧洲列强进行奴隶贩卖之际；而现代人口迁移则带来了语言融合的第三次浪潮，特别是随着全球经济的一体化，国际交流合作越来越频繁，语言的接触和融合越来越多。伴随着语言的融合，一种现象会随之发生：产生大量的跨语言文化的语码转换，很多小语种面临衰亡或者濒临灭绝，加之城市化迫使居民从自己的故乡迁徙到一个“统一用语”的环境，进一步加快了小语种的灭绝。有专家推测：在全世界现存的6000多种语言中，到2115年，或许将有90%灭绝。语种的变少，也意味着有更多的人能够使用母语之外的通用语言和别人交流。这种情况下，语言变异和语码转换现象会更加频繁。

社会总是在不断发展、前进、变化，这是一条亘古不变的真理。社会的变化常常引起语言的变化，这也是一条定律。因此，当我们进行语言的动态研究时，必须充分考虑到社会的变化。语言的发展、变异和社会的变化是密不可分的。美国社会语言学家布赖特(W. Bright)提出了“共变论”(co-variance)观点，当社会生活发生渐变或激变时，作为社会现象的语言会毫不含糊地随着社会生活进展的步伐而发生变化(姚汉铭，1998)。从语言的发展历史可以看出，社会发展比较缓慢时，语言的发展也缓慢，而社会急剧变动时，语言的发展也随之迅速。社会生活发生变革，语言也需要随之变化，以适应社会交际的需要。比如，近些年，以“ e ”为共同词素的词族数量日益增多，如“e时代、e概念、e广告、e生活、e教学、e世纪、e行动……”等。这个词族伴随着信息化产业产生，以词的形式反映和记录着信息化的进程和成果，是人们社会生活的一个重要组成部分。

语言根植于社会，社会生活的发展变化对语言使用甚至语言面貌，都会产生巨大影响。语言内部系统的矛盾和不平衡也会促使语言自身的变化，但是语言使用者的语言态度、国家的语言政策尤其是语言接触等外部社会因素才是推动语言发展的主要动力。历史上语言的分布受自然地理条件影响巨大，传统的语言接触研究主要以地理区隔为划分标准。目前,我国正处在向现代工业化、信息化社会转型的阶段,国际交流频繁,国内人口流动加速,汉语与外语及内部各方言间的接触程度高于以往任何一个历史时期,语言接触方式及因此而引发的语言变异呈现出全新的面貌。可以说,网络语言与城市语言成为最活跃的语言变异来源,人们的语言态度和语言使用实态都处在巨大的变化之中。在这种大背景下,掌握一种语码的人越来越少,掌握一种以上的语码是现代人必须具备的条件,甚至是改善生活质量的基本技能。

第一节　本研究的目的和意义

英国社会语言学家 L. Milroy 和 J. Milroy 提出:"中国可以说是社会语言学者的'伊甸园',各种语料应有尽有。中国的社会语言学研究不仅可以为现有的理论模式提供更新、更有趣的佐证,而且还可能对现有的理论模式提出挑战。"(李嵬,1995:50)这番话足以让我们中国的社会语言学研究者信心倍增、大受鼓舞,只要我们立足于本国的语言国情,认认真真、踏踏实实地搞研究,一定会有所作为的。针对我们的研究课题,相信在我国的具体语言现实基础上研究网络交际中的语码转换,不仅具有更大的现实意义,而且提供了更多的理论创新的机会。

互联网的博大,让我们充分感知着这个世界每一个微小的脉搏。李宇明先生(2006)强调说:"计算机网络也许可以算作 20 世纪人类最重要的发明之一,它催生出信息时代,并为人类构造了一个与现实空间相关联的虚拟空间。虚拟空间也有语言生活,虚拟空间的语言生活,也是人类语言生活的组成部分,而且从发展趋势来看其地位还越来越重要。语言及其所负载的信息是信息处理的主要对象,语言信息处理已经成为高新科技之一种……关注语言生活,把握语言国情,对于语言规划(包括语言政策)的制定,乃至教育、科技、新闻出版等诸多领域的政策制定,都有不容忽视意义。"(转引自张玉玲,2008:16)

伴随着互联网的发展和网络传媒的发达,网络语言目前已成为学术界研究的热点课题,内容涉及网络语言的方方面面,网络语言也是一个相当年轻的研究课题,对其进行系统的探讨、分析也是适应网络语言发展的迫切需要。

第二节　主要研究发现

本书借鉴网络语言和语码转换两方面的相关研究成果,主要以调查问卷的形式为研究手段,通过对网络语言中语码转换现象的结构类型、产生原因、语用意义及网民的语言态度等方面做相应分析，并辅以大量例证，对网络语言中的语码转换进行了较为全面的研究。笔者在书中先介绍了研究对象、意义和方法，接着在梳理前人研究理论的基础上，借鉴社会语言学、语用学等的相关理论，结合收集的网络语言资料，以动态的角度分析了网络中语码转换现象的类型、生成动机和功能，并通过问卷调查和个人访谈，有针对性地对语码转换者的语言态度、语码转换意识、语言能力等方面展开研究，对统计数据进行分析，较全面地观察和梳理了语码转换现象。最后对网络交流中语码转换现象进行展望，讨论其与语言规范化的关系，提倡人们应以正确的态度来对待。本书通过一系列研究分析，总结出语码转换的某些具体特点和语用社会动机，目的在于让人们认识到这一独特的语言现象，并能科学、动态地对待网络中的语际交流问题，具有十分积极的理论和实际意义。

个体的人是社会群体的有机组成部分，在特定的语言环境中，其言语行为具有深刻的社会意义。个体的人在语境的作用下会考虑到社会因素而从事语码转换，达到表达交流的目的。语码转换不仅是个人行为，而且具有社会性。它传递的不仅仅是语言信息，而且还包含复杂微妙的社会意义。说它是个人行为，是因为语码转换是个人语言输出过程中复杂而深刻的表现。而它的社会意义，则在于这一语言现象的背后带来的不仅仅是语言表层的形式变化，更多的是起到了社会学领域方面相关的功能。现阶段，对语码转换的研究多数集中在面对面交际和书面语上，而对网络这一虚拟世界中的语码转换现象的考察还不是很多。但是，这确实是一个不可忽视的领域。作为一种复杂的语言现象，语码转换受到社会、语言和心理等因素的制约，对于经验、人际和语篇功能的表达具有重要作用（王瑾，2007）。本研究的初衷就是力图找出网络语篇中语码转换现象的规律和特征。通过该研究，我们也将近年来比较新的语码转换研究理论，即语言顺应模式，在网络交际领域做了验证。

本研究的结论是建立在数据、理论两者共同的基础上的。因为网络交际的数据量是无法计量的，所以必须在理论的指导下分析数据以得出比较令人信服的结论。因此，本研究采用了调查问卷的形式，并以语言顺应理论和顺应模式作为理论基础和依据。大量的数据收集是非常必要的，因为顺应模式在网络交际语境下是否有足够解释力是要靠数据来验证的。

本研究的数据收集主要有两个来源。其一，是通过问卷的方式，收集了1605位不同性别、年龄、教育程度的被访者资料，了解了他们在网络交际中进行语码转换的方式、特征、动因及态度。然后进一步分析了这些问卷结果。其二，收集了在网络即时会话（包括QQ、易信进行聊天）、网上讨论版BBS、收发电子邮件及个人博客等网络交际手段、方式中产生的会话结果。然后，将这些原始资料进行分类、解释，考察社会语言学、语用学的理论，特别是顺应模式是否能解读所收集到的资料中的语码转换现象。

本研究是对语码转换理论应用于实际语料研究的拓展与尝试。通过对当今社会网络语篇中存在的语码转换现象的分析，主要完成了以下研究工作：

第一，搜集整理了网络交际中汉英语码转换的语料，得出了具有一定价值的数据。这些数据除了作为本文的分析依据外，还对其他从事相关研究的人员具有一定的参考价值。

第二，通过建立在调查数据基础上的理论分析，对目前我国网络中语码转换现象的现状有了比较清晰和客观的认识。

本研究得出了以下结论：大部分中国网民，尤其是年轻的、有较高教育程度的双语者在网络交际中都会在中文和英文之间进行语码转换。网民进行语码转换的动机包括顺应语言现实(其中包括为了打字方便)，对语言现实的顺应包括对语言存在和语言特性的顺应；对社会规约的遵守和顺应主要是对社会交际规约和社会文化习俗的顺应；对于心理动机的顺应则表现为在特殊语境中，通过中英文语码转换实现不同的交际目的而采取不同的交际策略，比如为实现炫耀、避免尴尬和争吵、挽回面子等心理动机而进行的语码转换。

第三，本研究对汉英语码转换中英语嵌入语码的结构形式有了较为清晰的量化认识。调查问卷的结果发现，最常见的转换形式是在交际中插入字母缩写、词缀、词或词组等，以句子为单位的转换较少见，一般出现的形式是在对话的开头和结尾插入问候语。

第四，本研究概括总结了语码转换的社会心理动机模式：网络交际中，个人对语码的选择经常是下意识或无意识的结果，因此语码转换的确切动机非常复杂，这种复杂性还表现在有的语码转换可能缘于多重动机。在网络语篇中，语码转换作为一种有效的交际策略，实现着对诸多主观和客观因素的顺应，体现着强大的交际功能。调查问卷的结果也表明，交际者进行语码转换的主要目的是为了达到或接近某个或某些具体的交际目的，促使交际顺利地完成。

第五，本研究对网络交际中语码转换者的语言态度做了调查，我们认为语码转换应该被视为一种正常的语言和社会现象来看待，而不应该受到任何偏见的影响。但是，滥用语码转换或者违反语言内部规律任意进行语码转换非但不能实现语用功能，反而会对语言的纯洁性和规范化产生消极的影响，不利于语言的健康发展。只有那些实现了顺应的语码转换才是值得提倡和鼓励的。

语言是一个庞大复杂的体系，是由许多分支体系组成，而每个分支体系又由许多更小分支体系组成，语言的内部结构就像由无数链条组成，而这些链条互相牵制，一个环节不会孤立地起变化，它的变化迟早会引起连锁反应。索绪尔提出语言是一种表达观念的符号系统。语言是一种庞大的系统，牵一发而动全身。如果语码转换或混杂过度发展，势必引起一系列反应。目前来看，语码转换对汉语的影响主要在词汇这一子系统，很难预测将来是否会“危”及语法体系。这也就意味着，如果不及时对某些违反语言内部规律任意进行语码转换的现象加以遏制的话，一旦它们有了质的飞跃，那时候再来净化汉语就麻烦了。届时，政府可能会模仿法国的做法进行干预。法国专门有法国科学院来保护法语的纯洁，在可能的情况下，用法语词汇来替代英语外来语。汉语的历史表明，汉语有很强的净化能力，只要坚持中华民族文化，我们无需担心汉语被污染，不必担心汉语的词汇将被外语词汇替代。总之，我们应该以审慎的态度对待语码转换现象，认真研究，正确引导，使之向着健康积极的方向发展。

第三节 本课题研究成果的预计去向

网络语言中的语码转换现象是网络新时代直接的反映，它丰富和发展了社会语言，客观反映了现代人的生活和思维状态，起到了重要的交流和认知作用。但是，我们也充分认识到网络语言中的语码转换势必会对汉语语言文字使用的规范化和标准化产生持久、深远的影响，这要求我们正视其对传统语言的合理创新与丰富，对网络语言给予更多的关注和某种程度的积极引导。本课题的研究成果有助于进一步揭示语码转换的本质，加强人们对当前计算机辅助交流环境下语言交际进程的理解，有助于推动网络语言的研究，扩大研究的领域，也有助于我们正确认识和理解网络语言。对网络语言中出现的语码混杂现象，我们不宜作简单的否定或是肯定，应该采取积极、宽容和开放的态度来丰富和发展我们的语言。同时，由于网络语言不仅仅是一种言语现象，也是一种社会和文化现象，网络语言中的语码转换也反映了文化之间的互相冲击和影响。因此，在接受多元文化的同时，我们要调整好心态，保护好自己的语言特色。此外，本课题从社会功能角度出发，揭示网络交流中的人际心理以及网络语言的社会意涵，这种对语码转换和社会因素之间宏观关系的探索可以加深我们对语言与社会之间关系的认识。

第四节 本研究的不足之处

由于网络交际的数据量庞大，尽管作者收集了大量资料，和网络交际可能产生的数据相比还是具有不可避免的局限性，这就造成了结论可能不完善。本研究只涉及了基于文本的网络交际中的语码转换，对通过网络视频、语音聊天等手段进行的网络交际中的语码转换没有涉及。此外，调查问卷中列出的语码转换原因和影响因素并不全面，同时也不能排除受试所提供的信息不一定完全属实的情况。这些问题都有待于今后进一步研究。

研究还存在不少问题，这些问题与社会语言学这门学科本身的特点密切相关，比如从社会、文化等角度研究语言使用，必然会碰到变量不易控制、研究结果难以重复验证等客观存在的问题。

本研究基于调查问卷，所以考虑样本的覆盖面和样本的数量是非常必要的，以便能够更全面地获得研究成果和更好地支持研究发现。虽然我们在选择样本的时候尽量扩大样本的覆盖面和适当地增加样本的数量，但是，由于研究人员受到人力、财力、物力和时间的限制，导致本研究仍有一定的局限性，结论还不够成熟，有待于通过更为全面深入的研究来进一步论证。

附　录

网络交际中的语码转换现象
调查问卷

亲爱的朋友，

您好！

感谢您参加本次问卷调查！

在日常谈话或交际中，您是否注意过自己或他人有时会出于某种原因从一种语言（方言或语体）换用到另外一种语言（方言或语体），如交替使用英语、汉语、普通话或方言（家乡话）等，这种现象叫作语码转换。语码即人们用于交际的任何符号系统，可以是一种语言，也可以是一种方言或语体。在网络交际中，如“OMG，明天我要作 presentation”“这个人很 cool，羡慕 ing”“I 服了 U”这样夹杂了汉英语码的网络语篇也很常见。

为了了解网络交际，包括聊天室、BBS、Email、博客中出现的语码转换现象，我们特此进行调查。本调查问卷只用于学术研究，并无其他目的，答案也无对错之分。希望您能在百忙之中抽出几分钟的时间完成问卷，您的支持是我们做好研究的保证！

问卷限本人独立填写，请勿由他人代填。填表内容一定要符合事实，且不要漏答。除特别标明外均为单选题，选中哪一项，请在该项上画圈。

【个人信息】

1. 我的职业是________（请填写，如学生、教师、企业管理人员、公务员、工人、公司职员、医生、军人、自由职业者、退休人员等）

2. 我的性别：

   A. 男　　　　　　　B. 女

3. 我的教育背景：（若选 A 或 B，请跳至第 5 题；若选 C、D 或 E，请继续第 4 题）

A. 初中　　B. 高中　　C. 大学专科

D. 大学本科　　E. 硕士及以上

4. 我的专业：

A. 人文社会科学　　B. 理工自然科学

5. 我的年龄段：

A. 15～18 岁　　B. 19～24 岁　　C. 25～34 岁

D. 35～49 岁　　E. 50 岁及以上

6. 我使用网络的时间：

A. 1 年以下　　B. 1～3 年以下　　C. 3～5 年以下

D. 5～7 年以下　　E. 7 年以上

7. 在本次问卷调查前，我对语码转换这种现象：

A. 非常了解　　B. 听说过，明白一点　　C. 一点不知道

8. 我的网上好友中使用语码转换、如英汉混用的人数：

A. 比较多　　B. 很少　　C. 几乎没有

【语码转换的使用】

下面的题目请根据您的实际情况，从 1～5 的数字中选出一个最能表达您真实想法的数字，在数字上画圈。

1＝非常不同意　2＝不同意　3＝不确定　4＝同意　5＝非常同意

题号	题目内容	非常不同意	不同意	不确定	同意	非常同意
1	我在日常生活、工作中，夹杂使用普通话和方言，例如碰到老乡时。	1	2	3	4	5
2	我在日常生活、工作中，夹杂使用汉语、英语。	1	2	3	4	5
3	我在网络聊天、Email、论坛或博客中使用过语码转换，如夹杂使用英语和汉语，或普通话和方言。	1	2	3	4	5

* 如果您对第 3 题的回答是 1(非常不同意)或 2(不同意)，即在网络交际中

从未进行过语码转换，请回答完以下 4～7 题，答题到此结束，谢谢您的参与！

如果上面第 3 题，您选了 3（不确定）、4（同意）或 5（非常同意），请跳至第 8 题。

题号	题目内容	非常不同意	不同意	不确定	同意	非常同意
4	我在网络交际中从未使用过语码转换，是由于操作起来耽误时间，需要变换输入方式，影响了网上交流的速度。	1	2	3	4	5
5	我在网络交际中不夹杂使用汉语、英语，是出于不喜欢英语。	1	2	3	4	5
6	我在网络交际中不夹杂使用汉语、英语，是由于自身英语水平不够高。	1	2	3	4	5
7	我在网络交际中不夹杂使用汉语、英语，是因为厌恶这种语码混杂现象，认为它不规范。	1	2	3	4	5

* 如果上面第 3 题，您选了 3（不确定）、4（同意）或 5（非常同意），请继续下面的题目。

题号	题目内容	非常不同意	不同意	不确定	同意	非常同意
8	我在网络交际中进行了英汉语码转换，希望对方也使用我的语码。	1	2	3	4	5
9	在网络交际中，如果对方转换了语码，我总会马上做出反应，使用对方的语码。	1	2	3	4	5
10	我在网络交际中进行了语码转换，对方是否使用我的语码无所谓。	1	2	3	4	5
11	在网络交际中，如果对方转换了语码，我有时会做出反应，使用对方的语码。	1	2	3	4	5

【语码转换的原因】

在网络交际，如 QQ、Email、BBS 论坛中进行英汉语码转换，通常是出于何种原因，请根据您的实际情况在相应的选项上画圈。

题号	题目内容	非常不同意	不同意	不确定	同意	非常同意
12	我之所以进行英汉语码转换，是为了练习、强化学到的英语知识，学以致用，从而提高英语水平。	1	2	3	4	5
13	某种表达只存在于汉语或英语中，若翻译成英语或汉语，其原意将会失去，所以保留原来的语码以弥补语言空缺。如西方国家的人名、地名，或者外国品牌名称，如 iPad，SONY。	1	2	3	4	5
14	我之所以进行英汉语码转换，是为了使表达更加准确，避免歧义。	1	2	3	4	5
15	我进行英汉语码转换，是为了显示或者表明自己，如展示自己的英文水平或者独特品味。	1	2	3	4	5
16	我使用语码转换，为了表达方便、省力，如 BF 代替“男朋友”，CM 代替“厘米”。	1	2	3	4	5
17	我使用语码转换，是追求一种时尚表达方式。	1	2	3	4	5
18	我使用语码转换，为了避讳禁忌和敏感词语，如关于 sex 的话题、或骂人的时候用 shit，damn it。	1	2	3	4	5
19	为了活跃气氛、达到幽默效果，我交替使用英语和汉语。	1	2	3	4	5
20	为了准确引用，如插入英语名言警句、引用英文电影或歌曲名等。	1	2	3	4	5
21	因为对方用了不同的语码，为了缩小与对方的社会距离，显示共同性，增进感情，我进行了语码转换。	1	2	3	4	5

续表

题号	题目内容	非常不同意	不同意	不确定	同意	非常同意
22	我使用语码转换，为了向对方表示礼貌，如用英语表达委婉的拒绝等。	1	2	3	4	5
23	我进行语码转换，以达到强调或者对照的效果。	1	2	3	4	5

我进行语码转换有其他方面的原因，请填写＿＿＿＿＿＿＿＿＿＿＿＿＿＿＿＿

【对语码转换的态度】

题号	题目内容	非常不同意	不同意	不确定	同意	非常同意
24	我认为网络交际中的汉英语码转换很好，可以为我的网络冲浪带来很多乐趣。	1	2	3	4	5
25	“今天的天气很 sunny”这样的英汉语码转换很别扭，简直是语言污染，中不中、洋不洋。	1	2	3	4	5
26	在 BBS、Email、网络聊天中夹杂英语单词、词组或句子，有利于沟通，避免歧义，提高交际效果。	1	2	3	4	5
27	网络交际中进行语码转换，对沟通一点帮助都没有。	1	2	3	4	5
28	没概念，大家都这样进行语码转换，我也就这样。	1	2	3	4	5

【语码转换的形式】

除特别标明外，请根据您的实际情况在相应的选项上画圈。

29. 在网络交际中，我进行语码转换时，是否能意识到这种现象？

A. 每次都意识到　　B. 经常意识到　　C. 有时会意识到

D. 偶尔意识到　　　　E. 从没意识到

30. 在网络交际中，别人进行了语码转换，我是否意识到这种现象？

A. 每次都意识到　　　　B. 经常意识到　　　　C. 有时会意识到

D. 偶尔意识到　　　　E. 从没意识到

31. 在网络交际，如 QQ、Email、BBS 论坛、博客中，我进行语码转换（如夹杂使用英语、汉语，或普通话、方言等）的频率属于：

A. 总是进行语码转换　　　　B. 经常进行

C. 有时进行语码转换　　　　D. 偶尔使用

32. 当进行网络交际、夹杂使用汉语和英语时，我通常用到以下形式中的____________（请填写，可多选）。

按使用的频率进行排序，其中我最常用的形式是________，第二常用的是________，第三常用的是________，第四常用的是________，第五常用的是________，最后是________。

A. 数字＋字母的组合，例如：3Q，3KS

B. 字母，例如：OMG，你 bt（变态）啊；我很 bs（鄙视）你

C. 后缀，例如：羡慕 ing；心痛 ing

D. 单词，例如：我收到 offer 了；这件事 Over 了

E. 词组，例如：没问题，a piece of cake

F. 句子，例如：唯一好的，就是朋友多，this beats a lot of other things

参考文献

Appel, R. & Muysken, P. (1987). *Language Contact and Bilingualism*. London: Edward Arnold.

Auer, P. (1990). A discussion paper on code-switching. In *Papers for the Workshop on Concepts, Methodology and Data* (pp. 69-88). Strasbourg: European Science Foundation.

Auer, P. (1998). *Code-switching in Conversation: Language, Interaction and Identity*. London: Routledge.

Bachman, L. F. (1990). *Fundamental Considerations in Language Testing*. Oxford: Oxford University Press.

Bell, A. (1991). *The Language of News Media*. Cambridge: Wiley-Blackwell.

Blom, J. P. & Gumperz, J. J. (1972). Social meaning in linguistic structure: Code-switching in Norway. In J. J. Gumperz & D. Hymes (eds.), *Directions in Sociolinguistics* (pp. 407-434). New York: Holt, Rinehart and Winston.

Bloomfield, L. (1933). *Language*. New York: Holt, Rinehart and Winston.

Brown, P. & Levinson, S. (1987). *Politeness: Some Universals in Language Use*. Cambridge: Cambridge University Press.

Catford, J. C. (1965). *A Linguistic Theory of Translation*. London: Oxford University Press.

Clyne, M. (1987). Constraints on code-switching: How universal are they? *Linguistics*, 25: 739-764.

Clyne, M. (2003). *Dynamics of Language Contact*. Cambridge: Cambridge University Press.

Coupland, N., Coupland, J. & Giles, H. (1991). *Language, Society and the Elderly: Discourse, Identity, and Ageing*. Oxford: Blackwell.

Croft, W. (2000). *Explaining Language Change: An Evolutionary Approach*. Harlow: Pearson Education.

Crystal, D. (2001). *Language and the Internet*. London: Cambridge University Press.

Edwards, J. (1994). *Multilingualism*. London: Routledge.

Enkvist, N. E. & Spenser, J. (1964). *Linguistics and Style*. London: Oxford University Press.

Fasold, R. (1987). *The Sociolinguistics of Society*. Oxford: Wiley-Blackwell.

Fasold, R. (1990). *The Sociolinguistics of Language*. Oxford: Wiley-Blackwell.

Fishman, J. A. (1965). Who speaks what language to whom and when. *La Linguistique*, 2: 67-88.

Fishman, J. A. (1985). Macrosociolinguistics and the sociology of language in the early eighties. *Annual Review of Sociology*, 11: 113-127.

Giddens, A. (1997). *Sociology*. Cambridge: Polity Press.

Giles, H., Taylor, D. M. & Bourhis, R. (1973). Towards a theory of interpersonal communication through Language: Some Canadian data. *Language in Society*, 2: 177-192.

Giles, H. (1980). Accommodation theory: Some new directions. *York Papers in Linguistics*, 9: 105-136.

Grice, H. P. (1975). Logic and conversation. In P. Cole & J. Morgan (eds.), *Syntax and Semantics, Vol. 3: Speech Acts*. New York: Academic Press.

Grosjean, F. (1982). *Life with Two Languages: An Introduction to Bilingualism*. Cambridge: Harvard University Press.

Grosjean, F. (1995). A psycholinguistic approach to code-switching: The recognition of guest words by bilinguals. In L. Milroy & P. Muysken (eds.), *One Speaker, Two Languages: Cross-disciplinary Perspectives on Code-switching* (pp. 259-275). New York: Cambridge University Press.

Grosjean, F. (2008). *Studying Bilinguals*. Oxford: Oxford University

Press.

Gumperz, J. J. (1971). *Language in Social Groups*. Stanford: Stanford University Press.

Gumperz, J. J. (1972). *Sociolinguistics: Selector Readings*. Harmondsworth: Penguin.

Gumperz, J. J. (1982). *Discourse Strategies*. Cambridge: Cambridge University Press.

Guy, R. G. (1988). Language and social class. In J. N. Frederick (ed.), *Linguistics: The Cambridge Survey* (pp. 383-404). Cambridge: Cambridge University Press.

Halliday, M. A. K. (1978). *Language as Social Semiotic: The Social Interpretation of Language and Meaning*. London: Edward Arnold.

Halliday, M. A. K. (1997). Language in a social perspective. In N. Coupland & A. Jawoeski (eds.), *Sociolinguistics: A Reader and Coursebook*. London: MacMillan Press Ltd.

Hammers, J. & Blanc, M. (1989). *Bilinguality and Bilingualism*. Cambridge: Cambridge University Press.

Heller, M. (1988). *Code-switching: Anthropological and Sociolinguistic Perspectives*. Berlin: Mouton de Gruyter.

Heller, M. (1995). Language choice, social institutions, and symbolic domination. *Language in Society*, 24: 373-405.

Horn, L. R. (1984). Toward a new taxonomy for pragmatic inference: Q-based and implicature. In D. Schiffrin (ed.), *Meaning, Form and Use in Context: Linguistic Applications* (pp. 11-42). Washington, D. C.: Georgetown University Press.

Huang, G. M. & Milroy, L. (1995). Language preference and structure of code-switching. In D. Graddol & S. Thoms (eds.), *Language in a Changing Europe* (pp. 35-46). Clevedon: Multilingual Matters.

Hudson, R. A. (1996). *Sociolinguistics*. Cambridge: Cambridge University Press.

Hudson, R. A. (2000). *Sociolinguistics*. Beijing: Foreign Language Teaching and Research Press.

Hymes, D. (1974). *Foundations in Sociolinguistics*. Philadelphia: University of Pennsylvania Press.

Jespersen, O. (1922). *Language: Its Nature, Development, and Origins*. London: Allen & Unwin.

Kachru, B. B. (1983). *On Mixing*. New Delhi: Oxford University Press.

Kramer, C. (1975). *Women's Speech: Separate but Unequal Language and Sex*. Rowley: Newbury.

Labov, W. (1966). *The Social Stratification of English in New York City*. Washington, D.C.: Center for Applied Linguistics.

Labov, W. (1972). *Sociolinguistic Patterns*. Philadelphia: University of Pennsylvania Press.

Lado, R. (1957). *Linguistics across Cultures: Applied Linguistics for Language Teachers*. Ann Arbor: University of Michigan Press.

Lakoff, R. (1973). Language and woman's place. *Language in Society*, 2: 45-79.

Lakoff, R. (1975). *Language and Woman's Place*. New York: Harper & Row Publishers, Inc.

Leech, G. N. (1969). *A Linguistic Guide to English Poetry*. London: Longman.

Leech, G. N. (1983). *Principles of Pragmatics*. London: Longman.

Li, D. S. (1996). *Issues in Bilingualism and Biculturalism: A Hong Kong Case Study*. New York: Peter Lang Publishing Inc.

Li, W. (2000). *Dimensions of Bilingualism*. London: Routledge.

Littlemore, J. (2001). An empirical study of the relationship between cognitive style and the use of communication strategy. *Applied Linguistics*, 22(2): 241-265.

Lyons, J. (ed.) (1970). *New Horizons in Linguistics*. Harmondsworth: Penguin.

Martinet, A. (1962). *A Functional View of Language*. Oxford: Clarendon Press.

McCormick, K. M. (2001). Code-switching: Overview. In R. Mesthrie (ed.), *Concise Encyclopedia of Sociolinguistics* (pp. 447-454). Oxford: Elsevier Science Ltd.

Milroy, L. & Muysken, P. (1995). *One Speaker, Two Languages: Cross-disciplinary Perspectives on Code-switching*. New York: Cambridge University Press.

Moyer, M. G. (1998). Bilingual conversation of code-switching for power wielding. In P. Auer (ed.), *Code-switching in Conversation: Language, Interaction and Identity* (pp. 237-261). London: Routledge.

Muysken, P. (2000). *Bilingual Speech: A Typology of Code-switching*. Cambridge: Cambridge University Press.

Myers-Scotton, C. (1986). *Diglossia and Code-switching*. Berlin: Mouton de Gruyter.

Myers-Scotton, C. (1993). Common and uncommon ground: Social and structural factors in code-switching. *Language in Society*, 22: 475-503.

Myers-Scotton, C. (1997). Code-switching. In F. Coulmas (ed.), *The Handbook of Sociolinguistics* (pp. 217-237). Oxford: Blackwell Publishers Ltd.

Myers-Scotton, C. (1998). *Codes and Consequences—Choosing Linguistic Varieties*. New York: Cambridge University Press.

Myers-Scotton, C. (2002). *Contact Linguistics*. New York: Oxford University Press.

Myers-Scotton, C. (2006). *Multiple Voices: An Introduction to Bilingualism*. Malden: Blackwell Publishing.

Poplack, S. (1980). Sometimes I'll start a sentence in English y termino en Espanol: Toward a typology of code-switching. *Linguistics*, 18: 581-618.

Romaine, S. (1995). *Bilingualism*. Oxford: Basil Blackwell Inc.

Sridhar, S. N. & Sridhar, K. (1980). The syntax and psycholinguistics of bilingual code-mixing. *Canadian Journal of Psychology*, 34: 407-416.

Thomas, J. (1995). *Meaning in Interaction: An Introduction to Pragmatics*. London: Longman.

Trugill, P. (1972). Sex, covert prestige and linguistic change in the urban British of Norwich. *Language in Society*, 1: 179-195.

Trugill, P. (1983). *Sociolinguistics: An Introduction to Language and Society*. Harmondsworth: Penguin Books.

Verschueren, J. (1999). *Understanding Pragmatics*. London and New York: Arnold.

Wardhaugh, R. (1986). *An Introduction to Sociolinguistics*. Oxford: Wiley-Blackwell.

Wardhaugh, R. (2000). *An Introduction to Sociolinguistics*. Beijing: Foreign language Teaching and Research Press.

Wray, A. (2002). *Formulaic Language and the Lexicon*. Cambridge: Cambridge University Press

Yule, G. (1996). *Pragmatics*. Oxford: Oxford University Press.

Zipf, G. (1949). *Human Behavior and the Principle of Least Effort: An Introduction to Human Ecology*. New York: Hafner.

[英]R. A. 赫德森:《社会语言学》,丁信善等译,中国社会科学出版社 1990 年版。

[丹]奥托·叶斯帕森:《语法哲学》,何勇等译,商务印书馆 2009 年版。

鲍宗豪:《网络文化概论》,上海人民出版社 2003 年版。

蔡琪:《大众传播时代的青少年亚文化》,岳麓书社 2011 年版。

[美]查尔斯·霍顿·库利:《人类本性与社会秩序》,包凡一等译,华夏出版社 1989 年版。

柴磊:《网络交际中的语言变异及其理据分析》,载《山东外语教学》2005 年第 2 期。

柴磊:《试析语言的"经济原则"在网络交际中的运行和应用》,载《山东外语教学》2006 年第 4 期。

柴磊、刘建立:《网络语篇英汉语码转换的研究现状及成因解读——以 Verschueren 语言顺应论为视角》,载《济南大学学报》2013 年第 3 期。

陈立平:《双语社团语码转换研究——以常州话—普通话语码转换为例》,上海交通大学出版社 2009 年版。

陈莉:《外语学习者认知风格与言语交际能力的关系》,载《疯狂英语教师版》2014 年第 3 期。

陈宏薇:《汉英翻译基础》,上海外语教育出版社 1998 年版。

陈松岑:《社会语言学导论》,北京大学出版社 1985 年版。

陈新仁:《语用三论:关联论·顺应论·模因论》,上海外语教育出版社 2007 年版。

陈原:《社会语言学》,学林出版社 1983 年版。

陈原:《社会语言学》,商务印书馆 2000 年版。

陈章太:《语言规划研究》,商务印书馆 2005 年版。

戴庆厦:《社会语言学概论》,商务印书馆 2004 年版。

丁崇明:《语码转换论析》,载《语言文字应用》1993 年第 1 期。

董俊红、师甜甜:《双语者句内语码转换的内在心理动机分析》,载《西北大学学报》2012 年第 6 期。
董兰、王勤:《网络英语》,科技翻译出版公司 2002 年版。
董启明、刘玉梅:《万维网键谈英语的文体特征》,载《外语教学与研究》2001 年第 1 期。
杜爱燕:《BBS 语篇中语码转换的语用学研究》,武汉理工大学 2008 年硕士论文。
杜辉:《语码转换与社会规则》,载《外语研究》2004 年第 1 期。
[德]恩斯特·卡西尔:《人论》,甘阳译,上海译文出版社 1985 年版。
樊建华、金志成:《语码转换的文化及心理因素探析》,载《东北师大学报》2006 年第 4 期。
[瑞士]费尔迪南·德·索绪尔:《普通语言学教程》,高名凯译,商务印书馆 1996 年版。
傅金芝、周文、李鹏:《云南大学生认知风格的比较研究》,载《云南师范大学学报》1999 年第 4 期。
高海、姜仕倩、刘启升:《场独立性/场依存性认知风格与大学英语学习》,载《青岛远洋船员学院学报》2006 年第 1 期。
高军、戴炜华:《语码转换和社会语言学因素》,载《外国语》2000 年第 6 期。
高一虹:《语言文化差异的认识与超越》,外语教学与研究出版社 2000 年版。
高永晨:《网络交际: 跨文化交际研究的新视域》,载《苏州大学学报》2001 年第 1 期。
谷小娟、李艺:《语言与身份构建: 相关文献回顾》, 载《外语学刊》2007 年第 6 期。
顾曰国:《礼貌、语用与文化》,载《外语教学与研究》1992 年第 4 期。
桂诗春:《语言使用的研究方法》,载《现代外语》1993 年第 3 期。
郭建中:《当代美国翻译理论》,湖北教育出版社 2000 年版。
郭兰英:《会话中与性别相关的礼貌研究》,河北师范大学 2003 年硕士论文。
郭万群、杨永林:《虚拟环境下的语言教学研究综述》,载《解放军外国语学院学报》2002 年第 3 期。
郭熙:《中国社会语言学(增订本)》,浙江大学出版社 2004 年版。
郭秀梅:《实用英语修辞学》,江苏人民出版社 1985 年版。
郭玉锦、王欢:《网络社会学》,中国人民大学出版社 2005 年版。
郭云飞:《从语用学角度看委婉语的产生及表现手法》,载《辽宁工学院学报》2005 年第 5 期。
何安平:《中英混合语码的语言特点及文化功能》,载《现代外语》1992 年第 1 期。
何洪峰:《从符号系统的角度看“网络语言”》,载《江汉大学学报》2003 年第 1 期。

何兆熊:《新编语用学概要》,上海外语教育出版社 2000 年版。
何自然、冉永平:《新编语用学概论》,北京大学出版社 2009 年版。
何自然、于国栋:《语码转换研究述评》,载《现代外语》2001 年第 1 期。
贺又宁:《论网络时尚与网络语言的互动》,载《贵州民族学院学报》2002 年第 3 期。
贺又宁:《语言应用散论》,贵州人民出版社 2006 年版。
胡明扬:《西方语言学名著选读》,中国人民大学出版社 1999 年版。
胡壮麟:《社会符号学研究中的多模态化》,载《语言教学与研究》2007 年第 1 期。
黄广芳:《社会语言学框架下的网络交际语言分析》,载《湖北经济学院学报(人文社会科学版)》2008 年第 2 期。
黄国文:《方式原则与粤—英语码转换》,载《现代外语》1995 年第 3 期。
黄国文:《语码转换研究中分析单位的确定》,载《外语学刊》2006 年第 1 期。
黄进:《网络语言符号略说》,载《南京师范大学文学院学报》2002 年第 4 期。
贾艳丽:《社会背景中的性别与幽默》,载《成都大学学报》2005 年专辑。
江南、庄园:《网络语言规范与建设构想》,载《扬州大学学报》2004 年第 8 期。
姜望琪:《当代语用学》,北京大学出版社 2003 年版。
姜望琪:《Zipf 与省力原则》,载《同济大学学报》2005 年第 1 期。
蒋金运:《关联理论与语码转换研究》,载《广西社会科学》2003 年第 7 期。
金志茹:《从社会语言学的角度分析网络交际语言的特点》,载《西南民族大学学报》2004 年第 4 期。
金志茹:《试论网络语言的现状及其规范化》,载《齐齐哈尔大学学报》2007 年第 3 期。
靳梅林:《社会语言学与英语学习》,南开大学出版社 2005 年版。
[美]克特·W·巴克:《社会心理学》,南开大学出版社 1984 年版。
寇晓辉、潘超:《文化认同与语码转换分析》,载《新西部》2014 年第 21 期。
雷卿:《意向性与语言的表达及理解》,载《中国外语》2013 年第 5 期。
李刚:《自然语言语码转换研究的若干方面》,载《外语教学》2001 年第 4 期。
李经伟:《语码转换与称呼语的标记作用》,载《解放军外国语学院学报》1999 年第 2 期。
李经伟:《从斯科顿的标记模式看语码转换研究的新进展》,载《解放军外国语学院学报》2002 年第 2 期。
李经伟、陈立平:《多维视角中的语码转换研究》,载《外语教学与研究》2004 年第 5 期。
李丽:《认知风格与交际策略倾向性关系的相关研究》,载《国外外语教学》2003

年第3期。

李莉、莫雷、潘敬儿:《不同熟练水平粤语—普通话双语者言语产生中的语言依赖效应》,载《现代外语》2008年第1期。

李少虹:《语码转换概述》,载《和田师范专科学校学报》2009年第2期。

李铁范、张秋杭:《网络语言的负面影响与规范原则》,载《修辞学习》2006年第2期。

李嵬:《社会语言学中的“网络分析”》,载《国外语言学》1995年第2期。

李宇明:《信息时代的中国语言问题》,载《语言文字应用》2003年第1期。

李悦娥、范宏雅:《话语分析》,上海外语教育出版社2002年版。

李宗利:《对语码转换的功能分析》,载《连云港师范高等专科学校学报》2005年第6期。

林富美:《现代英语词汇学》,安徽教育出版社1985年版。

刘春丹:《中国网络语言研究的现状及其发展趋势》,载《山东社会科学》2008年第9期。

刘海燕:《网络语言》,中国广播电视出版社2002年版。

刘吉、金吾伦:《千年警醒:信息化与知识经济》,社会科学文献出版社1998年版。

刘乃仲、马连鹏:《网络语言:新兴的网络社会方言》,载《大连理工大学学报》2003年第3期。

刘润清:《西方语言学流派》,外语教学与研究出版社1995年版。

刘绍忠:《礼貌原则与电子邮件写作》,载《外语电化教学》2002年第2期。

刘正光:《语码转换的语用学研究》,载《外语教学》2000年第4期。

卢谕伟:《说文解字:初探网路语言现象及其社会意义》,http://www.chinasl.com,2002年。

陆国强:《现代英语词汇学》,上海外语教育出版社1983年版。

吕晓棠:《社会语言学中语码转换的定义与分类》,载《中国校外教育》2008年第9期。

毛力群:《网络语言:一种全新的语言模式》,载《浙江师范大学学报(社会科学版)》2002年第3期。

苗兴伟:《语言的人文精神观照》,载《外语学刊》2009年第5期。

潘予翎:《评Tannen博士〈你怎么就是不明白〉一书》,载《当代语言学》1996年第4期。

彭兰、苏涛:《2012:新媒体时代的升级》,载《新闻战线》2013年第2期。

彭黎:《小议“网上交谈”的言语特性及其对交际的影响》,载《太原教育学院学报》

2003 年第 6 期。
彭贤、马素红、李秀明:《大学生认知风格的性别差异》,载《中国健康心理学杂志》2006 年第 14 期。
钱冠连:《语言——人类最后的家园》,商务印书馆 2005 年版。
钱瑗:《实用英语文体学》,北京师范大学出版社 1991 年版。
秦晓晴:《外语教学问卷调查法》,外语教学与研究出版社 2009 年版。
秦秀白:《英语文体学入门》,湖南教育出版社 1986 年版。
秦秀白:《文体学概论》,湖南教育出版社 1991 年版。
秦秀白:《网语和网话》,载《外语电化教学》2003 年第 6 期。
饶纪红:《社会文化因素与话语风格的性别差异》,载《江西社会科学》2006 年第 6 期。
任付标:《漫谈中西文化交汇中的语言污染——兼与何安平先生商榷》,载《现代外语》1994 年第 3 期。
任晔:《汉语词汇发展的语言内部因素与途径》,载《语言与翻译》2004 年第 2 期。
申智奇、李悦娥:《论〈围城〉中的语码转换》,载《外语与外语教学》2001 年第 4 期。
沈海波:《会话交际中语码转换的功能分析》,载《辽宁行政学院学报》2007 年第 5 期。
宋琦:《试析语码转换》,载《语文学刊·外语教育教学》2011 年第 2 期。
孙飞凤:《语用学视域下汉语语码转换研究》,外语教学与研究出版社 2012 年版。
汤玫英:《网络语言进入现实语言的科学规范》,载《河南师范大学学报》2011 年第 5 期。
王得杏:《语码转换述评》,载《外语教学与研究》1987 年第 2 期。
王德春、孙汝建、姚远:《社会心理语言学》,上海外语教育出版社 1995 年版。
王德春:《社会心理语言学》,上海外语教育出版社 2000 年版。
王德亮、仲梅:《网络语言:语言史上的一场革命》,载《电子科技大学学报(社科版)》2008 年第 6 期。
王慧莉:《中英双语语码转换的认知神经机制研究》,大连理工大学 2008 年博士论文。
王佳宁、齐晓栋、张修竹:《性别差异心理学》,黑龙江人民出版社 2011 年版。
王建峰:《语言的人文性:语文阅读教学的抓手》,载《语文学刊》2005 年第 10 期。
王瑾:《语码转换的功能及其体现模式——中文报章中英语码转换的功能分析》,载《外语与外语教学》2007 年第 1 期。
王瑾:《作为社会实践的语码转换——中文报章汉英语码转换的系统功能语言学

研究》,中山大学出版社 2013 年版。
王君玲:《网络社会的民间表达——样态、思潮及动因》,暨南大学出版社 2013 年版。
王蕾:《语码转换研究》,载《沈阳工程学院学报(社会科学版)》2006 年第 4 期。
王琳:《汉英语码转换的句法变异问题探索——基于树库的动词句法配价分析》,载《外语与外语教学》2014 年第 5 期。
王玲:《言语社区基本要素的关系和作用》,载《语言教学与研究》2009 年第 5 期。
王璐:《中文小学和散文中/英语码转换的前景化特征》,山东大学 2009 年博士论文。
王顺玲:《网络语言的符号学阐释》,载《外语电化教学》2008 年第 2 期。
王寅:《语义理论与语言教学》,上海外语教育出版社 2001 年版。
王玉琼:《认知风格对语言交际策略的影响研究》,载《基础教育外语教学研究》2011 年第 4 期。
王宗炎:《英汉应用语言学词典》,湖南教育出版社 1988 年版。
王佐良、丁往道:《英语文体学引论》,外语教学与研究出版社 1985 年版。
魏在江:《电子语篇中语码转换现象分析》,载《外语电化教学》2007 年第 3 期。
魏在江:《英汉语篇连贯认知对比研究》,复旦大学出版社 2007 年版。
吴传飞:《中国网络语言研究概观》,载《湖南师范大学社会科学学报》2003 年第 6 期。
吴小芬、陈章太:《网络传播中话语风格的性别差异研究》,载《语言文字应用》2008 年第 3 期。
席红梅:《语码转换的社会语用功能探析》,载《学术交流》2006 年第 7 期。
夏雪融:《汉一英双语儿童语码转换研究》,华中师范大学 2011 年博士论文。
向明友:《论言语配置的新经济原则》,载《外语教学与研究》2002 年第 5 期。
谢书书:《闽南语和普通话的语码转换之心理学分析》,福建师范大学 2005 年硕士论文。
谢泽明:《网络社会学》,中国时代经济出版社 2002 年版。
徐大明:《约翰·甘柏兹的学术思想》,载《语言教学与研究》2002 年第 4 期。
徐大明:《言语社区理论》,载《中国社会语言学》2004 年第 1 期。
徐盛桓:《语言美学论纲》,载《外语学刊》1995 年第 2 期。
徐盛桓:《心智哲学与语言研究》载《外国语文》2010 年第 5 期。
徐盛桓、陈香兰:《感受质与感受意》,载《现代外语》2010 年第 4 期。
许朝阳:《语码转换的社会功能与心理》,载《四川外语学院学报》1999 年第 2 期。
阳志清:《论书面语语码转换》,载《现代外语》1992 年第 1 期。

杨芳:《言外行为下的幽默与性别》,载《太原师范学院学报》2009 年第 2 期。
杨娜、任海棠:《语码转换之社会语言学新视角》,载《西北大学学报》2011 年第 3 期。
杨文秀:《语用能力·语言能力·交际能力》,载《外语与外语教学》2002 年第 3 期。
杨晓黎:《关于"言语社区"构成基本要素的思考》,载《学术界》2006 年第 5 期。
杨永林、罗立胜:《"21 世纪外语教学与研究网络化工程"工作报告》,载《清华大学教育研究(外语教学与研究增刊)》2002 年第 1 期。
杨永林:《社会语言学研究:功能·称谓·性别篇》,上海外语教育出版社 2004 年版。
姚汉铭:《新词语·社会·文化》,上海辞书出版社 1998 年版。
[比]耶夫·维索尔伦:《语用学诠释》,钱冠连、霍永寿译,清华大学出版社 2003 版。
游汝杰、邹嘉彦:《社会语言学教程》,复旦大学出版社 2004 年版。
袁焱:《语言接触与语言演变——阿昌语个案调查研究》,民族出版社 2001 年版。
于根元:《中国网络语言词典》,中国经济出版社 2001 年版。
于根元:《应用语言学概论》,商务印书馆 2003 年版。
于国栋:《语码转换的语用学研究》,载《外国语》2000 年第 6 期。
于国栋:《语码转换研究的顺应性模式》,载《当代语言学》2004 年第 1 期。
袁泳:《社会变化与语言接触类型及变异探究》,载《新疆社会科学》2013 年第 5 期。
张德禄:《功能文体学》,山东教育出版社 1998 年版。
张德鑫:《对外汉语教学回眸与思考》,外语教学与研究出版社 2000 年版。
张国宪:《语言单位的有标记与无标记现象》,载《语言教学与研究》1995 年第 4 期。
张力月、肖丹:《"火星文"的生态语言学解析》,载《沈阳教育学院学报》2008 年第 5 期。
张荣建:《社会语言学的整合发展趋势》,载《重庆师范大学学报》2011 年第 4 期。
张艳君:《语码转换的社会功能和情感功能》,载《学术交流》2005 年第 3 期。
张艳君、毛延生:《语言变异的语用顺应论研究》,厦门大学出版社 2009 年版。
张玉玲:《网络语言的语体学研究》,复旦大学 2008 年博士论文。
张云辉:《网络语言的词汇语法特征》,载《中国语文》2007 年第 6 期。
张正举、李淑芬:《西方语言学界关于语码选择及语码转换的静态和动态研究》,载《外国语》1990 年第 4 期。

赵一农:《有标记语码转换的幽默功能》,载《外语学刊》2002 年第 3 期。
赵一农:《语码转换》,上海外语教育出版社 2012 年版。
赵玉英:《网路语言与语言的经济性》,载《外语电化教学》2003 年第 6 期。
甄丽红:《心理需要与语码转换现象》,载《广州大学学报》2004 年第 2 期。
周刚毅:《女性教育心理学》,河南大学出版社 1997 年版。
周国光:《普通话的码值和语码转换》,载《语言文字应用》1995 年第 2 期。
周明强:《言语社区构成要素的特点与辩证关系》,载《浙江教育学院学报》2007 年第 5 期。
周爽、朱志洪、朱星萍:《社会统计分析——SPSS 应用教程》,清华大学出版社 2006 年版。
周新平:《外语专业研究生的中国社会文化能力的现状及对策研究》,载《现代语言学》2015 年第 2 期。
朱长河:《有标记的选择与意图义:标记模式的语言学理论探源》,载《外语学刊》2005 年第 5 期。
朱永生、严世清:《系统功能语言学多维思考》,上海外语教育出版社 2001 年版。
祝畹瑾:《社会语言学概论》,湖南教育出版社 1992 年版。
祝畹瑾:《语码转换与标记模式——〈语码转换的社会动机〉评介》,载《当代语言学》1994 年第 2 期。
宗守云:《新词语研究的社会文化视角》,载《现代语文》2006 年第 3 期。
中国互联网信息中心:《第 38 次中国互联网络发展状况统计报告》,2016 年 8 月。

后　记

2016 年 5 月 5 日，写下最后一个字，终于尘埃落定。千头万绪、万般滋味涌上心头。

英国诗人威廉·布莱克（William Blake）曾经写过这么几句诗：

To see a world in a grain of sand
And a heaven in a wild flower.
Hold infinity in the palm of your hand
And eternity in an hour.

译文："一沙一世界，一花一天堂。无限掌中置，刹那成永恒。"这四行诗选自一首名为《天真的语言》的长诗，全诗长达 132 行，这是开头的 4 行。该首长诗似乎并不重要，外国评论家谈得也不多，但这四句似乎更加受到中国人的青睐。或许是因为它与佛教经典《华严经》中那句经典之语颇有异曲同工之妙，即："佛土生五色茎，一花一世界，一叶一如来。"这两者之间的联系显而易见：见微知著，悟在其中。联想到这几句诗文，是因为我们用时四年多，洋洋洒洒二十几万字，通过对语言学世界中的一个"非主流"现象——语码转换的透视，试图传递这样一个讯息：语言生活千变万化、丰富多彩，大有学问可做，需要你一双慧眼去发现，还要有耐得住寂寞的定力和毅力！

真正研究了语码转换，总会有意无意地在日常生活中特别关注各种语言形式，甚至走在街上看到特殊的语言符号也会驻足，因为一个简单的符号也许承载了丰富的信息，可能比更多的言语都有效。德国哲学家、20 世纪存在主义哲学的创始人海德格尔曾说过："语言是存在的家园。"语言是存在的家，意思就是说，是语言构造了我们生存的世界，没有语言，一切都是模糊的。钱冠连先生在其专著《语言：人类最后的家园》中提出："以语言为最后的家园者，是每一个普通人，是行为中的人，是语言行为中的人，是程式性语言行为中的人。"把语言理解为存在的最后家园，这是对语言性质的全新认识，与传统哲学以及传统思维方式对语言的理解有了很大不同。如果仅仅从经验的层面加以观察，语言的工具性质似乎占据了主导地位，然而，只要我们稍进一步分析一下就会发现，我们所观察到的语言活动不仅仅是在表达或传递某种其他的东西，它们本身其实就是人类的一种活动，是一种经过社会化改造的本能的活动。每一个语言符号都有它存在的意义。

这些年来，看看同事在科研这个学术园地里辛勤耕耘、乐在其中，收获了一份又一份劳动果实，出版了一部又一部的专著，心生羡慕，也在想："什么时候也能培植出属于自己的那朵奇葩呢?"今天这个愿望终于实现了，尽管有些难产。

一分耕耘一分收获，此时此刻确实真切地感受到这句话的蕴意。我知道，有许多同仁比我付出的多得多，但我已是在教学任务繁重、照顾年迈多病的父母和年幼的孩子，并克服自己身体的种种不适的情形下完成的，真心想说："一路走来不易啊!"电影《岁月神偷》中有句话："一步难，一步佳；难一步，佳一步。"道出了我的心声。由于平时读的书少，自己的科研方向也不够明确，知识框架不够合理，所以在撰写书稿的过程中一直有这样的"私心杂念"：正好可以趁此机会静下心来看看书，明晰自己当下和未来的研究方向，也可以给自己补补课。

当然，本书得以最终完成，离不开研究团队的通力合作，离不开家人、同事们的大力支持，更要有坚定信念的支撑。"I am a slow walker, but never walk back!"这句励志的话是否真是亚伯拉罕·林肯所言，我不想也无需考证，只是这句话陪伴了我整个研究过程。

有专家预测未来的世界将有 3W 掌控，即 woman，web，weather。网络的力量如此强大，虽然有关社交网络利弊的分析不绝于耳，但社交网络的确正在改变着人们的交流、工作和生活娱乐方式，而且多数影响都是积极的。对于全球互联的新时代而言，这还只是一个开始。在这样的大时代、大背景下，研究网络中的语言现象更有意义。

本书从起草提纲到最后定稿，多次和课题组其他成员切磋过。由于种种原因，有些文献必有疏漏，有些未能一一作注，恳请有关作者予以谅解。